高等职业教育“十四五”精品规划教材

无人机倾斜摄影测量技术

主　编　吴正鹏　聂　明　季佳佳
副主编　胡梦瑶　李明明　金　铭

天津大学出版社
TIANJIN UNIVERSITY PRESS

图书在版编目（CIP）数据

无人机倾斜摄影测量技术 / 吴正鹏, 聂明, 季佳佳主编. -- 天津 : 天津大学出版社, 2024.1
高等职业教育“十四五”精品规划教材
ISBN 978-7-5618-7661-9

Ⅰ. ①无… Ⅱ. ①吴… ②聂… ③季… Ⅲ. ①无人驾驶飞机－航空摄影测量－高等职业教育－教材 Ⅳ. ①P231

中国国家版本馆CIP数据核字(2024)第040848号

出版发行 天津大学出版社
地　　址 天津市卫津路92号天津大学内（邮编：300072）
电　　话 发行部：022-27403647
网　　址 www.tjupress.com.cn
印　　刷 廊坊市瑞德印刷有限公司
经　　销 全国各地新华书店
开　　本 889mm×1194mm　1/16
印　　张 16
字　　数 506千
版　　次 2024年1月第1版
印　　次 2024年1月第1次
定　　价 55.00元

前　言

无人机倾斜摄影测量技术以无人机作为倾斜航空摄影测量数据获取平台，通过计算机对影像数据进行处理，构建与实地相一致的实景三维模型，在此基础上实现地理空间信息的便捷化获取。目前，无人机倾斜摄影测量技术在实景三维中国建设、国家重大工程建设、智慧城市与美丽乡村规划建设、自然资源开发与管理、数字文化遗产保护、应急救灾等方面得到广泛应用。无人机倾斜摄影测量技术具备灵活高效、精度高、成本低、生产周期短等显著特点，其正在逐步改变地理空间信息数据获取的作业模式，成为研究与应用的热点。

本书在深入讨论无人机倾斜摄影测量技术相关理论知识与技术技能的基础上系统划分章节结构，结合无人机倾斜摄影测量基本原理与生产实践作业过程详细讲述了无人机测绘系统、无人机倾斜数字航空摄影、像片控制点测量、空中三角测量、倾斜摄影测量建模及修模、DSM 生产、DEM 生产、TDOM 生产、DLG 生产等内容，围绕无人机倾斜摄影测量项目组织过程中所涉及的实施方案制定、专业技术设计书编制、产品质量控制、专业技术总结编写等内容进行重点讲解；同时，书中包含了诸多测绘地理信息行业相关课程思政案例。

本书按照项目化模式编写，各项目均列出了项目描述、项目目标、任务导入、任务准备、任务实施、项目小结、思考与练习、技能训练及思政故事等内容；突出了能力培养和技能训练的职业教育特点。学生通过本书的学习，能参与完成无人机倾斜摄影测量生产任务并解决工作中出现的技术问题。本书可作为高职高专院校无人机测绘技术、摄影测量与遥感技术、工程测量技术等专业教材，也可供从事地理空间信息相关工作的技术人员学习参考。

本书由吴正鹏、聂明、季佳佳主编，胡梦瑶、李明明、金铭任副主编。其中：项目一由胡梦瑶编写，项目二由季佳佳编写，项目三由吴正鹏编写，项目四由胡梦瑶编写，项目五由聂明编写，项目六由聂明、胡梦瑶编写，项目七由季佳佳编写，项目八由吴正鹏编写；李明明、金铭负责梳理软件使用手册及企业真实生产项目技术文档并融入教材，录制编辑软件操作视频资源并参与完成数字资源的录制。全书由吴正鹏、聂明负责策划、统稿及定稿工作。本书编写过程中得到瞰景科技发展（上海）有限公司、武汉天际航信息科技股份有限公司、武汉智觉空间信息技术有限公司、北京飞马航遥科技有限公司、北京达北时代科技有限公司的帮助和支持，书中部分内容的编写参考了相关文献，编者在此对其表示衷心感谢。

由于编者水平有限，书中难免有不足之处，恳请广大读者批评指正。

编者

2023 年 7 月

前言

Contents

项目四　像片控制点测量

项目五　空中三角测量

项目六　倾斜摄影测量建模及修模

项目七　基于倾斜摄影的 4D 产品生产

项目八　无人机倾斜数字摄影测量项目实施

数字资源列表

页码	名称	二维码	页码	名称	二维码
2	认识无人机倾斜摄影测量技术		101	航摄像片的方位元素	
3	无人机倾斜摄影测量技术产品		105	空中三角测量基本原理	
10	无人机倾斜摄影测量技术应用		107	GNSS/POS 辅助空中三角测量	
20	无人机的分类		112	瞰景 Smart3D 软件基本操作—新建工程	
33	航摄相机		117	瞰景 Smart3D 软件基本操作—空中三角测量	
41	飞行控制系统		149	实景三维模型单体化	
44	飞行器操控		170	数字高程模型 DEM 的表示	
65	航线规划		182	DEM 生成与编辑	
82	像控点概述		199	DLG 立体采集与接边整理	
83	像控点布设		223	专业技术设计书编制	
88	像控点测量		234	影像质量控制	
100	摄影测量常用坐标系				

项目一

概述

项目描述

无人机具有机动灵活、高效快速、精细准确、起降要求低、作业成本低、适用范围广、生产周期短等特点，在小区域和飞行困难地区快速获取高分辨率影像具有明显优势。随着无人机与数码相机技术的发展，基于无人机平台的数字航摄技术已显示出其独特的优势，无人机与航空摄影测量相结合使无人机倾斜摄影测量技术成为航空遥感领域的一个崭新发展方向。

项目目标

- （1）掌握无人机倾斜摄影测量的概念。
- （2）熟悉无人机倾斜摄影测量的作业流程。
- （3）了解无人机倾斜摄影测量技术目前的应用领域。

任务一　无人机倾斜摄影测量概述

【任务导入】

无人机倾斜摄影测量技术以获取高分辨率数字影像为应用目标，以无人驾驶飞机为飞行平台，以高分辨率数码相机为传感器，通过 3S 技术在系统中的集成应用，最终获取小面积、真彩色、大比例尺、现势性强的航测遥感数据。本任务学习与无人机倾斜摄影测量内容相关的基础知识，为后续无人机倾斜摄影测量实施奠定基础。

【任务准备】

1. 无人机倾斜摄影测量

倾斜摄影测量技术是国际测绘遥感领域近年发展起来的一项高新技术，它通过在同一飞行平台上搭载多台传感器，同时从多个不同的角度采集影像，通过摄影测量原理和计算机技术生成的数据成果直观反映地物的外观、位置、高度等属性，得到和现实完全一致的三维模型，从而将用户引入符合人眼视觉的真实直观世界，为真实效果和测绘级精度提供保证。目前，三维建模在测绘、城市规划、旅游甚至电商等行业的应用越来越广泛。

与传统的垂直摄影方式不同，倾斜摄影一般在同一飞行平台上搭载 5 台传感器，同时从 1 个垂直、4 个倾斜共 5 个不同的角度采集影像。其中，垂直地面角度拍摄获取的是垂直向下的 1 组影像，称为正片；镜头朝向与地面成一定夹角拍摄获取的 4 组影像分别指向东、南、西、北，称为斜片，如图 1-1 所示。

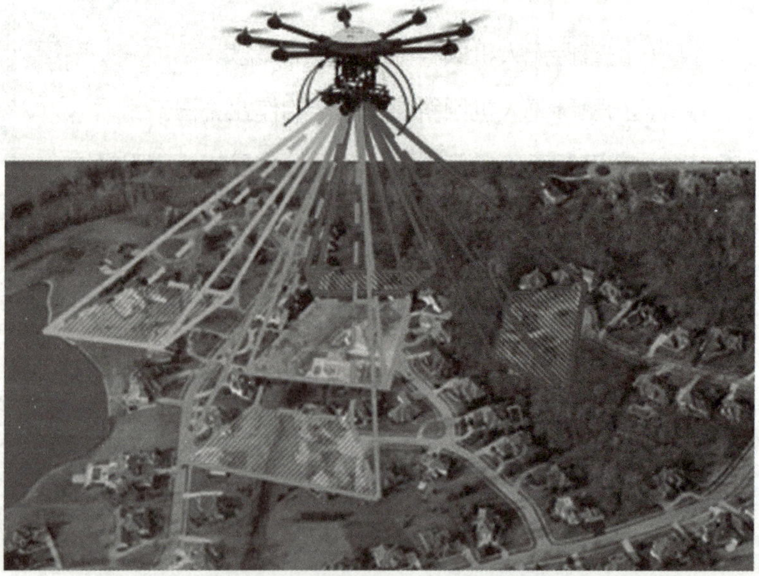

图 1-1　无人机倾斜摄影测量获取图像方式

无人机倾斜摄影测量是无人机技术及倾斜摄影测量技术应用的具体体现，它是通过在无人机上搭载数码相机、激光发射器等遥感设备，以倾斜摄影测量的方式采集目标区域的影像、点云等数据，再利用数据处理软件对采集的数据进行处理，从而得到目标区域数字正射影像图、数字高程模型、实景三维模型等基础地理信息数据成果，实现测绘的目的。

2. 无人机倾斜摄影测量内容

无人机倾斜摄影测量内容主要包括无人机航空摄影（外业）及影像数据处理（内业）两部分。

1）无人机航空摄影（外业）

无人机航空摄影（影像信息获取）主要指利用无人机搭载摄影机（数码相机），获取地面目标信息，主要包括像片控制测量和像片调绘两大项内容，它是为了保证航测内业加密或测图需要而在野外实地进行的航测工作。

2）影像数据处理（内业）

影像数据处理的过程一般称为内业生产，是指在室内依据摄影测量原理与方法，利用数字摄影测量系统硬件及软件，对航测外业成果进行内业数据处理。内业生产一般包括数字测绘产品（如数字正射影像图、数字高程模型、数字线划地图、数字栅格地图）以及其他可视化产品（如数字地图、专题图、纵横断面图、透视图、电子地图、三维实景模型、数字地表模型）等的生产。航测内业主要包括空三加密（即电算加密，或称解析空中三角测量）、像片纠正和立体测图三大项内容。

【任务实施】

无人机摄影测量作业需要由无人机摄影测量系统完成，与无人机摄影测量内容对应，无人机摄影测量系统由无人机航空摄影系统和摄影测量软件系统组成。其中，无人机航空摄影系统指将传感器安装在无人机上对目标进行拍摄的整个飞行摄影系统；摄影测量软件系统的功能是对获得的影像数据进行专业处理，最终形成各类测绘产品。

在实际生产中，无人机倾斜摄影测量可以根据不同需求生产出多种测绘产品。以常见的“4D”产品为代表，有 DEM（数字高程模型）、DOM（数字正射影像图）、DLG（数字线划地图）、DRG（数字栅格地图），还有 DTM（数字地形模型）、DSM（数字地表模型）、三维实景模型、立体景观图、立体透视图、各种工程设计所需的三维信息及各种信息系统和数据库所需的空间信息等测绘产品。现将主要生产模型介绍如下：

1. 数字高程模型

数字高程模型（Digital Elevation Model，DEM）是一定范围内规则格网点的平面坐标（X，Y）及其高程（Z）的数据集，它主要是描述区域地貌形态的空间分布，通过等高线或相似立体模型进行数据采集（包括采样和量测），然后进行数据内插而形成的，如图 1-2 所示。

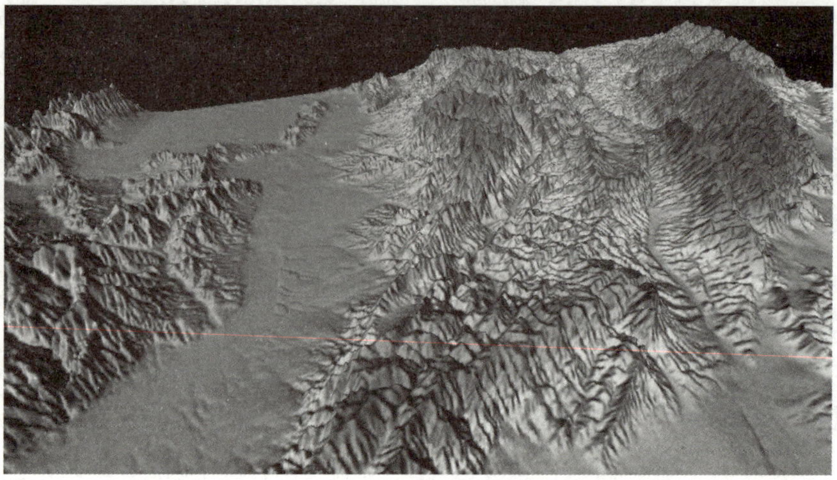

图 1-2　数字高程模型

DEM 是对地貌形态的虚拟表示，可派生出等高线、坡度图等信息，也可与 DOM 或其他专题数据叠加，用于与地形相关的分析应用，同时其本身还是制作 DOM 的基础数据。

2. 数字正射影像图

数字正射影像图（Digital Orthophoto Map，DOM）是对航空（或航天）图片进行数字微分纠正和镶嵌，按一定图幅范围裁剪生成的数字正射影像集，同时具有地图几何精度和影像特征，如图 1-3 所示。

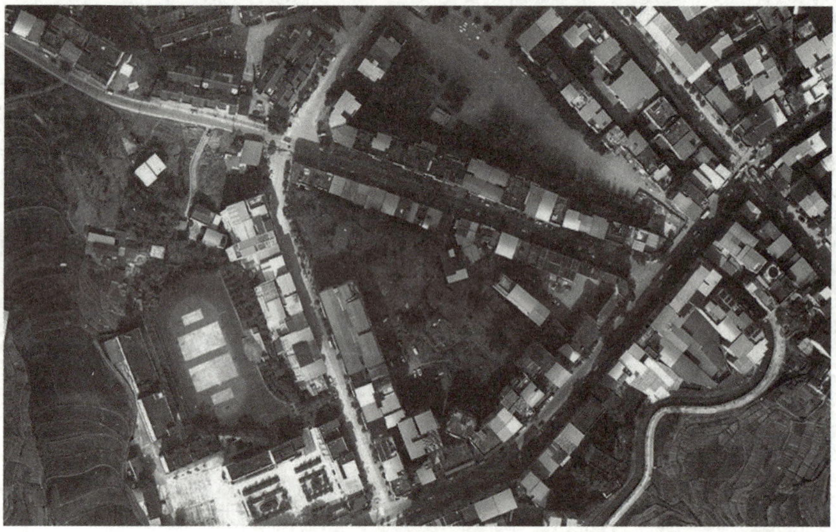

图 1-3　数字正射影像图

DOM 具有精度高、信息丰富、直观逼真、获取快捷等优点，可作为地图分析背景控制信息，也可从中提取自然资源和社会经济发展的历史信息或最新信息，为灾害防御和公共设施建设规划等应用提供可靠依据；还可从中提取和派生新的信息，实现地图的修测更新。DOM 还可用于评价其他数据的精度、现势性和完整性，且效果都很优良。

3. 数字线划地图

数字线划地图（Digital Line Graphic，DLG）是与现有线划基本一致的各地图要素的矢量数据集，且保存各要素间的空间关系和相关的属性信息。在数字测图中，最常见的产品就是数字线划地图，外业测绘的最终成果一般就是 DLG，如图 1-4 所示。

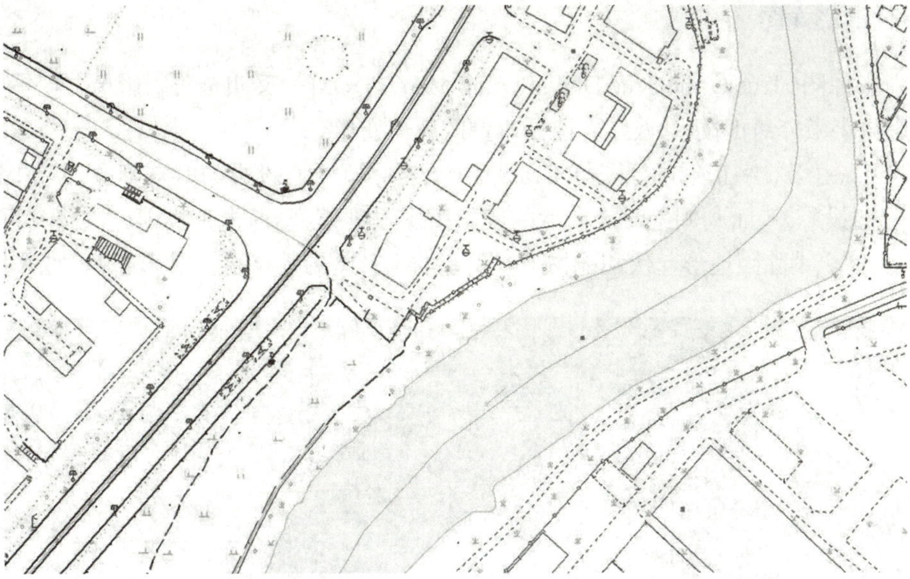

图 1-4　数字线划地图

DLG 能较全面地描述地表现象，目视效果与同比例尺地图一致，但色彩更为丰富；可满足各种空间分析要求，随机地进行数据选取和显示，并与其他信息叠加，从而进行空间分析、决策；其中部分地形核心要素可作为数字正射影像图中的线划地形要素。

4. 数字栅格地图

数字栅格地图（Digital Raster Graph，DRG）是根据现有纸质、胶片等地形图经扫描和几何纠正及色彩校正后，形成的在内容、几何精度和色彩上与地形图保持一致的栅格数据集，如图 1-5 所示。

DRG 是模拟产品向数字产品的过渡产品，可作为背景参照图像与其他空间信息做相关参考与分析，可用于数字线划地图的数据采集、评价和更新，还可与数字正射影像图、数字高程模型等数据集成，从而派生出新的信息，制作新的地图。

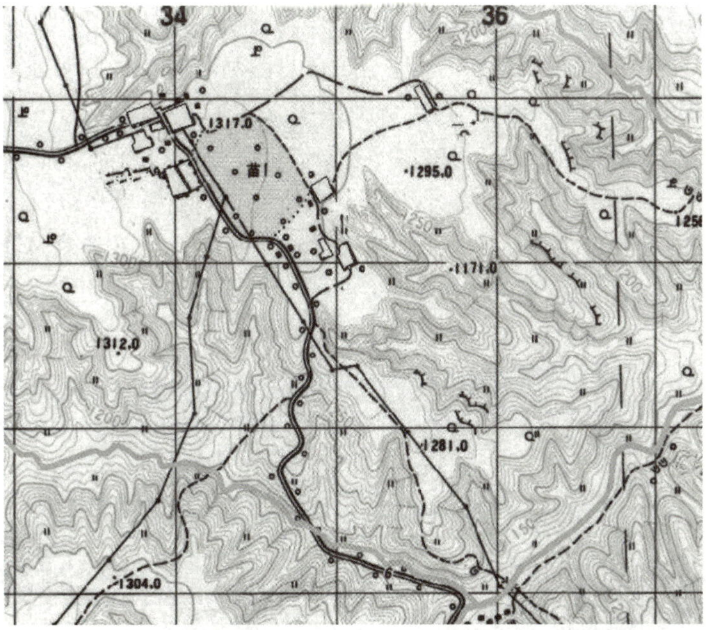

图 1-5　数字栅格地图

5. 数字真正射影像图

数字真正射影像图（True Ortho/True Digital Ortho Map，TDOM），又叫全正射影像，其是基于数字表面模型（DSM），利用数字微分纠正技术，改正了原始影像的几何变形。

在实际生产中，由于数字正射影像图（DOM）使用的是常规中心投影的航空影像，存在因地形、建筑物、树木等高差引起的投影差，而利用绝对定向后的倾斜摄影三维模型，通过正投影方法将其投影在二维水平面上，就可以得到完全消除因地形起伏和地物高差引起的投影差的数字真正射影像图，如图 1-6 所示。

图 1-6　数字真正射影像图

6. 数字地表模型

数字地表模型（Digital Surface Model，DSM）是指包含地表建筑物、桥梁和树木等高度的地面高程模型，如图 1-7 所示。DSM 与 DEM 相比，DEM 只包含地形的高程信息，不包含其他地表信息；而 DSM 是在 DEM 的基础上，进一步涵盖了除地面以外的其他地表信息的高程。在一些对建筑物高度有需求的领域，DSM 得到了很大程度的重视。

DSM 可真实地表达地面起伏情况，广泛应用于各行各业。例如，在森林地区，可以用于检测森林的生长情况；在城区，可以用于检查城市的发展情况；特别是众所周知的巡航导弹，它不仅需要数字地面模型，更需要数字表面模型，这样才有可能使巡航导弹在低空飞行过程中逢山让山、逢森林让森林。

图 1-7　数字地表模型

7. 三维实景模型

三维实景模型（3D Model，3DM）是指依据具有一定重叠度和一定数量的倾斜测量影像，经三维建模软件自动处理后所得到的三维模型，在对该模型的缺陷进行必要编辑后，可以直接提供给用户使用，如图 1-8 所示。

3DM 具有真实、细致、准确、全要素、可 360° 浏览等诸多优点，为用户最终实现"自主测量、按需测绘"提供了可能。对倾斜摄影原始三维模型进行置平、三维场景编辑（补空洞、挖空、悬空物裁切、场景裁切等）、三维场景绝对定向、绝对定向精度检测、三维场景拼接裁切等处理后，即可得到具有准确空间位置和量测精度的倾斜摄影三维模型产品。

图 1-8　三维实景模型

任务二　无人机倾斜摄影测量工作流程

【任务导入】

伴随着低空摄影测量技术的不断完善和发展，使用无人机开展航测作业成为测绘工作的新发展趋势。与传统的载人机进行摄影测量工作相比，无人机进行摄影测量作业时，在机动性和灵活性方面表现更加优秀，而且操作人员的安全得到保障，飞行器的成本和影像数据的处理费用也大大降低。本任务主要熟悉无人机倾斜摄影测量的工作流程。

【任务准备】

无人机倾斜摄影测量工作流程一般包括准备工作、外业实施、数据预处理、控制点测量、空中三角测量、基础地理信息成果生产、检查验收和成果提交，如图 1-9 所示。

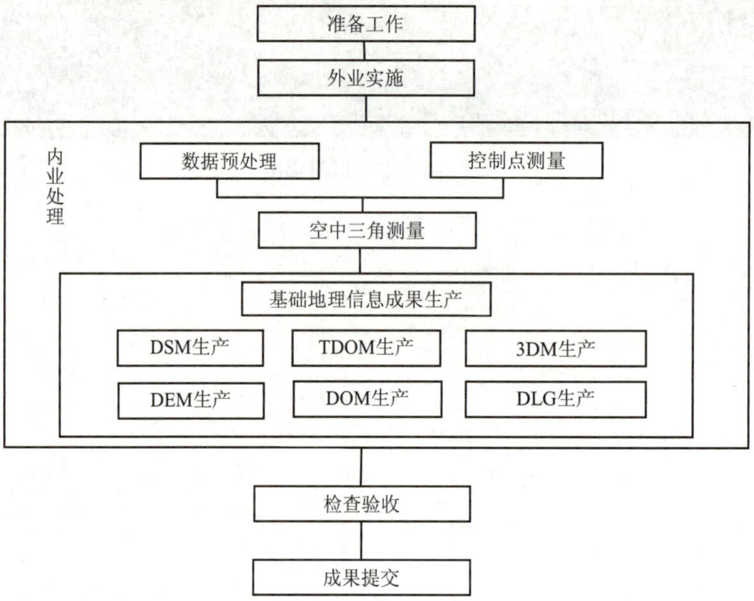

图 1-9　无人机倾斜摄影测量工作流程

【任务实施】

1. 准备工作

在确定生产作业、签订项目合同后，应充分了解用户提出的具体需求，完成技术交底，做好现场踏勘，了解当地的人文地理环境、气候特征、交通情况、地质地貌特点等；与用户进行技术上的沟通，并收集已有成果，为项目实施提供完整资料。

航摄设计应对测区概况、摄影机选型、摄影比例尺和航高、起降位置、任务日期和时间等内容做详细合理的计划安排。同时,为保证飞行安全,在执行航摄任务前,必须按照相关规定向航空管理部门申请测区空域飞行许可,申请通过后,必须严格按照飞行计划执行航摄任务。

2. 外业实施

按照任务设计要求设置无人机及机载设备参数,在执行航摄任务前应对无人机进行严格的测试,在确认所有检查项目通过后,方可起飞进行航摄。

做好像片控制测量工作,像控点是建立立体模型的基础,像片控制测量是内业采集的重要依据。检查人员应认真检查像控点的选刺质量、整饰质量、记录质量,以及文字说明是否清楚、各项限差是否超限等。目前采用的测量方法主要有 GNSS 快速静态定位法、RTK 实时动态定位法、光电测距导线法等。

3. 内业处理

内业数据处理主要包括影像数据预处理、质量检查、空三加密、DOM 制作、影像纠正、影像分幅、地形数据采集等工作。其中,空三加密也称为空中三角测量,即在已有外业控制点的基础上,为满足内业测图的需要而进行的室内增测平面和高程控制点的工作,其作用是为纠正和测图提供定向点或注记点,提供作业时所需要的立体模型。空三加密结束后,采集人员再调出立体模型进行全要素采集,生成数字化原图。立体测图主要有两种方法:一种是全野外像片调绘后测图的方法;另一种是模型全要素采集后,利用采集原图在外业对照、补测、补调的方法。

4. 检查验收和成果提交

按照技术要求对最终产品进行数据加工、转换后入库存盘,提交用户进行检查验收,再根据用户在检查验收中提出的问题及处理意见对数据进行修改,完毕后再提交最终的合格产品。

任务三　无人机倾斜摄影测量应用

【任务导入】

无人机倾斜摄影测量可广泛应用于国家重大工程建设、灾害应急与处理、国土监察、资源开发、新农村和小城镇建设等方面，尤其在基础测绘、土地资源调查监测、土地利用动态监测、数字城市建设和应急救灾测绘数据获取等方面具有广阔应用前景。本任务主要了解无人机倾斜摄影测量技术在实际生产工作中的应用。

【任务准备】

20 世纪 90 年代，卫星遥感和全球定位系统（Global Positioning System，GPS）等技术得到了显著进步和普及应用。卫星遥感可以通过卫星或航空器获取大范围、高分辨率的影像数据，并利用计算机处理方法将其转化为数字形式，而 GPS 则可以提供精确的位置信息。基于这些技术，人们开始广泛使用数字地图来进行导航、规划和定位等活动。这些数字地图主要以二维平面形式呈现，包含街道网络、建筑物轮廓以及其他一些关键信息，它们不仅方便人们查找具体位置和规划路线，还可为城市管理者提供重要的参考资料。

然而，在二维平面上呈现的数字地图存在一定局限性。例如，只能借助图标的抽象方式来表达地理信息，无法直观地感受整个地球的真实面貌。在空间上，已经从粗粒度走向细粒度，原有地图的清晰度、分辨率和组织方式已经不能满足整个国家生产建设和管理的需求；在内容的粒度上，如土地、土壤、植被原来分解得不够精细逼真，用符号化表达也不便于各专业使用，需要通过实体化和语义化的实景三维方法来表达实体空间，从而满足经济建设对空间信息的需求。

随着元宇宙、增强现实（Augmented Reality，AR）、数字孪生等概念不断深入生产、工作和人们的日常生活，构建一个更加智能、更加便捷、更加可持续的实景三维虚拟世界，对未来的经济社会发展至关重要。

因此，实景三维技术应运而生，并逐渐成为发展趋势。借助于数字高程模型（DEM）、卫星影像和三维建模技术等，实景三维建设得到了快速发展。通过采集大量真实环境中的点云数据或图片，并利用计算机处理方法进行配准、融合与重构，可以生成高度精确并具有逼真效果的实景三维模型。这种模型不仅能够提供更真实、直观的视觉体验，还具备更多应用场景和功能。

【任务实施】

1. 实景三维中国建设

实景三维作为真实、立体、时序化反映人类生产、生活和生态空间的时空信息，是国家重要的新型基础设施，可以通过“人机兼容、物联感知、泛在服务”实现数字空间与现实空间的实时关联互通，为数字中国提供统一的空间定位框架和分析基础，是数字政府、数字经济重要的战略性数据资源和生产要素。实景三维中国建设是面向新时期测绘地理信息事业服务经济社会发展和生态文明建设新定位、新需求，对传统基础测绘业务的转型升级，是测绘地理信息服务的发展方向和基本模式，已经被纳入“十四五”自然资源保护和利用规划。

在2022年2月，自然资源部发布的《关于全面推进实景三维中国建设的通知》中，对实景三维成果的应用提出了明确要求：到2025年，5 m格网的地形级实景三维实现对全国陆地及主要岛屿覆盖，5 cm分辨率的城市级实景三维初步实现对地级以上城市覆盖，国家和省市县多级实景三维在线与离线相结合的服务系统初步建成，地级以上城市初步形成数字空间与现实空间实时关联互通能力，为数字中国、数字政府和数字经济提供三维空间定位框架和分析基础，此外50%以上的政府决策、生产调度和生活规划可通过线上实景三维空间完成；到2035年，优于2 m格网的地形级实景三维实现对全国陆地及主要岛屿必要覆盖，优于5 cm分辨率的城市级实景三维实现对地级以上城市和有条件的县级城市覆盖，国家和省市县多级实景三维在线系统实现泛在服务，地级以上城市和有条件的县级城市实现数字空间与现实空间实时关联互通，服务数字中国、数字政府和数字经济的能力进一步增强，80%以上的政府决策、生产调度和生活规划可通过线上实景三维空间完成。

实景三维中国建设主要包括以下五大建设任务。

（1）地形级实景三维建设。在国家层面，完成10 m和5 m格网数字高程模型（DEM）、数字表面模型（DSM）制作，覆盖全国陆地及主要岛屿，并以3年为周期进行时序化采集与表达；完成2 m和优于1 m分辨率数字正射影像（DOM）制作，覆盖全国陆地及主要岛屿，并以季度和年度为周期进行时序化采集与表达；完成覆盖全国陆地及主要岛屿的基础地理实体数据制作。在地方层面，完成优于2 m格网DEM、DSM制作，覆盖省级行政区域，并以3年为周期进行时序化采集与表达；完成优于0.5 m分辨率DOM制作，覆盖重点区域，按需进行时序化采集与表达；完成覆盖省级行政区域的基础地理实体数据制作；完成沿海省份近岸海域10 m以浅DEM制作。

（2）城市级实景三维建设。在国家层面，整合省级行政区域基础地理实体数据，形成全国基础地理实体数据，覆盖全国陆地及主要岛屿。在地方层面，获取优于5 cm分辨率的倾斜摄影影像、激光点云等数据，并完成基础地理实体数据制作，根据地方实际确定周期进行时序化采集与表达。

（3）部件级实景三维建设。鼓励社会力量积极参与，通过需求牵引、多元投入、市场化运作的方式，开展部件级实景三维建设。

（4）物联感知数据接入与融合。在国家和地方层面，完成物联感知数据接入与融合能力建设，支撑物联感知数据实时接入及空间化，采用空间身份编码等方式实现其与基础地理实体数据的语义信息关联。

（5）在线系统与支撑环境建设。全国构建统一的基于云架构、兼顾结构化和非结构化数据特征、分版运行的国家和省市县实景三维数据库，实现“分布存储、逻辑集中、互联互通”。国家和省市县分级、分节点构建适合本级需求的管理系统，并依托不同网络环境（互联网、政务网和涉密网等），为智慧城市时空大数据平台、地理信息公共服务平台及国土空间基础信息平台等提供适用版本的实景三维数据支撑，为数字孪生、城市信息模型等应用提供统一的数字空间底座，实现实景三维中国泛在服务。

目前，无人机倾斜摄影测量技术已经广泛应用于实景三维地理信息数据的快速、自动化生产，实景三维地理信息数据作为一种新型的地理信息产品，可以为未来进行三维灾害评估、三维救灾减灾、三维城市规划等提供基础的技术保障。深圳市实景三维中国建设成果如图1-10所示。

图 1-10　深圳市实景三维中国建设成果

2. 智慧城市建设

在智慧城市规划过程中，无人机倾斜摄影测量技术的应用主要是对智慧城市的管理和编制进行规划，以促进城市的快速发展。

随着无人机倾斜摄影测量技术的发展和应用，其可以有效处理建筑物建模，同时还可以弥补工作中的不足，并及时更新建模相关的数据信息。在智慧城市规划过程中，工作人员通过无人机倾斜摄影测量技术，对城市三维模拟进行构建和编辑，合理控制多项指标，优化相关审批流程，从而有效地提高审批工作的效率。

在智慧城市规划编辑的过程中，数字地图技术十分重要，设计部门要想提供科学准确的地理信息，应采用地理信息系统（Geographic Information System，GIS）技术，并在一定程度上结合数据和摄影，以实现提高摄影信息质量的目的，同时也会提高智慧城市规划水平和建模的工作效率，利用无人机倾斜摄影测量技术可以获取大量的信息和资源。智慧城市建设如图 1-11 所示。

图 1-11　智慧城市建设

3. 自然资源确权与调查

无人机倾斜摄影测量技术可对河流、森林、山岭、草原、荒地、滩涂、海域、无居民海岛及探明储量的矿产资源等自然资源的坐落、空间范围、面积、类型以及数量、质量等自然状况进行数据采集。

我国自然资源确权与调查的主要目的是摸清我国资源的底蕴，全面了解和掌握资源利用现状和资源相关基础数据，确保下一步经济建设的统筹安排。

首先，无人机倾斜摄影测量技术的应用具备高效性，是顺利完成自然资源确权与调查的重要保障，避免在时间层面出现较为严重的制约问题。例如，在交通条件不理想的山区，相应调查工作的开展必然面临较高难度，容易延误时间，而在无人机倾斜摄影测量技术的应用下，能够明显实现相应工作的优化、高效落实，能够在实际应用中表现出较强的工作效率，工作量可超过传统人工外业举证模式的 8 倍。

其次，无人机倾斜摄影测量技术的应用具备较强真实性，可以避免电子信息虚假或者是不够精确而带来的严重影响。例如，对于一些测绘难度相对较大的区域，可以在该技术的辅助应用下达到较为理想的测绘准确度，尤其是传统人工外业举证中难以形成良好拍摄角度的区域，在无人机倾斜摄影测量技术的应用下可以实现相关土地信息资料的准确获取，并且最大限度地提升其精确度，为后续工作提供可靠支持。

最后，无人机倾斜摄影测量技术的应用具备理想的便捷性，这也是该技术能够在自然资源确权与调查中推广应用的重要原因，其可以在加快工作速度以及确保真实性的基础上更大限度地节省人力、物力，不存在较为复杂的操作工序和流程。例如，在一些规模较大的测量调查区域合理引入无人机航测技术，必然可以实现整体测绘效果的优化，几乎不需要过多的人员参与，同时还能够获取较为多样、全面的数据信息资料，便于对目标区域进行准确界定，满足调查要求。自然资源确权与调查如图 1-12 所示。

图 1-12 自然资源确权与调查

4. 文化遗产保护

无人机倾斜摄影测量技术作为一种先进的技术手段，在文化遗产保护方面发挥着重要的作用。它利用高空拍摄和航拍功能、遥感和热成像技术以及三维建模和虚拟重建等功能，为文化遗产的勘察、监测和保护提供了新的手段和途径。无人机倾斜摄影测量技术获取的是影像数据，基于照片和摄影测量来完成三维建模。利用无人机倾斜摄影测量技术对文物进行全方位、多角度的拍摄，不仅可以得到古建筑的长度、高度、宽度等数据，还可以获得古建筑的纹理、细节、色彩等数据，使文物的每个细节都能被捕捉到，有助于文物的保护、修复和展示，让其测绘建档可以更加详细。

无人机倾斜摄影测量技术在文化遗产保护方面相较于传统的勘察方法具有如下优势。

（1）无人机倾斜摄影测量技术具有高效性和灵活性。无人机配备了高像素的相机和稳定的飞行控制系统，可以实现高空拍摄和航拍功能。传统的勘察方法可能受地形、建筑物和人力资源的限制，而无人机可以轻松地飞越障碍物，捕捉到更全面、详细的遗产信息。这对于文化遗产的记录、研究和保护都具有重要意义。

（2）无人机倾斜摄影测量技术具有安全性，能有效减少人为干扰。利用无人机的遥感和热成像设备，可通过红外辐射和热量分布来检测文化遗产的潜在问题。例如，通过热成像技术，可以检测到建筑物的潜在结构问题，如裂缝和渗水等。这种非接触式的检测方法不仅可以提前发现问题，还可以最大程度上减少对文化遗产的干扰和破坏。

（3）无人机倾斜摄影测量技术具有高效的数据获取和处理能力。利用无人机的摄像功能，可以获取大量的图像数据，提取出有用的信息和特征，并在此基础上进行三维建模和虚拟重建。这种数据获取和处理能力为文化遗产保护提供了更多的信息和依据，有助于制定更科学、有效的保护策略，还可以在文化遗产受损或无法进入的情况下，提供一个真实、可交互的展示平台，使人们可以远程参观和了解文化遗产。无人机应用于文化遗产保护如图 1-13 所示。

图 1-13　无人机应用于文化遗产保护

5. 基础设施工程勘察

无人机倾斜摄影测量技术能在电力选线、公路选线、铁路选线等项目中，利用无人机测绘获取的多种成果，根据路线基本走向和技术标准，再结合地形地质条件、施工条件和风险规避等因素，通过全面比较，确定最终路线方案。

例如，在电力巡检、移动基站选址等中，需要真实的、带有建筑等全要素的三维地表信息作为基础底图参考，采用传统地形加影像的方式很难达到其精度要求，并且也无法做到全要素覆盖，而无人机倾斜摄影测量技术可满足这类应用的需要。基础设施工程勘察如图 1-14 所示。

图 1-14　基础设施工程勘察

6. 环境监测

无人机灵活机动，具有很强的快速反应能力，故无人机倾斜摄影测量技术非常适用于河道排污监测、海洋监测、溢油监测、水质监测、湿地监测、固体污染物监测、海岸带监测、植被生态监测等。除此之外无人机倾斜摄影测量技术还可以用来跟踪自然栖息地里面的动物、监测热带雨林的健康状况、利用热成像技术侦测偷猎者发现偷猎行为。

目前我国工业级无人机已经可以实现全自主飞行，通过搭载各类环境传感器形成环保监测系统和解决方案，并可以将监测数据实时回传。如无人机可以搭载大气自动监测设备对目标区域的大气进行监测，实时反馈大气质量数据。在水质监测上，利用无人机倾斜摄影测量技术对海岸线、河道进行航测，排查疑似排污口，能高时效，高分辨率完成，效果显著。环境监测（河道内湖巡检）如图 1-15 所示。

图 1-15　环境监测（河道内湖巡检）

7. 应急救灾

无人机倾斜摄影测量技术能够低风险、低成本地完成对山体滑坡、泥石流、堰塞湖、地震等地质灾害的现场实时勘测任务。

应急救灾是为了预防和控制潜在的事故或紧急情况发生时，迅速有序地做出应急准备和响应，最大限度地减轻可能产生的事故后果。在做出应急决策时，首要条件是对发生事故的位置的地形地貌有一个全面了解，无人机倾斜摄影测量影像可满足要求。由于现场环境情况的变化，对影像数据的获取时间、范围、精度、生产效率及分析应用都有极高的要求，而无人机倾斜摄影测量不论在起飞场地、飞行时间上，还是在数据生产效率、数据精度等方面都能满足应急救灾的需求。

例如，在地震救灾中，抗震救灾指挥部除可以利用遥感现势图研判灾害形势外，还有一个救援利器——震区三维实景图，通过切换各种视角，可实现对震区各个方位的观测，为制定下一步的救援方案以及防止次生灾害的发生提供了极大便利。震区三维实景图就是利用无人机倾斜摄影测量技术及自动建模技术快速生成的三维模型，可为救援实施提供依据。应急救灾无人机勘测如图 1-16。

图 1-16　应急救灾无人机勘测

8. 农业植保

无人机倾斜摄影测量技术在农业植保中优势明显，不仅可以有效识别农作物的健康状况，还可以提升生产集约化水平。无人机倾斜摄影测量技术主要是对植物病虫害进行全面防治。无人机在正常作业时，需要根据实际情况来制定农药喷洒方案，完成相应的喷洒工作。在该过程中，无人机倾斜摄影测量技术能够科学有效地控制施药量，还能使药剂喷洒的均匀程度符合相关标准，并确保整个喷雾作业过程的科学性、合理性以及精准性。与此同时，无人机倾斜摄影测量技术能够通过对飞行高度、监测角度等参数的调整实现对农作物植被高空间、大范围、多角度的全面监测，并能够进行多台同时监测以及多次监测。此外，可采用三维仿真模拟技术对获取的数据进行分析模拟，对监测范围内的具体情况进行宏观展示，包括病虫害危害程度、范围及类型等，以此为农业部门的农业整治工作提供数据支持。农业植保无人机应用如图 1-17 所示。

图 1-17　农业植保无人机应用

【项目小结】

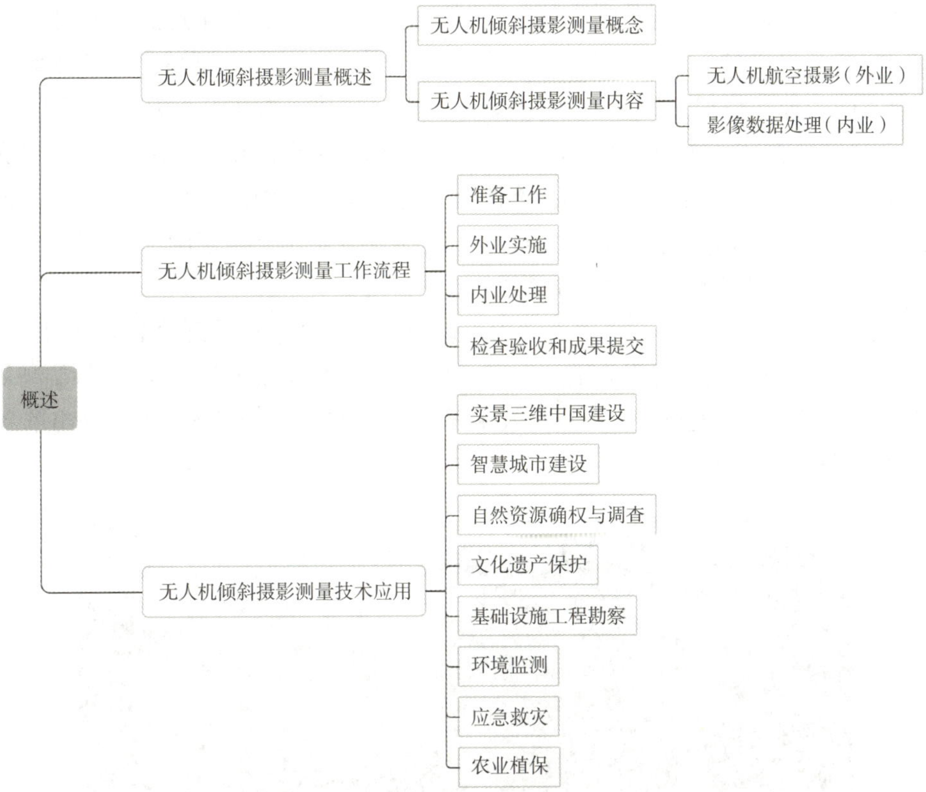

【思考与练习】

1. 简述无人机倾斜摄影测量的概念。
2. 简述无人机倾斜摄影测量技术的工作流程。
3. 无人机倾斜摄影测量成果有哪些？各自有何特点？

【思政故事】

中国摄影测量与遥感之父——王之卓院士

1909 年 12 月 16 日，王之卓出生在河北省丰润县的一个书香门第。孩提时代，他随父亲跑了许多地方，亲眼看见军阀混战、民不聊生，落后的中国已沦为帝国主义列强宰割的羔羊！从小他就立志要科学救国，长大后争取公费留学，到欧美发达国家学习先进科学技术。

1928年王之卓以优异成绩考取上海交通大学土木工程系，1932年毕业时成绩位列全校第一名，谢绝了清华大学请他担任土木工程系助教的聘请，来到铁路工地当实习生。他一边参加铁路支线选线、测量、购地、组织施工，一边利用工余时间攻读。而就在1934年春夏之交，他经过严格考试筛选，考取了第二届中英庚款公费留学生中的测量学名额。王之卓则选择20世纪20年代前后才新兴的边缘学科——航空摄影测量学。1939年初，王之卓获工学博士学位，成为中国航测科学第一位博士。

自1939年在德国获得博士学位归国以后，王之卓即致力于中国的测绘教育事业，在长达63年的教学科研生涯中历尽艰辛、呕心沥血、精心耕耘，培养了大批测绘高级人才，桃李满天下，深受广大师生、测绘界与教育界的敬重。他提出了解析法空中三角测量加密理论与方案，以及全数字化测图的设想，是中国科学院资深院士。

2002年5月18日6时20分，93岁高寿的王老含笑辞世。他的身后，大批学科带头人挑起重担，继续他的遗志奋勇前进！

王之卓是中国第一位获得工学博士学位的航空摄影测量学者，他又是罕见的德国柏林工业大学“金博士”。1989年2月，为了表达对王之卓以及他为科学，特别是为摄影测量与遥感所作的贡献，联邦德国摄影测量与遥感学会专门为他获得博士学位50周年举行了庆祝活动。柏林工业大学授予王之卓“金博士证书”，专门出版了《王之卓教授金博士纪念册》。王之卓还是国际摄影测量与遥感学会终身“荣誉会员”，早在1938年就参加了在意大利罗马召开的国际摄影测量学会第五届学术讨论会。50年后，1988年7月在日本京都召开的国际摄影测量与遥感学会第十六届大会上，他荣获该学会授予的“荣誉会员’证书，成为全世界获得该学会这一殊荣的在世七位国际著名学者之一。

正是有了王之卓院士等先辈的努力，才为我国摄影测量与遥感事业从理论到实践，打下了坚实基础。而今天张祖勋院士的理论和中国大疆无人机的创新、北斗卫星定位系统的技术支持，将航测从“贵族测绘”发展到“平民化无人机测绘”，为航空摄影测量高效率、高机动、高适应、低成本的发展做出革命性推动，无人机测量将在测绘现场发挥更大的作用。

资料来源：百度百科。

项目二

无人机测绘系统

项目描述

无人机是倾斜摄影测量实施的主要承载平台。根据用户的不同需求，无人机的平台类型各异，从技术角度可分为固定翼、直升机和多旋翼等。本项目主要介绍无人机的基本知识、系统组成及操控方式，帮助用户更高效地挑选、使用和检验无人机。

项目目标

- （一）知识目标
- （1）了解无人机的概念、分类及特点。
- （2）掌握无人机航空摄影系统的概念及组成。
- （3）理解无人机测绘系统中飞行平台、飞行控制系统、任务载荷的分类及构成。
- （4）了解无人机通信系统、动力系统、发射与回收系统的结构组成。
- （二）技能目标
- （1）能识别无人机的类型及结构。
- （2）能依据需要挑选无人机及其载荷。
- （3）能完成无人机的简单操控。
- （三）素养目标
- （1）养成热爱设备的习惯。
- （2）培养语言表达与交流能力。

任务一 无人机的基础知识

【任务导入】

目前,无人机广泛应用于基础地理测绘,轻便小巧的多旋翼主要应用于倾斜摄影测量。要想全面了解无人机,就要了解无人机的各种类型,从无人机的性能指标评判其能否完成倾斜摄影测量的任务。本任务从无人机的定义、分类、特点及性能指标等方面为用户指明无人机的选用方法。

【任务准备】

1. 无人机的定义

无人机,又称无人驾驶航空器(Unmanned Aircraft, UA)是由遥控站管理(包括远程操纵或自主飞行)的航空器,也称遥控驾驶航空器(Remotely Piloted Aircraft, RPA)。

2. 无人机的分类

随着无人机技术在民用领域的飞速发展,无人机呈现出种类繁多、形态各异、丰富多彩的类型特征。根据我国主导的首个无人机领域国际标准《无人驾驶航空器分级分类要求》(ISO 21895：2020),从飞行平台、空机重量、活动半径、任务高度、动力装置和控制模式 6 个技术角度进行分类介绍。

1)按飞行平台分类

无人机按飞行平台构型可分为 3 大类,分别是固定翼、旋翼及其他。

Ⅰ. 固定翼无人机

如图 2-1 所示,固定翼无人机是指通过人工遥控或自身程序控制动力系统、机翼和尾翼来实现起降和飞行的无人机,其自身的比重比空气的比重大,是能够且必须处在空中进行持续、可控飞行的飞行器。固定翼无人机的升力由位于机身两侧的固定翼产生,抗风能力比较强、类型较多、应用广泛,是多数民用无人机的主流平台。其优点是续航时间长、飞行速度快、飞行效率高和载荷大,缺点是起飞和降落时的场地需要有长距离跑道以及不能空中悬停等。

图 2-1 固定翼无人机

Ⅱ. 旋翼无人机

旋翼无人机是指通过在空气中旋转螺旋桨产生足够的升力，从而实现飞行的一类无人机。旋翼无人机主要有无人直升机和多旋翼无人机两种类型。

Ⅰ）无人直升机

如图 2-2 所示，无人直升机是指由无线电地面遥控飞行或自主控制飞行的可垂直起降不载人飞行器，在构造方面属于旋翼飞行器，在功能方面属于垂直起降飞行器，通过改变旋翼的桨距和桨盘的倾斜角来实现飞行控制。

与固定翼无人机相比，无人直升机可垂直起降、空中悬停以及朝任意方向飞行，其起飞着陆场地小，不必配备像固定翼无人机那样复杂、大体积的发射回收系统。在民用方面，无人直升机在大气监测、交通监控、资源勘探、电力线路检测、森林防火等方面具有良好的应用前景。

图 2-2　无人直升机

Ⅱ）多旋翼无人机

如图 2-3 所示，多旋翼无人机是一种具有三个及以上旋转轴的无人直升机，但区别于无人直升机的变化桨距，多旋翼无人机的旋翼总距固定。其通过每个旋翼轴上的电动机转动，带动螺旋桨转动，从而产生升推力；通过改变不同旋翼之间的相对转速，可改变单轴推进力的大小，从而控制飞行器的运行轨迹。多旋翼无人机操控性强，可垂直起降和悬停，主要适用于低空、低速、有垂直起降和悬停要求的任务类型。

图 2-3　多旋翼无人机

Ⅲ）其他无人机

除常见的固定翼和旋翼无人机外，还有一些小众形式的无人机，如飞艇、扑翼机、伞翼机等。

飞艇是一种轻于空气的航空器，它与热气球最大的区别在于具有推进和控制飞行状态的装置。飞艇由巨大的流线型艇体、位于艇体下面的吊舱、起稳定控制作用的尾面和推进装置组成。其中，艇体的气囊内充以密度比空气小的浮升气体（有氢气或氦气），借以产生浮力使飞艇升空；吊舱供人员乘坐和装载货物；尾面用来控制和保持航向、俯仰的稳定。大型民用飞艇还可用于交通、运输、娱乐、赈灾、影视拍摄、科学实验等，如图 2-4 所示为遥感测绘类飞艇。

图 2-4 遥感测绘类飞艇

扑翼机的机翼能像鸟和昆虫的翅膀那样上下扑动，是一种重于空气的航空器，又称为振翼机。其扑动的机翼不仅产生升力，还产生向前的推动力，如图 2-5 所示为国产微型扑翼机 ASN21。

图 2-5 国产微型扑翼机 ASN21

图 2-6 伞翼机

如图 2-6 所示，伞翼机由柔性伞翼提供升力，也是一种重于空气的航空器，按有无动力可分为伞翼滑翔机和伞翼飞机。伞翼机构造简单，操纵方便，可以拆叠、拆装，由于采用柔性翼面，因此飞行高度不能高于 2 000 m，以防高空水汽冻结使伞翼变形，且飞行速度低于 100 km/h，风速太大时不能飞行，常用于运输、通信、侦察、勘探和科学考察等。

2）按空机重量分类

根据《民用无人机驾驶员管理规定》，空机重量是指无人机在不挂载燃料（或电池）及不安装载荷设备的状态下所称得的飞机重量；无人机在安装电池或搭载燃料以及载荷设备，随时可以起飞的情况下所称得的飞机重量，称为起飞重量。按照空机重量的不同，无人机可分为微型、轻型、小型、中型和大型无人机五种，见表 2-1。

表 2-1 按重量分类的无人机类型

类型	空机重量 W_0/kg	最大起飞重量 W/kg
微型无人机（Ⅰ）	$0<W_0\leqslant 0.25$	$0<W\leqslant 0.25$
轻型无人机（Ⅱ）	$0.25<W_0\leqslant 4$	$0.25<W\leqslant 7$
小型无人机（Ⅲ）	$4<W_0\leqslant 15$	$7<W\leqslant 25$
中型无人机（Ⅳ）	$15<W_0\leqslant 116$	$25<W\leqslant 150$
大型无人机（Ⅴ）	$W_0>116$	$W>150$

3）按活动半径分类

活动半径是指 25%~40%的航程。其中，航程是无人机起飞后中途不补充燃料可以运行的最大距离。

按照活动半径的不同，无人机可分为超近程无人机、近程无人机、短程无人机、中程无人机和远程无人机五种，见表 2-2。

表 2-2 按活动半径分类的无人机类型

类型	活动半径 R/km
超近程无人机	$R\leqslant 15$
近程无人机	$15<R\leqslant 50$
短程无人机	$50<R\leqslant 200$
中程无人机	$200<R\leqslant 800$
远程无人机	$R>800$

4)按任务高度分类

根据执行任务高度的不同，无人机可分为超低空无人机、低空无人机、中空无人机、高空无人机和超高空无人机五种，见表 2-3。

表 2-3 按任务高度分类的无人机类型

类型	任务高度 H/m
超低空无人机	$H\leqslant 100$
低空无人机	$100<H\leqslant 1\,000$
中空无人机	$1\,000<H\leqslant 7\,000$
高空无人机	$7\,000<H\leqslant 18\,000$
超高空无人机	$H>18\,000$

5)按动力装置分类

按动力装置的不同，无人机可分为电动式无人机、油动式无人机和油电混合式无人机二种。

电动式无人机大多采用无刷电动机作为动力装置，由聚合物锂电池或燃料电池提供能量。电动机是一种旋转式电动机器，可将电能转变为机械能，无人机在飞行中为了实现前进、后退、侧飞和转弯等，采用电子调速器控制无刷电动机的转速。电动式无人机具有结构简单、质量轻、维护方便等优点，其缺点是载重小、续航时间短、电能消耗大等。

油动式无人机通常采用活塞式发动机或涡轮轴发动机作为动力装置。此类型无人机具有抗风能力强、续航时间长、载重大等优点，但其稳定性差、操控复杂、场地适应性差、危险性大。

油电混合式无人机通常采用燃油发动机和电动机作为动力装置，燃油发动机发电，再驱动电动机。此类型无人机具有结构简单、载重大、续航时间长、适用范围广等优点，继承了电动式无人机和油动式无人机的优点，并克服了它们的缺点。

6)按控制模式分类

按控制模式的不同，无人机可分为遥控式无人机、半自主式无人机和自主式无人机三种。

遥控式无人机是由地面人员通过无线电发送指令并有效控制其飞行的无人机。操控人员实时操控遥控器面板上的摇杆和按钮，由遥控器发射机发出对应的无线电指令信号，并传输到无人机的遥控接收机上，控制无人机飞行的高度、速度、航向等参数，并实施预定的飞行和工作计划。

半自主式无人机是在有地面控制指令时按控制指令飞行，无地面控制指令时按预编程序指令飞行的无人机。操控人员通过飞行管理系统界面执行任务或改变任务，在没有输入控制指令的情况下，无人机将实施预编程序的自动飞行。

自主式无人机是按预先输入的程序指令自动飞行，并执行预定任务的无人机，也称为时间程序控制型无人机。

三者兼备式无人机是具有遥控式、半自主式和自主式功能的无人机。

3. 无人机的特点

与载人飞机相比，无人机由于省去了驾驶舱的空间，在同样的任务条件下，无人机具备体积小、质量轻、油耗低的特点，可提高经济效益；在维修费、燃油费、存放保管费、人员培训费等方面成本较低；能够在灾害天气或受污染的环境下执行高危险任务，无须考虑驾驶人员生理条件限制，突出显现出无人员伤亡、对环境要求低、生存能力强、用途广泛的优点。

与航空模型相比，无人机具有导航飞控系统的本质区别，操控人员靠无线链路指挥无人机；无人机还可搭载任务载荷，完成航拍、测量等生产任务；此外，无人机与航空模型的学术定义不同、组成结构不同、安全管理也不同。

4. 无人机的性能指标

对于无人机，可通过以下性能指标进行综合选择：航程、续航时间、飞行速度、飞行高度、有效载荷质量、本体尺寸、爬升率、可靠性、经济性、发射回收方式等。无人机性能评估需要考虑的因素包括续航能力、遥测距离、载重量和抗风能力。

（1）航程是衡量无人机的重要性能指标。决定无人机航程的因素有机体结构、翼型、发动机、携带能量等，无人机的控制系统对航程也有着不可忽视的影响。

（2）续航时间是指无人机在耗尽其本身携带的可用燃料或电池电量时，所能持续飞行的时间。续航时间是检验无人机持续完成任务能力的重要标准，执行不同类型任务的无人机对续航时间的要求是不同的。

（3）飞行速度是指飞行器单位时间内飞行的距离。飞行速度对于无人机摄影测量来说是一项重要的指标。

（4）飞行高度是指飞行器在空中至某一基准水平面的垂直距离。无人机的升限指无人机能够维持平飞的最大高度，其也是一项重要的指标。

（5）有效载荷质量是衡量无人机能够携带任务载荷多少的重要指标。

（6）本体尺寸是指无人机机体的尺寸。无人机机体的尺寸会影响其使用性能和抵抗恶劣环境的能力。

（7）爬升率是指在一定的飞行质量和一定的发动机工作状态下，无人机在单位时间内上升的高度。

（8）可靠性是指在执行预期任务期间，无人机无故障运行的可能性。良好的可靠性是无人机稳定使用的重要保障。

（9）经济性，无人机的设计、制造和维护成本是一项重要的指标，它是由无人机要执行任务的重要性决定的。

（10）发射回收方式直接影响无人机的易用性。无人机常用的发射方式有轨道发射、火箭发射、滑跑发射、空中发射和垂直起飞等，常用的回收方式有降落伞回收、空中回收、拦截网回收、起落架/滑轮着陆、气垫着陆和垂直着陆等。

任务二 无人机倾斜摄影测量系统

【任务导入】

无人机系统（Unmanned Aircraft System，UAS）是指由无人机、相关控制站、所需的指令与控制数据链路以及标准的型号设计规定的任何其他部件组成的系统，也可称为无人驾驶航空器系统（Remotely Piloted Aircraft System，RPAS）。

无人机倾斜摄影测量以获取高分辨率数字影像为应用目标，通过飞行平台上搭载多台传感器，从不同角度采集影像，经过自动化的航测、建模软件处理，实现自动化建模及人工精修整饰，对现实场景进行快速、真实的建模与还原，具备可真实反映地物周边情况，可实现单张影像量测，可采集建筑物侧面纹理，易于网络分布，可实现快速共享等特点。本任务主要介绍无人机倾斜摄影测量系统的组成，包括飞行平台、任务载荷、飞控系统、通信系统及发射回收系统，要求掌握主流飞行平台的结构组成，掌握倾斜摄影测量相机的类型及其构造对影像拍摄的影响，了解飞控系统、通信系统及发射回收系统的组成。

【任务准备】

无人机倾斜摄影测量系统包括专业的航测无人机飞行平台、倾斜摄影相机、地面站系统、差分系统、航片处理和建模软件、线划图等高线采集软件等，如图 2-7 所示。

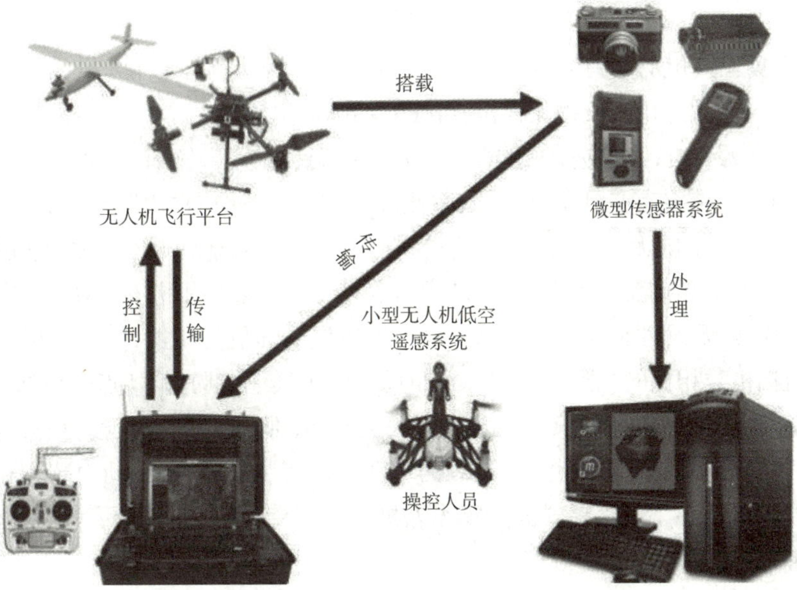

图 2-7 无人机倾斜摄影测量系统

1. 飞行平台

无人机飞行平台即飞行器本身，是搭载测绘航空摄影、遥感传感器等设备的载体，是无人机航空摄影系统的平台保障。目前，应用于航空摄影的无人机飞行平台主要有固定翼无人机、多旋翼无人机及复合翼无人机三种类型。其中，多旋翼无人机轻便，造价相对低廉，可以定点悬停；固定翼无人机续航时间长，抗风性能好，拍摄幅面广。在不同的航测任务中，可结合不同飞行平台的特点，综合考虑测区面积、地面分辨率及飞机的速高比（即飞行器的飞行地速与飞行真高的比值）等因素来选择无人机的类型。

1）固定翼无人机结构

固定翼无人机根据其起飞方式可分为滑跑式、弹射式、垂直起降式、手抛式四种类型；按照动力位置不同可分为推进式和拉进式；按照构型不同还可分为双尾撑式布局和飞翼式布局，如图 2-8 所示。

（a）

（b）

（c）

（d）

图 2-8　固定翼无人机

（a）推进式　（b）拉进式　（c）双尾撑式　（d）飞翼式

（1）推进式固定翼无人机的动力装置位于无人机后部，动力装置推动无人机向前飞行。由于其朝前视野宽阔，不受螺旋桨干扰，故适用于航拍无人机，可使航拍画面更清晰。

（2）拉进式固定翼无人机，与推进式不同，其动力装置安装在无人机前部，通过拉力拉动无人机向前飞行。由于螺旋桨接触的气流没有受到干扰，其效率比推进式高，因此在常规固定翼无人机中，拉进式布局更为主流。但对于有航拍需求的无人机而言，拉进式固定翼无人机的螺旋桨在机载相机前部，会导致拍摄图像产生卷帘效果，这将严重影响航拍效果，故拉进式固定翼无人机常将相机安装在下视位置。

（3）双尾撑式固定翼无人机通过两个尾撑杆将无人机尾翼和机身相连，使无人机后部可以采用较大螺旋桨，同时也不会阻挡机载相机的视野。双尾撑式布局相较于其他布局，其特点是更加稳定且易于飞行。

（4）飞翼式固定翼无人机，相较于其他固定翼无人机布局，部件少、便于运输，且具有较高的效率和较强的抗风能力。此外，由于其布局比较理想，有更大的空间可以安装设备，同时动力装置和螺旋桨安装在飞机尾部，不会影响机载相机拍摄。但飞翼式固定翼无人机更容易受重心影响，新手难以轻松驾驭；且设备布置受重心限制，比较难以寻找最佳位置。

除少数特殊目的设计的固定翼无人机外，大多数固定翼无人机具备相同的主要结构，一般由机身、机翼、尾翼、起落架和动力装置组成。除以上五个主要部件外，根据无人机操作和执行任务的需要，还装有各种仪表、通信设备、领航设备、安全设备等。

Ⅰ.机身

机身主要用来承载任务设备、燃油/电池、通信设备、起落架等,并连接机翼和尾翼。机身主要由纵向(沿机身纵轴方向)元件(长桁、桁梁)、垂直于机身纵轴的横向元件(隔框)以及蒙皮组合而成,其结构形式有构架式、硬壳式和半硬壳式,其中半硬壳式又可分为桁梁式和桁条式,如图 2-9 所示。

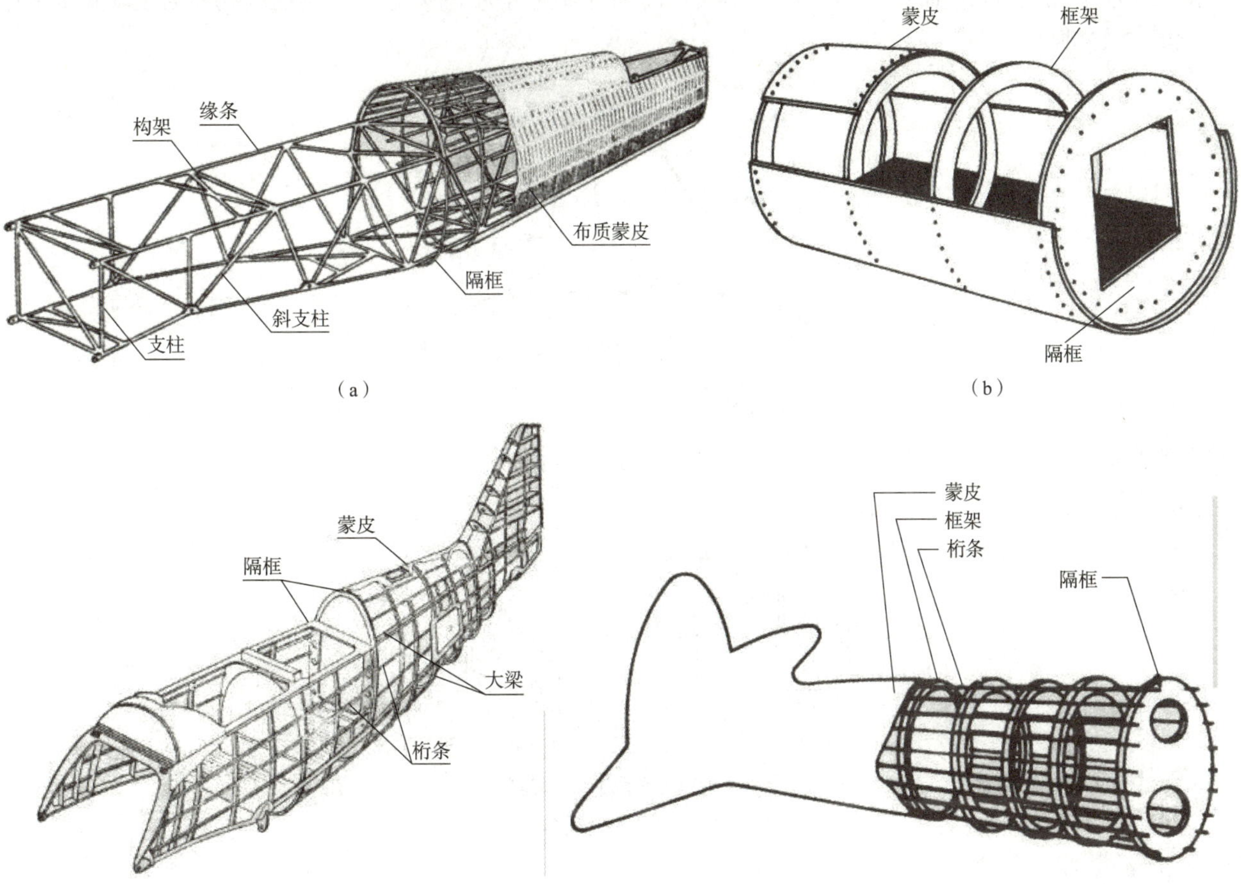

图 2-9　不同结构形式的固定翼机身

(a)构架式　(b)硬壳式　(c)桁梁式　(d)桁条式

Ⅱ.机翼

机翼的主要功能是产生升力,以支持无人机在空中飞行,同时也起到一定的稳定和操作作用;也可以在机翼内布置油箱,在飞行中可以收藏起落架。在机翼的后面或尾部和边缘一般安装有副翼和襟翼,如图 2-10 所示。其中,副翼大约从机翼的一半处向外伸出,以利于产生使固定翼无人机侧滚的反方向移动和倾斜的空气动力;襟翼从靠近机翼中点处向外伸出,在巡航飞行时通常和机翼表面齐平,当向外伸出时,襟翼同时向下延伸,以在起飞或者着陆时增大机翼的升力。

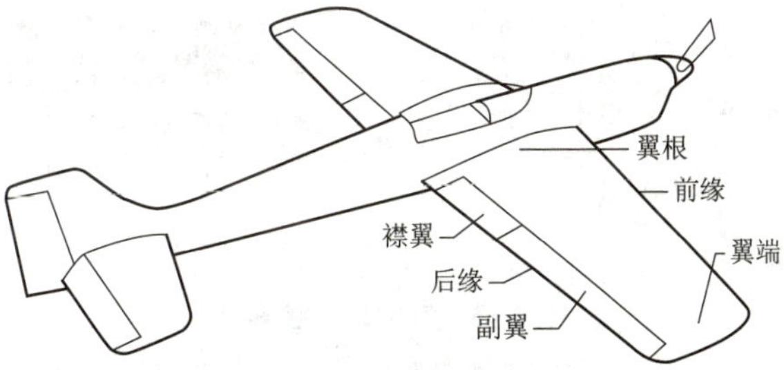

图 2-10　副翼与襟翼

Ⅲ. 尾翼

尾翼包括水平尾翼和垂直尾翼。其中，水平尾翼由固定的水平安定面和可活动的升降舵组成，升降舵用于控制固定翼无人机在飞行中的俯仰运动；垂直尾翼由固定的垂直安定面和可活动的方向舵组成，方向舵用于控制固定翼无人机的航向运动，如图 2-11 所示。有的高速无人机不需要升降舵，而在中央的铰链点安装一片水平尾翼，铰链轴是水平的，即水平安定面和升降舵合为一体，这种类型的尾翼称为全动式水平尾翼，如图 2-12 所示。

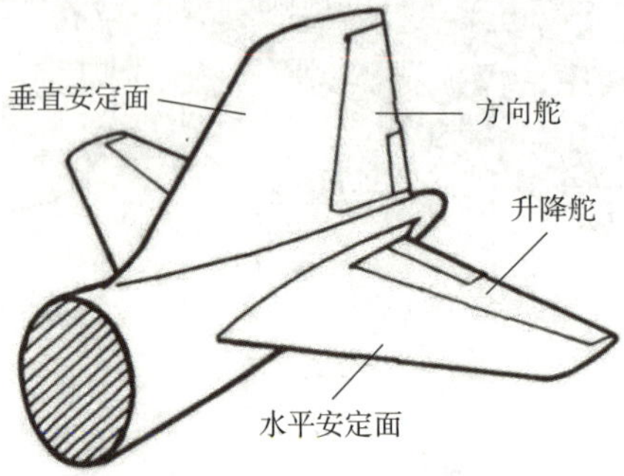

图 2-11　尾翼结构

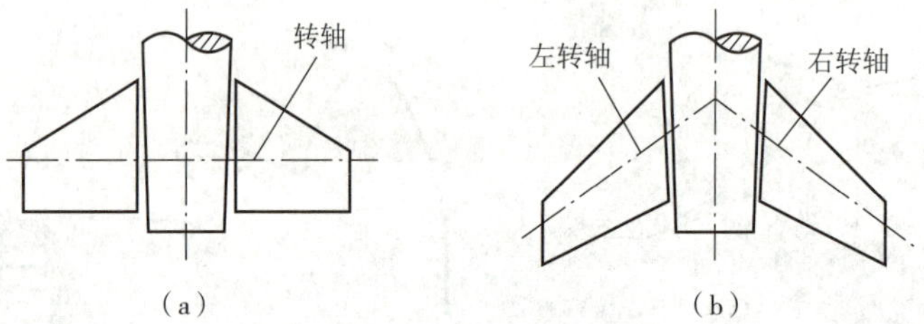

图 2-12　全动式水平尾翼

(a)直轴式全动平尾　(b)斜轴式全动平尾

Ⅳ. 起落架

起落架是固定翼无人机起飞、着陆滑跑、地面滑行和停放时的主要支撑部分。大多数固定翼无人机使用轮式起落架，也有浮筒式起落架，以便在水上运动，还有用于雪上着陆的滑橇式起落架。

最常用的轮式起落架由三个轮子组成，按照轮子分布方式可分为前三点式和后三点式两种，如图 2-13 所示。其中，前三点式起落架是两个主轮（主起落架）保持一定间距左右对称地安装在固定翼无人机质心稍后处，前轮安装在固定翼无人机头部的下方，飞机的重心在主起落架之前；后三点式起落架是两个主轮（主起落架）布置在固定翼无人机的质心之前并靠近质心，尾轮（尾支撑）远离质心安装在固定翼无人机的尾部，飞机的重心在主起落架之后。由于固定翼无人机质量轻，且对起降距离没有严格要求，所以前三点式起落架应用较多。

图 2-13　常用轮式起落架

(a)前三点式起落架　(b)后三点式起落架

2）无人机直升机结构

按照布局不同，无人直升机可分为单旋翼带尾桨布局、双旋翼布局、共轴双旋翼布局，如图 2-14 所示。

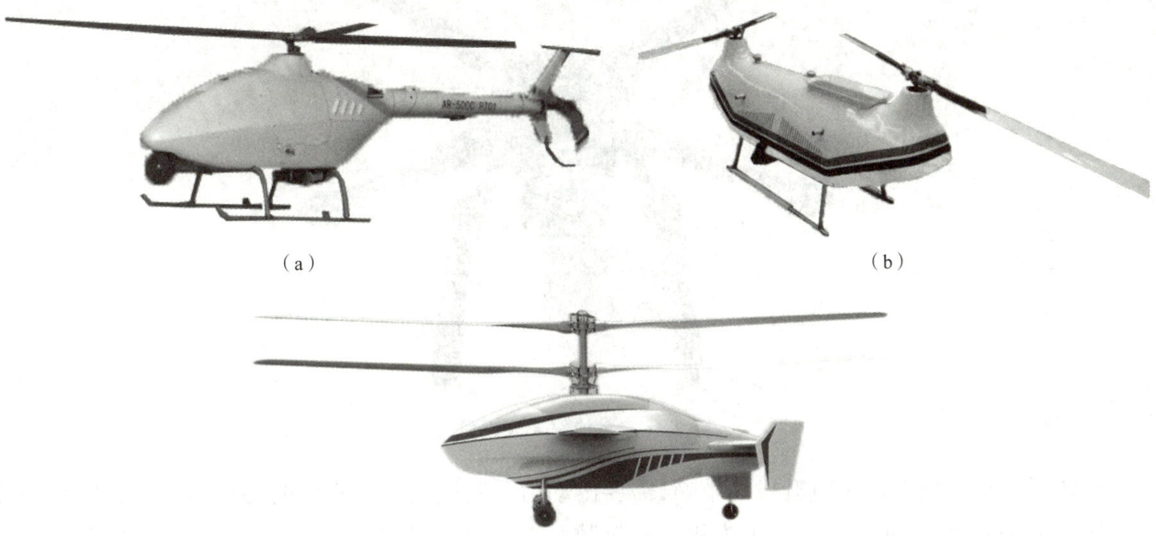

（a）　（b）　（c）

图 2-14　无人直升机按布局分类

（a）单旋翼带尾桨布局　（b）双旋翼布局　（c）共轴双旋翼布局

（1）单旋翼无人直升机采用单旋翼带尾桨布局，如图 2-14（a）所示，这类布局通过主旋翼产生升力及向各个方向运动的力，通过尾桨平衡主旋翼产生的反扭矩和控制无人直升机的航向。

（2）双旋翼无人直升机可减小尾桨带来的能量损失，如图 2-14（b）所示，两副旋翼通过不同转向抵消产生的反扭矩，这类无人直升机大大提高了动力装置的使用效率。

（3）共轴双旋翼无人直升机如图 2-14（c）所示，这类无人直升机通过上下桨叶的不同转向抵消无人直升机的反扭矩。

3）多旋翼无人机结构

用于航测的多旋翼无人机主要有四旋翼、六旋翼、八旋翼三种类型，如图 2-15 所示。

（a）　（b）　（c）

图 2-15　多旋翼无人机

（a）四旋翼　（b）六旋翼　（c）八旋翼

多旋翼无人机一般包括机架、起落架、电动机和电子调速器（简称电调）、电池、螺旋桨、飞控系统、遥控装置、GNSS 模块、任务设备和数据链路等。

Ⅰ. 机架

机架是多旋翼无人机的主体，包括机臂、中心板和起落架，也称为机身，如图 2-15 所示。机架可为多旋翼无人机提供稳定和坚固的平台、安全的起飞和降落条件，避免机上的其他仪器设备受到损坏，并提供动力装置和飞控板等设备的安装接口。

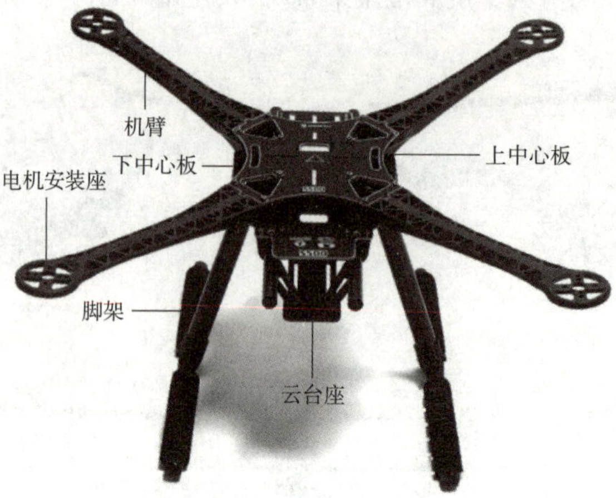

图 2-16　多旋翼无人机机架

多旋翼无人机实质上属于直升机的范畴，需要由动力系统提供多个旋翼的旋转动力，同时旋翼旋转产生的转矩需要相互抵消，所以多旋翼无人机的旋翼数量大多数为偶数。多旋翼无人机按轴数可分为三轴、四轴、六轴、八轴等；按电动机台数可分为三旋翼、四旋翼、六旋翼、八旋翼等。一般情况下，多旋翼无人机的轴数和旋翼数是相同的，但有时也是不同的，如四轴八旋翼无人机是在每个轴上、下各安装一台电动机构成的。多旋翼无人机按旋翼布局可分为 I 型、X 型、V 型、Y 型、IY 型等，由于 X 型结构的多旋翼无人机任务载荷前方的视野比 I 型多旋翼无人机更加开阔，且控制灵活，所以在实际应用中多旋翼无人机大多采用 X 型外形结构，如图 2-17 所示。

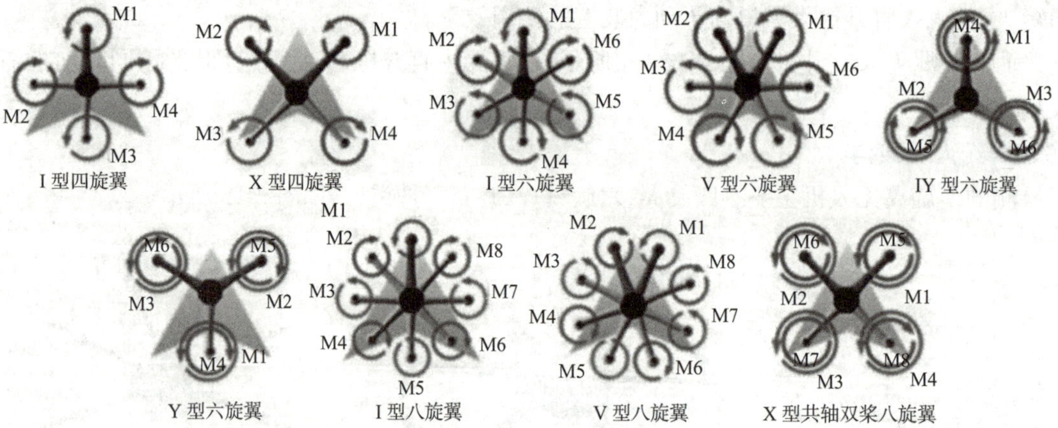

图 2-17　多旋翼无人机的旋翼布局

Ⅱ. 电动机

电动机是多旋翼无人机的动力装置，提供升力和推力，如图 2-18 所示。轻微型无人机使用的电动机可分为有刷电动机和无刷电动机两种，多旋翼无人机通常使用无刷电动机，主要是由于无刷电动机去除了电刷，极大地减少了电火花对遥控无线电设备的干扰，减小了运转时摩擦力，运行更顺畅，而且噪声减小，提升了无人机运行的稳定性。

图 2-18　多旋翼无人机电动机

Ⅲ. 电调

电动机的调速系统称为电调，全称为电子调速器（Electronic Speed Controller，ESC）。电调的作用是根据飞控板的控制信号转变电流的大小，以控制电动机的转速，此外还具有变压供电、电源转化、电池保护、启动保护和制动等作用。针对不同的电动机，电调可分为有刷电调和无刷电调。无刷电动机应选用无刷电调，无刷电调的输入电流是直流，可以接锂电池；输出电流是三相交流，直接与电动机的三相输入端相连，如图 2-19 所示。如果上电后，电动机反转，只需要把三根线中的外边两根对换位置即可。电调还有三根较细的信号线，用来与飞行控制系统连接，控制电动机的运转；较粗的两根输入线与动力电池相连。

图 2-19　多旋翼无人机无刷电调

Ⅳ. 电池

电池是能量装置，为电动机提供电能。动力电源主要为电动机的运转提供电能，通常采用化学电池作为电动无人机的动力电源，主要包括镍氢电池（NiMH）、镍铬电池（NiCr）、锂聚合物电池（LiPo）。对于多旋翼无人机而言，电池单位重量的能量载荷在很大程度上限制了其飞行时间和任务设备，续航时间不够的关键就在于电池容量较小。而在相同电池容量的情况下，锂电池最轻，效率最高，因此多旋翼无人机大多选择锂电池。一般锂电池可分为普通锂电池和智能锂电池，如图 2-20 所示。相较于普通锂电池，智能锂电池在电池组中增加了过放电保护电路，即当放电电压降到预设电压值时，电池停止向外供电，同时管理电路计算末端续航时间，并为用户提供预警，以便用户有足够的时间采取相应的安全措施。

（a）

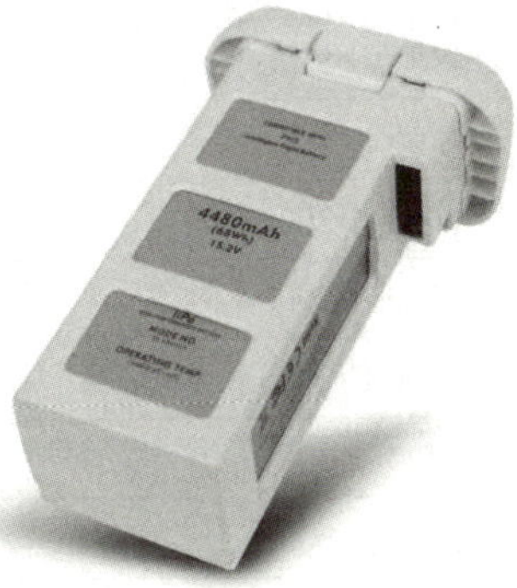

（b）

图 2-20　锂电池

（a）普通锂电池　（b）智能锂电池

Ⅴ. 螺旋桨

螺旋桨的作用是由电动机驱使其高速旋转，从而产生升力。螺旋桨外形结构简单，一般由两片桨叶和中间的桨毂固定在一起构成,如图 2-21 所示。螺旋桨的桨叶按材质一般可分为尼龙桨、碳纤维桨和木桨等,其中碳纤维桨和尼龙桨常用于多旋翼无人机。碳纤维桨的质量较轻,刚性较好,效率较高,但价格较高;尼龙桨则因其成本低、塑形精确,在小型多旋翼无人机中使用得比较广泛。

图 2-21　螺旋桨

多旋翼无人机安装的都是总距不可变的螺旋桨,主要参数有桨的直径和螺距,通常采用四位数字表示,如“1047 螺旋桨”。其中,前两位数字代表螺旋桨的直径,单位是英寸(1 in=25.4 mm);后两位数字代表螺旋桨的螺距,即螺旋桨在空气中旋转一圈桨平面经过的距离。螺旋桨的螺距越大,其扭转得越厉害,相同转速下提供的升力越大,对电动机造成的负荷也越大。需要注意的是,对于小于 10 in 的螺旋桨,直径数字写在最前面,如 8050,螺旋桨直径为 8 in,而并非 80 in。

四轴飞行器为了抵消螺旋桨的自旋,相邻的螺旋桨旋转方向是不一样的,所以需要正桨和反桨。正反桨产生的气流都向下流动。从螺旋桨上方观察,顺时针方向旋转的螺旋桨称为正桨,逆时针方向旋转的螺旋桨称为反桨。螺旋桨安装时,无论是正桨还是反桨,都将有字的一面向上,保证桨叶圆润的一面与电动机旋转方向一致。

螺旋桨需与电动机搭配使用:螺旋桨越大,升力就越大,但对应就需要更大的力量来驱动;螺旋桨转速越高,升力越大;电动机的 kV 值越小,转动力量就越大。因此,大螺旋桨就需要采用低 kV 值的电动机,小螺旋桨就需要采用高 kV 值的电动机(因为需要用转速来弥补升力不足)。如果采用高 kV 值的电动机驱动大螺旋桨,力量不够只能低速运转,电动机和电调很容易烧坏;如果采用低 kV 值的电动机驱动小螺旋桨,完全没有问题,但升力不够,可能会造成无法起飞。不同的电动机与对应选用的螺旋桨见表 2-4。

表 2-4　不同的电动机与螺旋桨的搭配

电动机/kV 值	螺旋桨直径/in
800~1 000	11~10
1 000~1 200	10~9
1 200~1 800	9~8
1 800~2 200	8~7
2 200~2 600	7~6
2 600~2 800	6~5
≥2 800	5~4

4)复合翼无人机结构

复合翼无人机(大部分是垂直起降固定翼)是在固定翼无人机上叠加一套垂直升力系统,从而在结构上基本实现了多旋翼和固定翼的优势结合,使其具备垂直起降、定点悬停、高速巡航的能力,如图 2-22 所示。

电动复合翼无人机由于在动力、灵活性、载荷等方面的优势明显，而被大力发展，已经是无人机摄影测量中最主要的航摄平台。

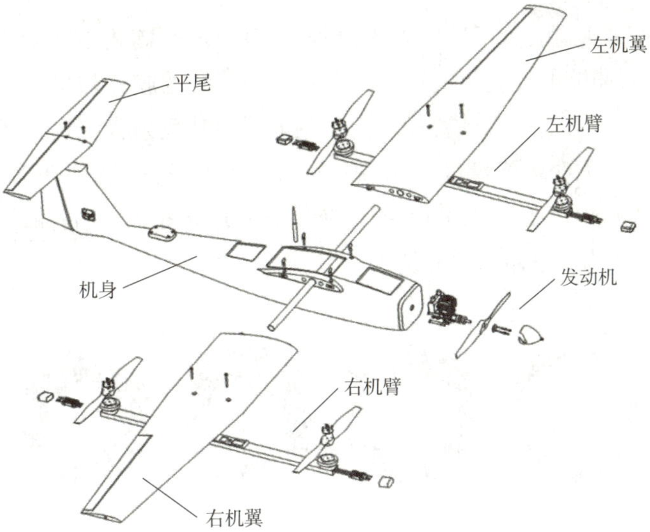

图 2-22 垂直起降固定翼无人机

2. 任务载荷

无人机倾斜摄影测量中常用的任务载荷主要为航摄相机，按镜头数可分为单镜头和多镜头。安装在无人机上对着地面能自动进行连续摄影的相机称为航空摄影机。由于当代航空摄影机都是相当复杂、精密的全自动光学电子机械装置，具有精密的光学系统和电动结构，所摄取的影像能满足量测和判读的要求，因此航空摄影机一般也称为航摄仪。随着技术的发展，普通相机在摄影测量领域的应用也越来越广泛。

1)相机的结构

相机的结构形式种类繁多，但其基本结构大致相同。传统相机可由镜箱和暗箱两个基本部分组成，现代相机一般由镜头、光圈、快门、暗箱、取景器、感光器及附加装置组成，如图 2-23 所示。

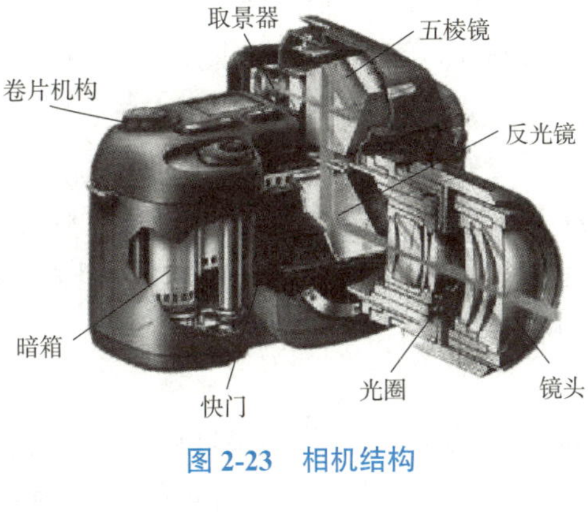

图 2-23 相机结构

Ⅰ. 镜头

镜头又称摄影物镜，其功能是聚光，使外界景物在相机暗箱内的胶卷平面处形成清晰的影像。摄影用镜头中有好几片凸凹不同的镜片，分别称为正、负透镜，正(凸)透镜使光线会聚、产生实像，负(凹)透镜使光线散射、不产生实像。正、负透镜结合可以使形成的影像不仅清晰，还可以减弱像差，提高成像质量。因此，相机镜头都由数量不等的正、负透镜组成，越高级的镜头，透镜片数越多，一般至少由 4 片 3 组透镜组成；也有单镜头反光相机，可以根据摄影需要换用不同焦距的镜头。镜片通常由研磨精细的光学玻璃制成，并且在镜片表面进行镀膜处理。用于无人机航测的相机焦距一般调焦到无穷远，镜头长焦距，保证在无人机挂载下的几百米航高仍然能够获取高分辨率的地面影像。

Ⅱ. 光圈

光圈如同我们人类眼睛的瞳孔，为了适应外界景物亮度的变化，需要不断调节眼睛瞳孔的大小，光圈是安装在相机镜头中直径可以伸缩的光孔，如图 2-24 所示。在传统的胶片相机中，光圈一般由数量不等的月牙形薄金属片制成。光圈的作用包括：与快门配合，控制外界景物反射光线进入暗箱的多少，使胶卷能够正确曝光；调节被摄景物的景深大小。光圈大小可用 *F* 表示，*F*=镜头焦距/镜头有效直径。*F* 后面的数值越小，光圈越大，进光量越多，画面比较亮，焦平面越窄，主体背景虚化越大；*F* 后面的数值越大，光圈越小，进光量越少，画面比较暗，焦平面越宽，主体前后越清晰。

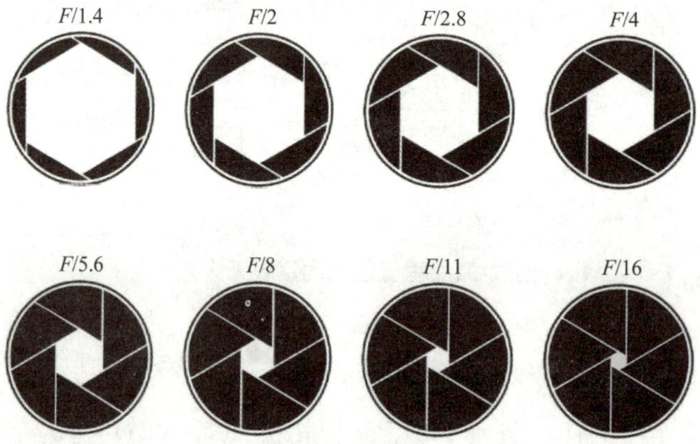

图 2-24　光圈

Ⅲ. 快门

快门是安装在相机镜头与胶卷平面之间的“光闸”，快门与光圈配合，随着快门开启时间的不同，控制胶片曝光时间的长短。调节快门速度，可以改变快门开启时间，控制胶片的曝光量，使胶片得到适合的曝光值。各种相机的快门标准是一致的，不论哪种相机，只要数值相同，快门速度就相同。目前，常用相机快门有焦平面式快门和中心式快门两种。快门操作有机械操作和电子操作两种方式。数码相机的快门速度是由电子程序控制的，速度可以高达 1/8 000 s，常见的快门速度有 1 s、1/2 s、1/4 s、1/8 s、1/15 s、1/30 s、1/60 s、1/125 s、1/250 s、1/500 s、1/1 000 s、1/2 000 s 等。快门和光圈是一对“好兄弟”，摄影中根据摄影内容相互配合，以得到预期效果。

Ⅳ. 取景器

取景器是供摄影者观察被摄景物，确定取景范围的装置，设置在机身上部便于观看的部位。数码相机大部分采用液晶显示（Liquid Crystal Display，LCD）宽视角液晶屏取景方式的取景器，一般兼有测光、测距和显示光圈大小及快门速度等数据的功能。

Ⅴ. 成像感光器

现代数字摄影机主要用 CCD 或 CMOS 作为图像记录器件，将光信号转换为电信号记录成像，取代了传统相机的胶片。CCD（Couple Charged Device）为电荷耦合器件，是一种用电荷量表示信号大小，用耦合方式传输信号的探测元件，并可做成集成度非常高的组合件，如图 2-24 所示；CMOS（Complementary Metal Oxide Semiconductor）为互补型金属氧化物半导体。

图 2-25　面阵 CCD 电荷耦合器件

CCD 图像传感器可直接将光学信号转换为模拟电流信号，电流信号经过放大和模数转换，可实现图像的获取、存储、传输、处理和复现，通常尺寸越大效果越好。CCD 尺寸，即相机靶面，描述面阵 CCD 尺寸有一个全画幅的概念，指的是传感器感光面积为 36 mm × 24 mm 的尺寸规格，这一规格被用于描述镜头的感光元件的尺寸。例如，无人机搭载的非量测相机的画幅较小，是全画幅相机的缩小版，图 2-26 所示为全画幅相机与各类半画幅相机的关系，其中全画幅相机标准尺寸为 36 mm × 24 mm，各类半画幅相机都是在全画幅相机的基础上降低了 CCD/CMOS 的尺寸。在同样高度使用同样焦距的镜头进行航摄，画幅越大，所能采集到的地面面积就越大。

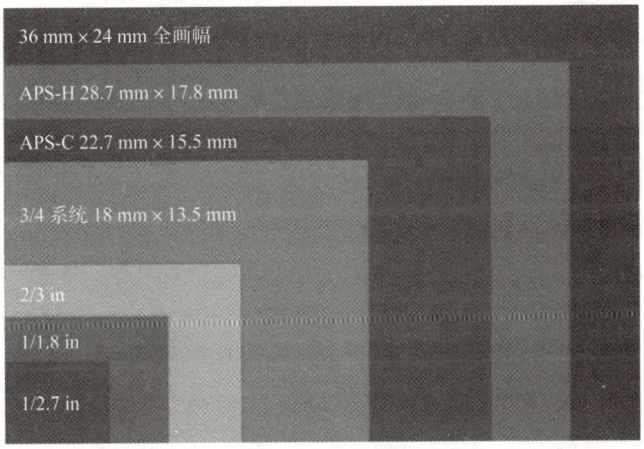

图 2-26　全画幅相机和半画幅相机的关系

CCD 分辨率是衡量 CCD 的主要性能指标，它决定了显示图像的清晰程度，分辨率越高，图像细节的表现越好。CCD 是由面阵感光元素组成的，感光元素按行列方式排列，每一个元素称为一个像元（像素），像元越多，图像越清晰。像元大小以微米（μm）为单位，面阵 CCD 尺寸与像元大小之间存在如下关系：

$$\left.\begin{array}{l}\text{CCD长度} = \text{像元列数} \times \text{像元大小} \\ \text{CCD宽度} = \text{像元行数} \times \text{像元大小}\end{array}\right\} \tag{2-1}$$

在芯片确定的情况下，像素越高，像元越小，像元感光灵敏度越低，两者是反比关系，所以像素不是越高越好，在像素够用的情况下应尽量优先确保灵敏度。

2）航摄相机的分类

Ⅰ. 按成像方式分类

根据摄影时摄影物镜主光轴与地面的相对位置，航摄相机可分为框幅式（画幅式）航摄仪和推扫式航摄仪两大类。框幅式航摄仪摄影时，主光轴对地面的方向保持不变，每曝光一次获得一幅中心透视投影的图像，一般采用面阵 CCD，传统相机多为这种类型；推扫式航摄仪摄影时，主光轴相对地面在不断移动，采用线阵 CCD 扫描成像方式，可获取带状影像。两种成像方式的原理、影像示意图及优缺点见表 2-5。

表 2-5　框幅式航摄仪和推扫式航摄仪成像对比

成像方式	线阵扫描成像方式	面阵框幅成像方式
成像原理	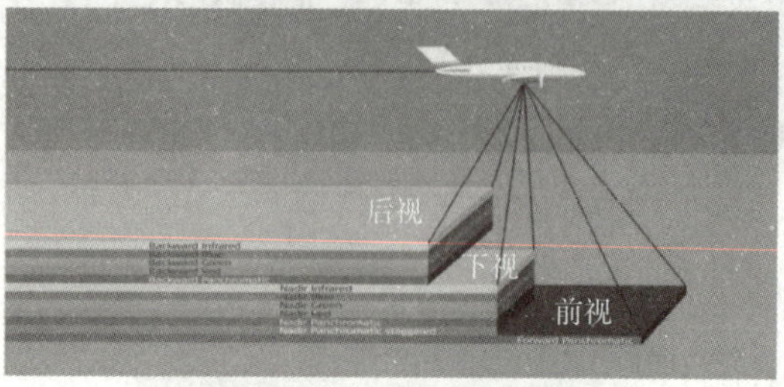	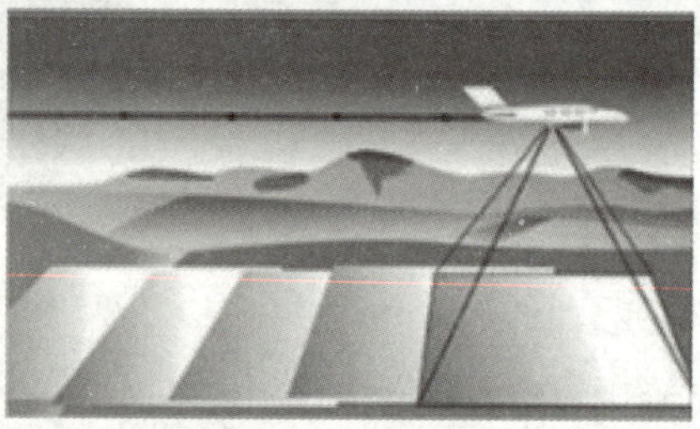
影像示意图	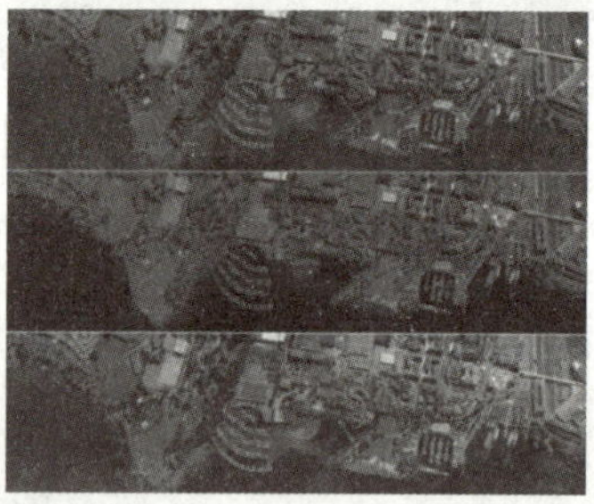	
优点	多中心投影，每一扫描行具有独立的外方位元素，线分辨率高	多个 CCD 组合，分辨率较高，视场较大
缺点	各行图像在不同的空间位置获得，引入了像差，需后期补偿	相机视场和分辨率受限于 CCD 器件，相机体积和质量都较大，且成本高、复杂度大
典型代表	ADS40、ADS80	RC30、DMC、UCD

Ⅱ. 按航摄相机物镜的焦距和像场角分类

按航摄相机物镜的焦路和像场角，航摄相机可分为短焦距、中焦距和长焦距三种。

(1)短焦距航摄相机：焦距 $F\leqslant150$ cm，相应的像场角 $2\beta\geqslant100°$。

(2)中焦距航摄相机：焦距 150 mm$<F<$300 mm，相应的像场角 $70°<2\beta<100°$。

(3)长焦距航摄相机：焦距 $F\geqslant300$ mm，相应的像场角 $2\beta\leqslant70°$。

Ⅲ. 按用途分类

按用途的不同，航摄相机可分为量测型相机(航摄仪)和非量测型相机。

Ⅰ)量测型相机(航摄仪)

量测型相机主要是指大幅面的数字航空摄影传感器，如图 2-27 所示。其相机结构和摄影物镜的光学性能都与普通相机有较大的区别，且体积较大，常搭载于大型有人机，本书不予讨论。

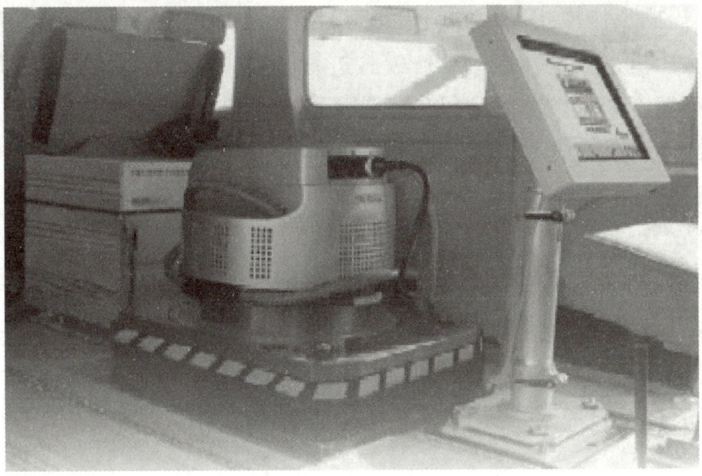

图 2-27　量测型相机（航摄仪）

Ⅱ）非量测型相机

近些年，随着专业技术的发展，非量测型相机在摄影测量专业领域的应用也日趋广泛，按镜头数量的不同，可分为单镜头相机和多镜头相机。

如图 2-28 所示，采用单镜头数码相机进行倾斜摄影测量时，无人机通过云台控制单镜头多航次采集模拟五镜头的效果。单镜头相机的主要类型有单反相机、微单相机以及在单个普通数码相机基础上组合而成的组合宽角相机等，其空间分辨率高、价格低、操作简单，在数字摄影测量领域得到广泛应用。

（a）　（b）

图 2-28　单镜头非量测数码相机

（a）全画幅相机　（b）中画幅相机

多镜头相机也称为倾斜摄影相机，它颠覆了以往正射影像只能从垂直角度拍摄的局限，通过在同一飞行平台上搭载多台传感器，可同时采集建筑物垂直方向 90° 以及前、后、左、右 45° 共五个角度的影像。现在市场上倾斜摄影相机的种类很多，有双镜头相机、三镜头相机、五镜头相机（图 2-29），甚至有九镜头相机等，不同镜头数的倾斜相机采用不同的摆动方式采集数据，如十字摆动、旋转拍摄、固定角度等。

（a）　（b）　（c）

图 2-29　多镜头倾斜摄影相机

（a）双镜头相机　（b）三镜头相机　（c）五镜头相机

双镜头相机常采用摇摆工作模式进行倾斜摄影，可节省无人机的宝贵载荷，提升单架次作业时间，适用于中小范围测区；九镜头相机采用旋转摄影工作模式进行倾斜摄影，提供了更多的倾斜摄影方向，可进行无死角拍摄，适用于对模型精度要求较高的项目。倾斜摄影航片应用于三维模型重建，相比人工建模，其效率更高、精度更高、真实感更强、人力成本更低，未来的应用领域有无限的想象空间。

3）倾斜相机的布局及选用

Ⅰ.倾斜相机的布局

以五镜头倾斜摄影相机为例，该类相机由中央 1 个镜头垂直对地观测，以获取垂直影像，4 个正交方位分别以一定的倾角放置一个相机，如图 2-30 所示。相机倾角是指倾斜放置相机主光轴与垂直放置相机主光轴在它们所确定的平面内所形成的夹角。根据经验及模拟测试，当倾角在 40°~50° 时，所获得的影像更接近人眼对立面纹理信息的真实视觉体验，此范围角度一般为摄影测量大倾角范围。

图 2-30　五镜头倾斜相机结构

由于倾斜航摄仪拍摄模式的特殊性，相机间的相对关系对于地物覆盖范围、倾斜影像分辨率变化范围、相邻曝光点影像重叠度、集成系统空间尺寸乃至后续数据处理算法都会产生影响。因此，较优的相机排布模式为下视影像长边跨航线、前视、后视影像长边跨航线、左视、右视影像短边跨航线，如图 2-31 和图 2-32 所示；其拍摄获取的建筑物多角度影像如图 2-33 所示。

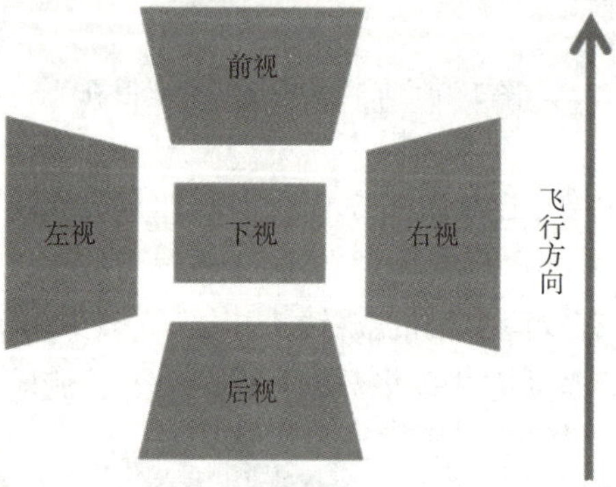

图 2-31　一组五拼影像获取示意图

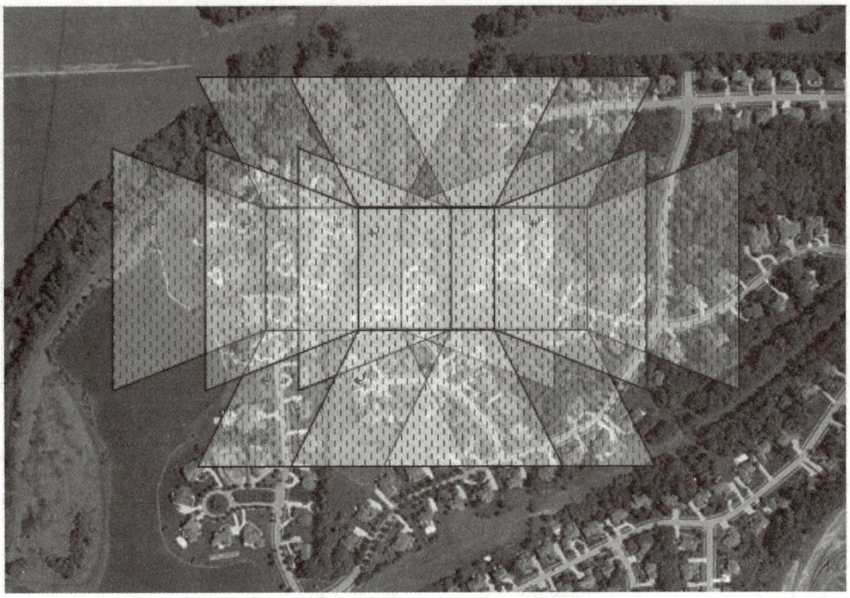

图 2-32 连续几组影像获取示意图

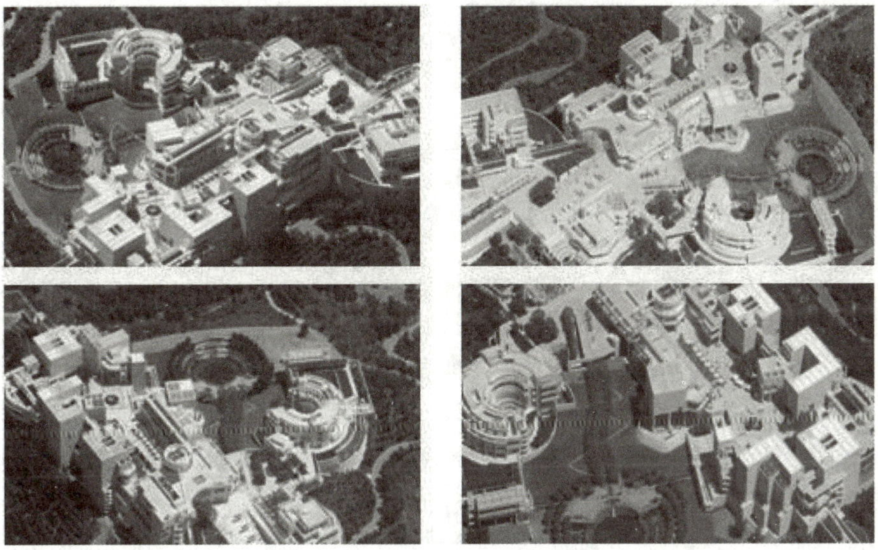

图 2-33 倾斜摄影多视角建筑影像

Ⅱ. 相机安装倾角、视场角与分辨率的关系

垂直和倾斜影像的地面分辨率是倾斜航摄仪最为直观且重要的参数之一，也是直接决定后续三维建模质量的关键因素。倾斜影像自动空三时，为了保证量测点的精度，应尽量保证不同影像的分辨率一致，从而对于侧视影像需要裁掉远端和近端分辨率差异过大的部分，但同时为了保证影像的重叠度，设计航线时需要顾及侧视影像的分辨率。因此，需对垂直与倾斜视角的影像分辨率进行组合分析。

根据垂直影像地面分辨率（Ground Resolution，也称地面采样间隔，Ground Sample Distance GSD）的计算公式：

结合倾斜相机主光轴旋转角度，可以得出倾斜影像近点、中心点与远点的大致分辨率分别为

$$GSD = \frac{\delta h}{f} \tag{2-2}$$

$$GSD_{\text{top}} = \frac{\delta h \cos \beta_{y}}{f \cos\left(\alpha_{y} - \beta_{y}\right)} \tag{2-3}$$

$$GSD_{\mathrm{mid}}=\frac{\delta h}{f\cos\alpha_{\mathrm{y}}} \tag{2-4}$$

$$GSD_{\mathrm{mid}}=\frac{\delta h\cos\beta_{\mathrm{y}}}{f\cos\left(\alpha_{\mathrm{y}}+\beta_{\mathrm{y}}\right)} \tag{2-5}$$

式中 δ——传感器单像元大小；

h——飞行高度；

f——相机焦距；

α_{y}——相机倾角；

β_{y}——视场角，$\beta=\frac{1}{2}\arctan\left(b/f\right)$。

倾斜影像的几何关系如图 2-34 所示。

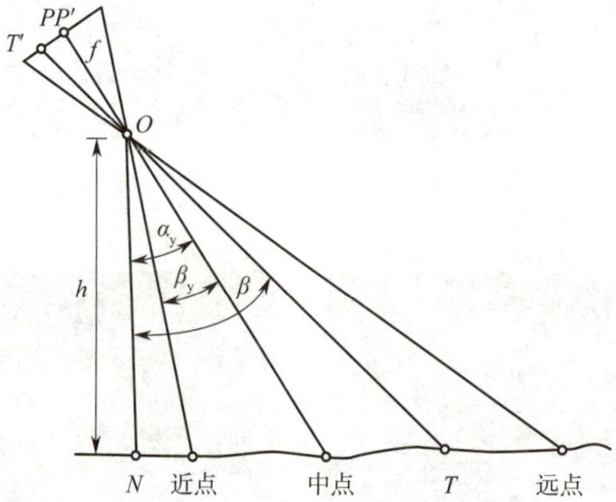

图 2-34　倾斜影像的几何关系

除飞行高度、焦距、像素大小外，倾角也是影响倾斜影像 GSD 的一个重要因素。倾角越小，其远点的分辨率越高，近点、远点 GSD 差异也就越小，GSD 指标的控制也是影响倾角设计的一个关键因素。通常，获取的倾斜影像与垂直影像中心点地面分辨率应相当，倾斜影像的最小分辨率不宜超过垂直影像分辨率的 3 倍。

Ⅲ. 倾斜航摄相机的选择

相机选择是影响影像获取的关键因素之一，决定着所获取影像质量的好坏（如影像分辨率、成像的几何精度等）和摄影交会角的大小（与相机视场角和摄影方式有关），将直接影响最终的量测精度。如何搭配下视相机与倾斜相机的焦距是影响影像获取的另一个关键因素。焦距较长的相机，视场角小，可以获取更多的影像纹理；焦距较短的相机，视场角大，影像变形较厉害。选择组合相机焦距时，需要整体考虑下视相机焦距和侧视相机焦距的组合。依据实际需求选择不同摆动方式的倾斜摄影相机，从不同拍摄场景进行倾斜摄影角度配置，实现倾斜摄影航片拍摄效果和效率的最优搭配。

按照目前市场中的倾斜航摄相机类型，二、三镜头相机本身质量轻，总体设备载荷小，无人机航测时行程远，每架次拍摄的地面影像有效面积大；五镜头相机载荷相对较大，需要较大起飞重量的无人机承载，但其获取影像数量多，且视角丰富。因此，倾斜航摄相机的选择可依据项目的测区面积和经济效益综合考虑。

3. 飞行控制系统

无人机飞行控制系统是整个无人机测绘系统非常重要的组成部分，也称为控制站、遥控站或任务规划与控制站。在规模较大的无人机系统中，可以有若干个控制站，这些不同功能的控制站通过通信设备连接起来，构成无人机控制站系统。地面控制站系统是在无人机应用发展过程中逐渐提出的，现代无人机已经从单一行动的任务中脱身而出，并装载了各种用途的设备。为了能够更好地遥控操作无人机，采用了各种形式的地面控制站系统，以便对无人机的飞行状态和任务设备等进行实时监控。一般而言，地面控制站系统是一个具有遥测数据的实时采集、遥控指令的实时发送和航迹的实时显示等功能的监控系统。该系统是整个无人机系统的指挥控制中心，其好坏直接影响整个无人机系统的性能。

无人机飞行控制系统的功能通常包括指挥调度、任务规划、操作控制、显示记录等。其中，指挥调度功能主要包括上级指令接收、系统之间联络、系统内部调度；任务规划功能主要包括航路规划与重规划、任务载荷工作规划与重规划；操作控制功能主要包括起降操纵、飞行控制操作、任务载荷操作、数据链控制；显示记录功能主要包括飞行状态参数显示与记录、航迹显示与记录、任务载荷信息显示与记录。

飞行控制系统是无人机的关键核心系统之一，其好坏从本质上决定着无人机的飞行性能，如图 2-35 所示。飞行控制系统一般按具体功能可分为导航子系统和飞控子系统两部分，导航子系统向无人机提供相对于所选定的参考坐标系的位置、速度、飞行姿态，引导无人机沿指定航线安全、准时、准确地飞行；飞控子系统是无人机完成起飞、空中飞行、执行任务、返厂回收等整个飞行过程的核心系统，对无人机实现全权控制与管理，因此飞控子系统之于无人机相当于驾驶员之于有人机，是无人机执行任务的关键。

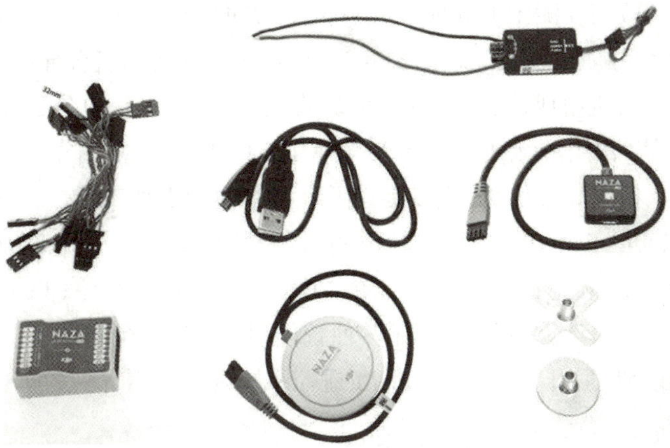

图 2-35　大疆 NAZA 飞行控制系统组成

无人机导航飞行控制系统集成了高精度的感应器元件，主要由惯性测量单元（Inertial Measurement Unit, IMU）、气压高度计、磁罗盘、GNSS 定位模块、飞控中央处理器、执行机构、电源管理系统等组成。

IMU 包含三轴加速度计和三轴陀螺仪，主要用于感知飞行器在三个轴向上的运动状态（俯仰、滚转和偏航）。安装时，要求其靠近飞行器的重心，并有一定的减振性和指向要求。

GNSS 定位模块用于接收全球定位的位置信息，为飞行控制系统提供位置数据，其通常安装在飞行器的尾部（避免遮挡），且要求无电磁信号干扰。

磁罗盘，也称外置指南针，用于感知飞行器的指向。在固定翼无人机的飞行控制系统中，磁罗盘不是必要设备，因为固定翼无人机在飞行中保持一定的运动速度，可以通过不同时间的位置信号计算出无人机的指向。许多飞行控制系统的磁罗盘与 GNSS 的接收天线设计在同一附件中。

气压高度计用于检测飞行器所在位置的气压高度，通常设计在 IMU 或主控盒内。

超声波传感器通常用于感知飞行器的垂直对地高度，作用距离一般不大于 15 m，要求对地垂直安装，且要求传感器安装位置处无过大噪声干扰。

此外，还有飞行控制系统的电源适配盒、用于分路转接舵机线的舵机转接板及主控盒飞行控制系统的控制电路（主控盒）。

飞行控制系统通过高效的控制算法，能够精准地感应并计算出无人机的飞行姿态等数据，再通过主控制单元实现精准定位悬停和自主平稳飞行。无人机机型不一样，可以有不同类型的飞行控制系统，常用的有支持固定翼、多旋翼及直升机的飞行控制系统。

4. 通信系统

无人机通信系统由机载设备和地面设备组成。机载设备也称机载数据终端，包括机载天线、遥控接收机、遥测发射机、视频发射机和终端处理机等。地面设备包括由天线遥控发射机、遥测接收机、视频接收机和终端处理机构成的测控站数据终端以及操纵和监测设备。

机载设备一方面接收并处理各个传感器的飞行参数，并将这些数据发送给地面站；另一方面接收来自地面站的遥控指令，以调整无人机的飞行参数。地面设备接收和处理来自无人机的数据，并发送指令调整无人机的飞行状态。

无人机的通信信号可分为遥控器信号、数据传输信号和图像传输信号。遥控器的功能一方面体现在遥控操纵，另一方面体现在数据和图像资料的传输。虽然数传和图传使用的三段链路是相同的，但一般图传链路和数传链路是相互分开的，这是为了避免一旦图传链路损坏，而影响数传链路的情况发生。

除正常的通信外，无人机在航拍或执行特定任务时还需要配备一些导航技术。导航是把无人机从出发地引导到目的地的过程。一般需要测定的导航参数有位置、方向、速度、高度和轨迹等。目前用于无人机的导航技术有无线电导航、惯性导航、卫星导航、图像匹配导航、天文导航和组合导航等。

遥控系统由遥控器和接收机组成，是整个飞行系统的无线控制终端，如图 2-36 所示。遥控器与接收机之间通过无线电波进行通信，常用的无线电频率为 72 MHz 和 2.4 GHz。由于 2.4 GHz 无线通信具有频率高、功耗低、体积小、反应快、精度高等优点，在多旋翼无人机中使用更加广泛。目前常用的调制方式有脉冲位置调制（Pulse Position Modulation，PPM，又称脉位调制）和脉冲编码调制（Pulse Code Modulation，PCM，又称脉码调制）两种。其中，PPM 遥控系统操作简单、成本低，但抗干扰性差；PCM 遥控系统不仅具有很强的抗干扰性，还可以方便地采用计算机编程实现各种智能设计，因此在调试、试飞及日常飞行的过程中，PPM 遥控系统均应先开发射机、后开接收机，而 PCM 遥控系统则无所谓。

图 2-36　遥控系统

遥控器常用的参数有通道数和遥控距离。常见的通道数有单通道、两通道直至十通道，具体使用几通道，根据无人机的种类及用途而定。较为简单的单通道、两通道遥控系统，一般用来控制练习机、滑翔机；遥控固定翼无人机或四旋翼无人机则最少需要四通道遥控系统，分别控制水平舵、方向舵、副翼及油门；较为完善的特技固定翼无人机还需控制襟翼、收起落架等，至少需要六通道遥控系统。遥控距离的确定仍然需根据无人机的种类和用途而定。对于近距离飞行的小型无人机，选用遥控距离为 200 m 的遥控系统；对于无人靶机、飞艇或大型无人机，有时在空中要飞出数千米，就要选用遥控距离至少为 1 000 m 的遥控系统。

5. 发射与回收系统

发射与回收技术的应用包括从现成的场地上进行的常规起飞及降落，到使用旋转翼或风扇系统垂直降落等。弹射也是无人机常用的发射方式，其采用引爆式火箭或气动、液压两者结合的方式。

无人机的发射方法有很多，目前常见的发射方式有起落架滑跑、起飞跑车滑跑、母机空中发射、发射架上发射或弹射、容器（箱式）内发射或弹射、火箭助推、车载发射、轨道发射、垂直起落、缆绳系留、手抛和自动发射等。

无人机的回收方式主要有伞降回收、撞网回收、起落架/滑跑着陆、空中勾取回收等。其中，起落架/滑跑着陆是大多数测绘无人机采用的回收方式。

任务三　无人机的操控

【任务导入】

无人机属于航空器，使用具有高风险性。无人机的不规范使用会危及国家和公共安全，飞行事故有可能造成人身伤害以及较大的经济损失，所以需要高度重视无人机的安全作业，尽量规避无人机应用的风险。无人机作业时必须执行国家的相关管理规定，进行航空管制协调与申报，对人员操控技能进行培训。本任务以多旋翼无人机为例，阐述其飞行原理及操纵方式，要求掌握多旋翼无人机的 4 类飞行运动原理，掌握大疆精灵 4RTK 的安装步骤、飞行前准备及操控方式。

【任务准备】

1. 飞行原理

一般情况下，多旋翼无人机可以通过调节不同电动机的转速来实现 4 个方向上的运动，分别为垂直、俯仰、滚转和偏航，如图 2-27 所示。其中，箭头在旋翼的运动平面向上表示此电动机转速提高，向下表示电动机转速降低，没有箭头表示电动机转速不变。

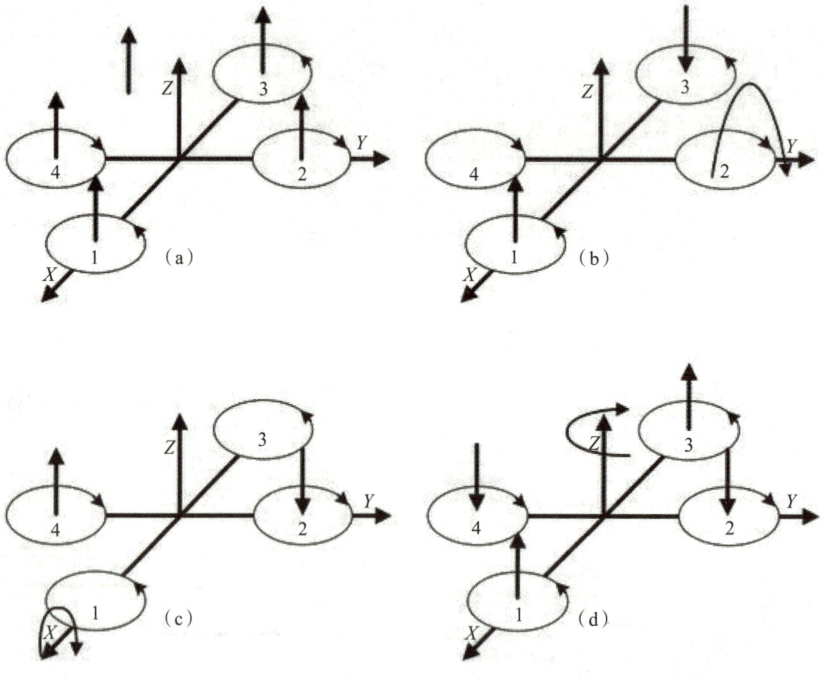

图 2-37　四旋翼无人机飞行原理示意图

(a)垂直运动　(b)俯仰运动　(c)滚转运动　(d)偏航运动

1)垂直运动

如图 2-37(a)所示,垂直运动即升降运动,当同时增加四台电动机的输出功率时,螺旋桨转速增加,使总升力增大,当总升力足以克服整机的重量时,四旋翼无人机便离地垂直上升;反之,当同时减小四台电动机的输出功率时,四旋翼无人机则垂直下降,直至平衡落地,从而实现了沿 Z 轴的垂直运动。当外界扰动量为零时,在螺旋桨产生的升力等于四旋翼无人机的自重时,四旋翼无人机便保持悬停状态。保证四个螺旋桨转速同步增加或减小是使四旋螺无人机垂直运动的关键。

2)俯仰运动

如图 2-37(b)所示,俯仰运动即前后运动,由电动机 1 的转速上升,电动机 3 的转速下降,电动机 2 和电动机 4 的转速保持不变实现。为了不因螺旋桨转速的改变而引起四旋翼无人机整体转矩及总拉力的改变,螺旋桨 1 与螺旋桨 3 转速变量的大小应相等。由于螺旋桨 1 的升力上升,螺旋桨 3 的升力下降,产生的不平衡力矩使机身绕 Y 轴旋转。同理,当电动机 1 的转速下降,电动机 3 的转速上升时,机身便绕 Y 轴向另一个方向旋转,实现四旋翼无人机的俯仰运动。

3)滚转运动

如图 2-37(c)所示,滚转运动即左右运动,改变电动机 2 和电动机 4 的转速,保持电动机 1 和电动机 3 的转速不变,可使机身绕 X 轴正向和反向旋转,实现四旋翼无人机的滚转运动。

4)偏航运动

偏航运动即旋转运动,四旋翼无人机偏航运动可以借助螺旋桨产生的反转矩实现。螺旋桨转动过程中由于空气阻力作用会形成与转动方向相反的反转矩。为了克服反转矩的影响,可使四个螺旋桨中的两个正转、两个反转,且对角线上的两个螺旋桨转动方向相同。反转矩的大小与螺旋桨转速有关,当四台电动机转速相同时,四个螺旋桨产生的反转矩相互平衡,四旋翼无人机不转动;当四台电动机转速不完全相同时,不平衡的反转矩会引起四旋翼无人机转动。如图 2-37(d)所示,当电动机 1 和电动机 3 的转速上升,电动机 2 和电动机 4 的转速下降时,螺旋桨 1 和螺旋桨 3 对机身的反转矩大于螺旋桨 2 和螺旋桨 4 对机身的反转矩,机身便在富余反转矩的作用下绕 Z 轴转动,实现四旋翼无人机的偏航运动,且转向与电动机 1 和电动机 3 的转向相反。

2. 遥控模式

遥控器通过不同的通道(Channel)实现对无人机的操控,通道数量是遥控器重要的功能指标,遥控器通常会将通道数量标注在型号上。遥控器发射机的通道可以通过默认或调试的方式与接收机的通道对应,接收机的通道有信号传输插口,每个信号传输插口通过信号线或内部集成的方式与外部的设备连接,然后通过操作发射机的摇杆、拨钮、旋钮、按钮、滑杆等多种形式对接收机发出信号,从而控制无人机的飞行姿态和任务设备。遥控器中每一个通道都能对应一种功能,如将一个 LED 灯组与一个二段拨钮建立对应通道后,就可通过该拨钮实现 LED 灯组的开关遥控。遥控器的多个通道也可以设置成相互关联,从而形成混控,在油门保护、固定翼无人机舵面控制、智能飞行模式设置等功能的实现上常采用混控。

轻微型无人机主要使用板控,板控上最明显的通道是左右两组摇杆,每组摇杆能分别控制上、下和左、右两个通道共四个通道(CH1、CH2、CH3、CH4),能够对应控制多旋翼无人机的油门、副翼、俯仰和航向四个基本姿态。但具体姿态与通道的对应关系,遥控器和模拟软件有不同的默认设置,在将遥控器与无人机系统或模拟器软件连接时应当注意通道的差别。目前常见的遥控器摇杆模式有三种,即美国手、日本手和中国手,对应操控方式如图 2-38 所示。其中,美国手的操控模式最为流行,一般遥控器出厂时默认操控模式为美国手。

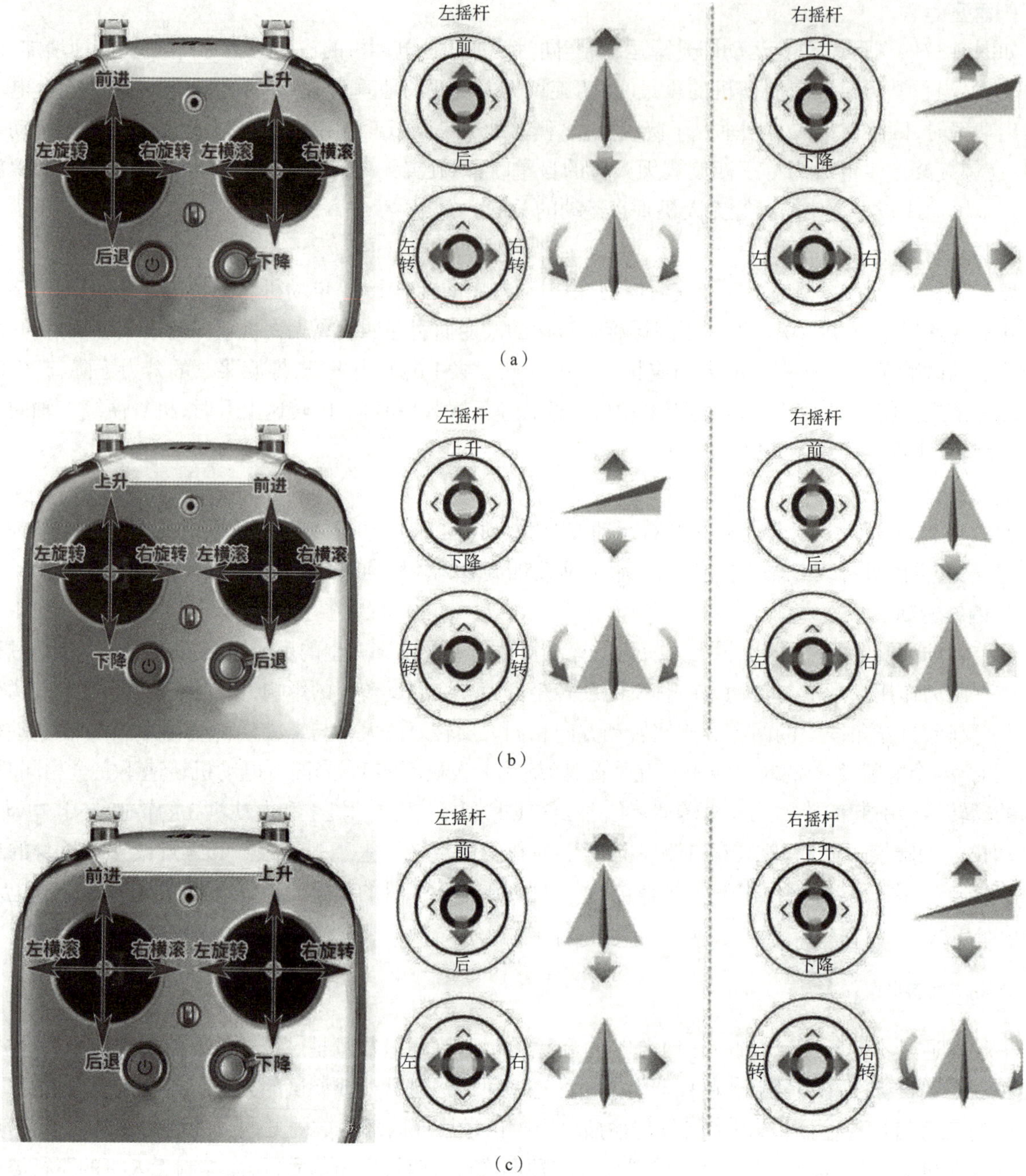

图 2-38　遥控器的三种操控方式示意图

(a)日本手(Model1)　(b)美国手(Model2)　(c)中国手(Model3)

【任务实施】

下面以大疆精灵 4RTK 无人机为例介绍无人机的操控。

1. 安装飞行器

1)解云台锁扣

按图 2-39 所示方向移除云台锁扣,并同时移除云台与机身连接处的泡沫锁扣。

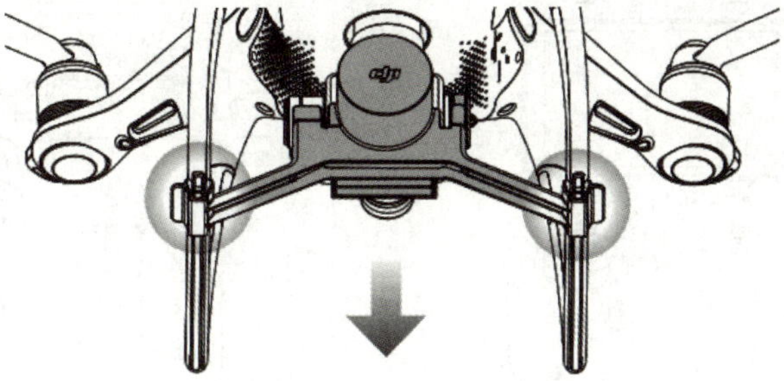

图 2-39　云台解锁方式

2)安装螺旋桨

准备一对有黑圈的螺旋桨和一对有银圈的螺旋桨,将印有黑圈的螺旋桨安装至带有黑点的电动机桨座上,将印有银圈的螺旋桨安装至没有黑点的电动机桨座上,将桨帽嵌入电动机桨座并按压到底,沿锁紧方向旋转螺旋桨至无法继续旋转,松手后螺旋桨将弹起锁紧,如图 2-40 所示。

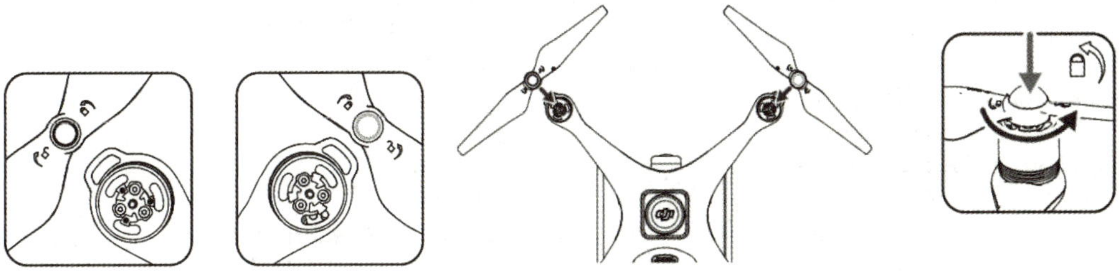

图 2-40　螺旋桨的安装

3)安装智能电池

将电池以图 2-41 所示的方向推入电池仓,注意直到听到“咔”的一声,并确认上下卡扣均扣到位,以确保电池卡紧在电池仓内。如果电池没有卡紧,有可能导致电源接触不良,从而影响无人机飞行的安全性,甚至无法起飞。

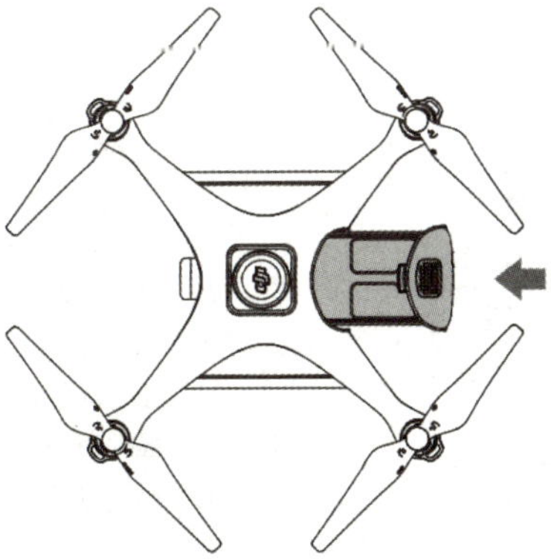

图 2-41　电池的安装

4)准备遥控器

大疆精灵 4RTK 带屏遥控器的结构如图 2-42 所示。

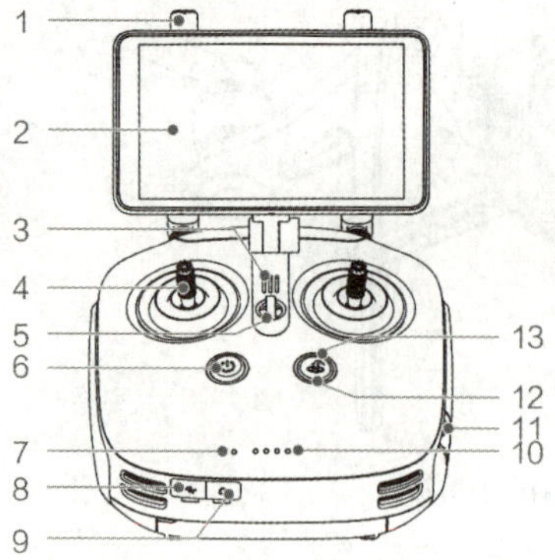

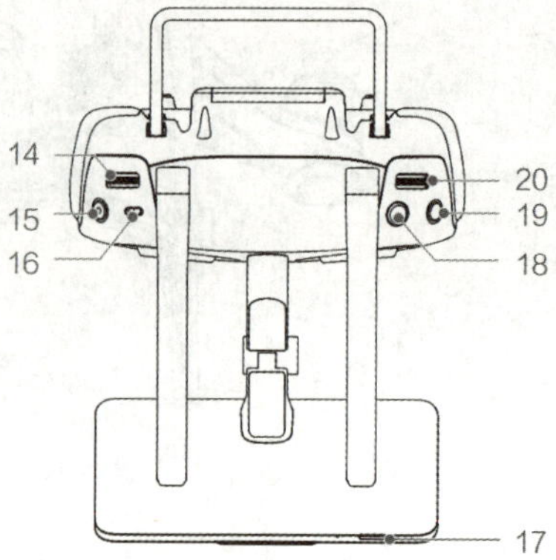

1. 天线
传输飞行器控制信号和图像信号。
2. 显示设备
内置 Android 系统，无须额外移动设备，可直接运行 DJI GS RTK App。
3. 扬声器
输出音频。
4. 摇杆
可设置美国手或日本手。
5. 吊带挂钩
用于连接遥控器挂带。
6. 电源按键
开启 / 关闭遥控器。
7. 遥控器状态指示灯
显示遥控器连接状态。
8. USB-C 接口
使用 USB-C 线连接至计算机可进行调参；使用 USB-C OTG 线及 Micro USB 线连接至飞行器可进行飞行器固件升级（即将支持）。
9. 3.5 mm 音频接口
可接入音频输入 / 输出设备。
10. 遥控器电量指示灯
显示当前电池电量。
11. Micro SD卡槽
为显示设备提供额外存储空间，最大支持 128 GB。
12. 返航提示灯
提示飞行器返航状态。
13. 返航按键
长按进入一键返航，短按可取消返航。
14. 云台俯仰控制拨轮
调整云台俯仰角度。
15. 录影按键
启动或停止录影。
16. 急停开关
测绘作业过程中，拨动开关可停止作业。返航过程中，拨动开关可退出返航过程。
17. 屏幕开关
短按唤醒 / 休眠屏幕，长按重启设备。
18. 拍照按键
实现拍照功能。
19. 预留按键
20. 多机控制切换转盘
使用一控多机功能时，转动转盘并短按一次可切换所控制的飞行器。

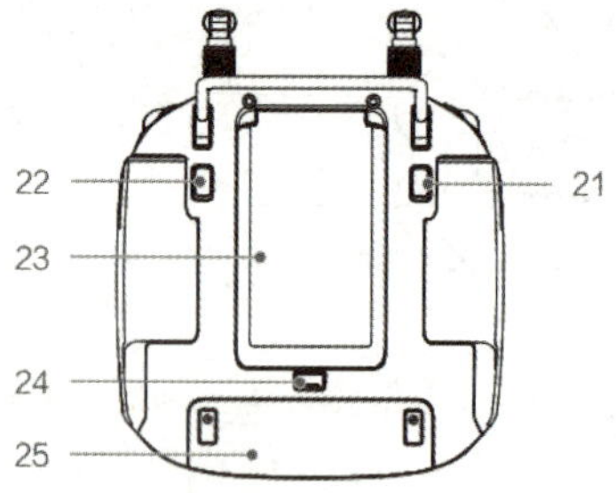

21. C1 键
按下切换地图与相机界面的全屏显示。
22. C2 键
规划航点飞行作业时，按下添加航点。其他模式下按键无效。
23. 电池仓盖
打开仓盖可安装 / 取出遥控器智能电池。
24. 电池仓盖锁扣
下滑锁扣可打开电池仓盖。
25. 上网卡仓盖
打开仓盖可安装 / 取出无线上网卡。

图 2-42　遥控器结构示意图

（1）安装遥控器电池，遥控器采用外置可更换式智能电池，以便于长时间连续作业使用。

（2）若需连接网络 RTK 服务器，推荐使用无线上网卡及 SIM 卡。按如图 2-43 所示方式安装无线上网卡及 SIM 卡所示，安装完成后短按一次再长按遥控器电源按键以开启遥控器，进入 DJI GS RTK App →≡→⚙→网络诊断网络链路上所有设备状态均显示绿色，表示无线上网卡及 SIM 卡可正常使用。

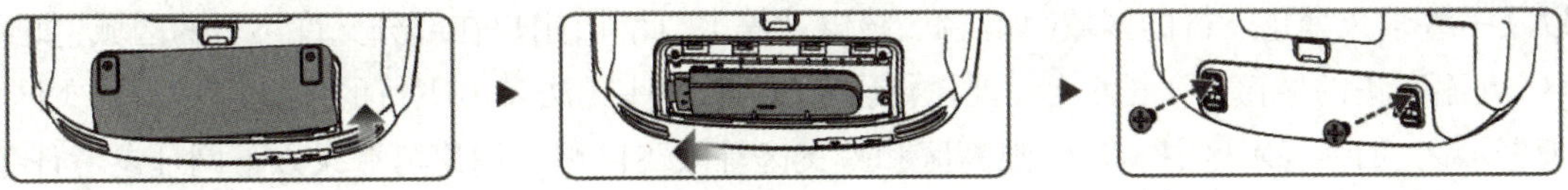

图 2-43 无线上网卡及 SIM 卡的安装

(3)展开遥控器显示设备并调整天线位置,如图 2-44(a)所示。操控飞行器时,务必使飞行器处于最佳通信范围内,及时调整操控人员与飞行器之间的方位、距离或天线位置,以确保飞行器总是位于最佳通信范围内。遥控器最佳通信范围示意图如图 2-44(b)所示。

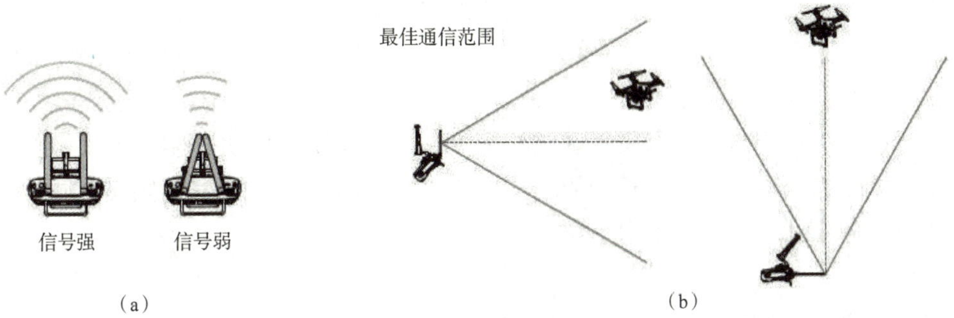

图 2-44 遥控器天线位置和最佳通信范围示意图

(a)天线位置 (b)最佳通信范围

2. 飞行前准备

1)飞行前检查

飞行前必须检查的项目如下:

(1)遥控器、智能电池是否电量充足;

(2)螺旋桨是否正确安装;

(3)Micro SD 卡是否已插入;

(4)电源开启后相机和云台是否正常工作;

(5)开机后电机是否正常启动;

(6)DJI GS RTK App 是否正常运行;

(7)摄像头及红外感知系统保护玻璃片是否清洁。

2)飞行环境要求

飞行环境要求如下:

(1)恶劣天气下勿飞行,如大风(风速五级及以上)、下雪、下雨、有雾天气等;

(2)选择开阔、周围无高大建筑物的场所作为飞行场地,因为大量使用钢筋的建筑物会影响指南针工作,而且会遮挡 GNSS 信号,导致飞行器定位效果变差,甚至无法定位;

(3)飞行时,保持在视线内控制,远离障碍物、人群、水面等;

(4)勿在有高压线、通信基站或发射塔等区域飞行,以免遥控器受到干扰;

(5)在海拔 6 000 m 以上飞行时,会因环境因素导致飞行器电池及动力系统性能下降,飞行性能受到影响,要谨慎飞行。

3)飞行区域查询

特殊区域是指 GEO 系统通过技术动态覆盖全球各类飞行受限制的区域,飞行用户可以通过网络平台实时获取相关受限资讯,包含但不限于机场限飞区域、突发情况(如森林火灾、大型活动等)造成的临时限飞区域以及一些永久禁止飞行的区域(如监狱、核电站等)。此外,用户在部分允许飞行的区域(如野生动植物保护区、人流密集的城镇等)也可能收到飞行警示,以上这些无法自由飞行的区域统称为限飞区,并且相应划分为警示区、加强警示区、授权区、限高区和禁飞区等限飞区域。用户可登录以下网址参考任务区域是否有飞行限制:https://www.dji.com/flysafe/geo-map。

(1)警示区:飞行器在此区域飞行时,会收到警告提醒。

(2)加强警示区:飞行器在此区域飞行时,会收到警告确认提醒,用户需完成飞行行为的确认。

(3)授权区:飞行器在获得解禁授权前,无法在此区域飞行,用户在取得身份验证后,可自主申请解禁授权。

(4)限高区:飞行器在此区域飞行时,飞行高度将受到限制。

(5)禁飞区:飞行器无法在此区域飞行。如已获得有关部门在此区域飞行的许可,可访问 https://www.dji.com/flysafe 或者联系 flysafe@dji.com 申请解禁。

用户在每次飞行前,应当自行查询飞行区域的法律法规及监管要求,并对自身的飞行安全负责。在靠近或者处于限飞区域时,所有的智能飞行功能均会受到影响,包括但不限于靠近限飞区域时飞行器会被减速、无法设置飞行任务、正在执行的飞行任务被中断等。

4)指南针校准

选择空阔场地,根据下面的步骤校准指南针。

(1)进入 DJI GS RTK App,选择飞行,点击正上方的飞行状态指示栏,在列表中选择指南针校准,飞行器状态指示灯黄灯常亮代表指南针校准程序启动。

(2)如图 2-45(a)所示,水平旋转飞行器 360°　,飞行器状态指示灯绿灯常亮。

(3)如图 2-45(b)所示,使飞行器机头朝下,水平旋转 360°。

(4)成功校准后,DJI GS RTK App 界面的指南针校准提示将会消失。

若飞行器状态指示灯显示红灯闪烁,表示校准失败,需按上述步骤重新校准指南针;若飞行器状态指示灯显示红黄交替闪烁,则表示受到干扰,需更换校准场地;如果指南针校准成功后,将飞行器放回地面时再次提示需要校准,应将飞行器转移至其他的位置放置。

注意事项:勿在强磁场区域或大块金属附近校准指南针,如磁矿、停车场、带有地下钢筋的建筑区域等,且校准指南针时勿随身携带铁磁物质,如手机等。指南针校准成功后,将飞行器放回地面时,如果受到磁场干扰,DJI GS RTK App 会显示处理方法,按显示处理方法进行相应操作即可。

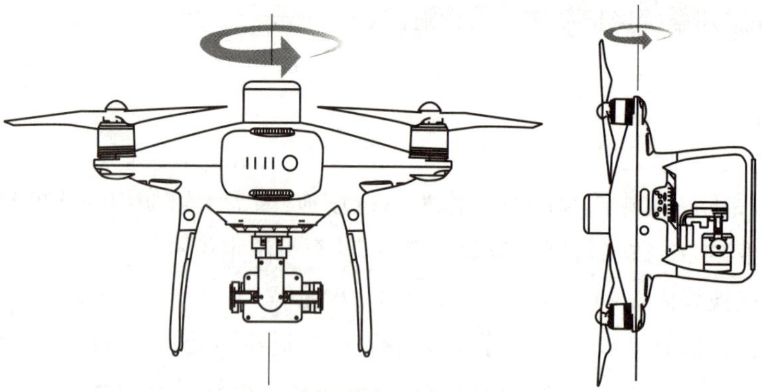

(a)　　　　(b)

图 2-45　指南针校准

(a)位置一　(b)位置二

3. 飞行器操控

1)飞行模式

在无人机飞行中,飞行模式选择至关重要。要明确在什么情况下切换到什么飞行模式可以抢夺控制权,以及什么时候进入什么飞行模式可以安全省事的飞行。航拍无人机的飞行模式大致有三种,分别是 P 模式、S 模式和 A 模式。

P 模式,即 GPS 模式,如图 2-46 所示。在该模式下,无人机使用 GPS 模块或多方位视觉系统实现精确悬停、指点飞行、规划航线等智能飞行。GPS 信号良好时,无人机可以实现精准定位;GPS 信号较差但光照良好时,无人机利用视觉系统可以实现定位,但悬停精度会变差;GPS 信号较差并且光照条件也差时,无人机不能实现精确悬停,仅提供姿态增稳,此时相当于姿态模式。

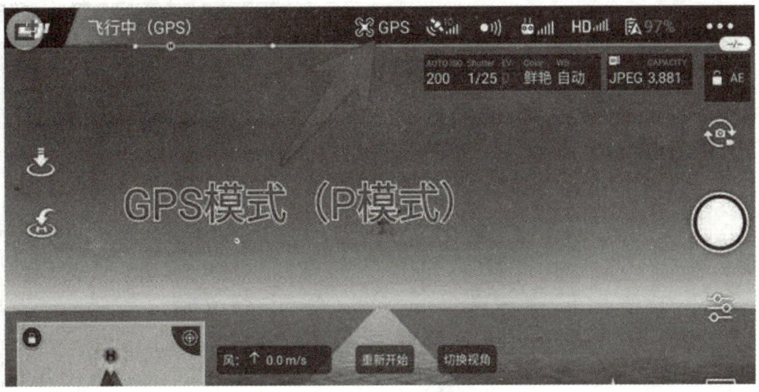

图 2-46　P 模式

S 模式,即运动模式,如图 2-47 所示。在该模式下,无人机通过 GPS 模块或下视视觉系统实现精确悬停。相比于 GPS 模式,该模式下操作无人机时灵敏度更高、速度更快。该模式主要是为满足部分熟练人员体验竞速而设置,不建议新手尝试。

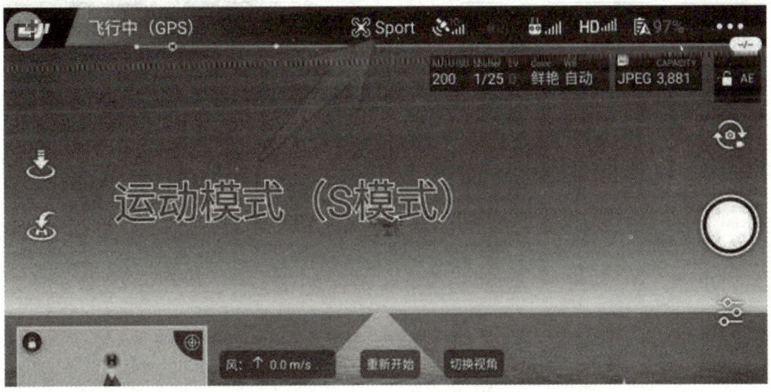

图 2-47　S 模式

A 模式,即姿态模式,如图 2-48 所示。在该模式下,不使用 GPS 模块和视觉系统进行定位,无人机仅提供姿态增稳。在实际操作中,无人机会明显地出现漂移,无法悬停,需要操作人员通过遥控器来不断修正无人机的位置。姿态模式考验的是对于无人机的操控性。在一些紧急情况下,需要切换到姿态模式。

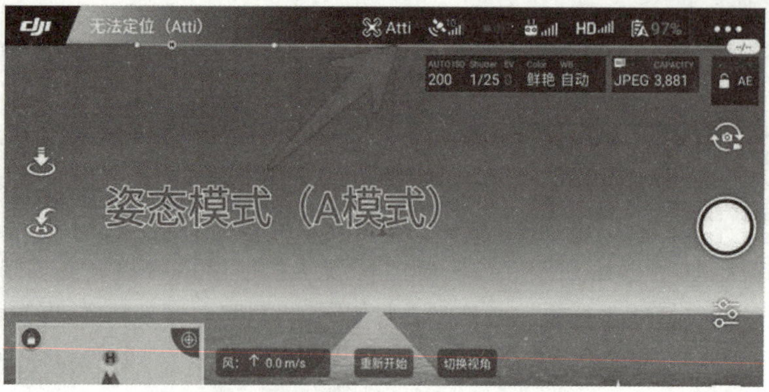

图 2-48　A 模式

如图 2-49 所示，飞行模式切换有两种方法：一是通过遥控器上的飞行模式切换开关实现；二是在 Dji Go 应用中设置允许切换飞行模式，之后便可以自由切换模式。

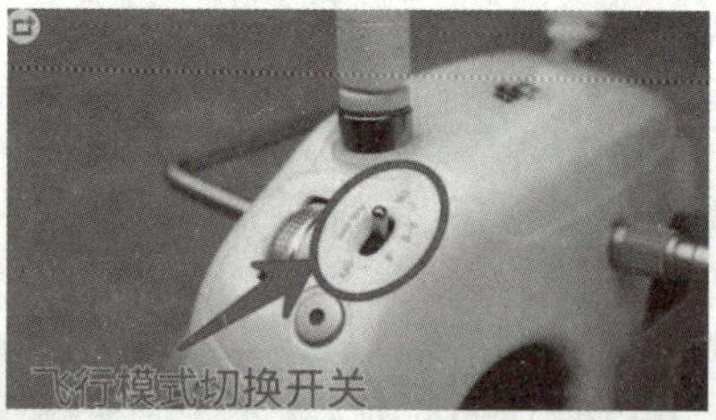

（a）

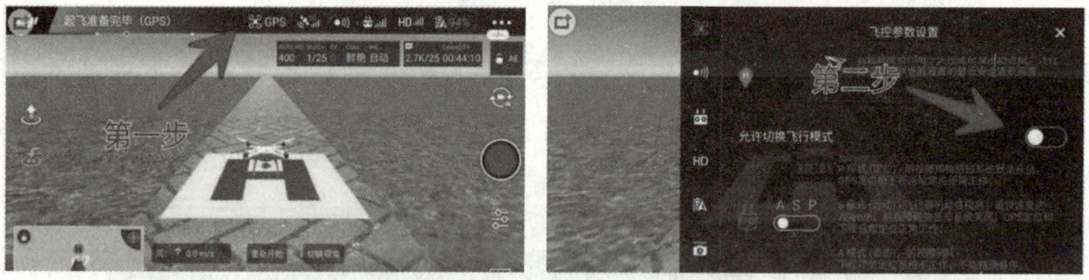

（b）

图 2-49　飞行模式切换

（a）方法一　（b）方法二

2）开关机

电池与遥控器的开启、关闭方式相同，短按一次电源按键后，长按设备电源 2 s，即可实现开启或关闭。

为保障无人机安全，防止无人机处于无遥控状态，无人机启动时，需先开启遥控器，后开启飞行器；关闭时，需先关闭飞行器，后关闭遥控器。

Ⅰ. 启动电机

如图 2-50 所示，执行掰杆动作即可启动电机，电机起转后，马上松开摇杆。

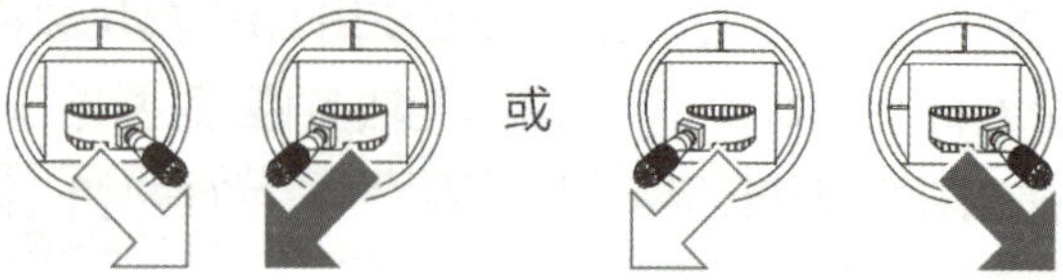

图 2-50　电机启动控制示意图

Ⅱ. 停止电机

电机起转后，有两种方式停机，如图 2-51 所示。

方法一：飞行器着地后，先将油门杆推到最低位置①，然后执行掰杆动作②，电机将立即停转，停转后松开摇杆。

方法二：飞行器着地后，将油门杆推到最低的位置并保持 3 s 后电机停转。

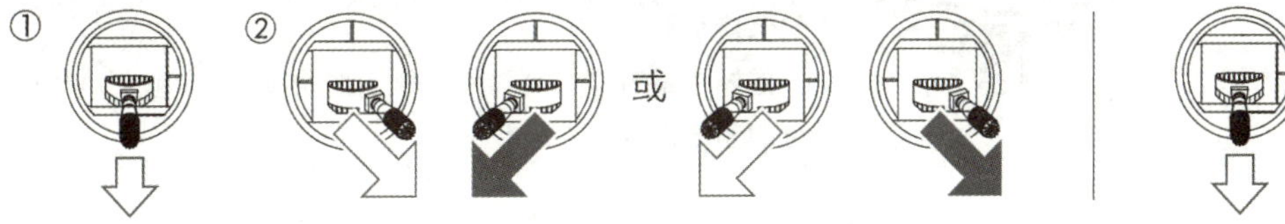

（a）　　　　　　（b）

图 2-51　电机停机控制示意图

（a）方法一　（b）方法二

Ⅲ. 空中停机

空中停机有可能导致飞行器坠毁，所以它仅用于发生特殊情况（如飞行器可能撞向人群）需要紧急停机以最大限度减少伤害时。需要空中停机时，应在向内拨动左摇杆的同时按下“返航”按键，如图 2-52 所示。

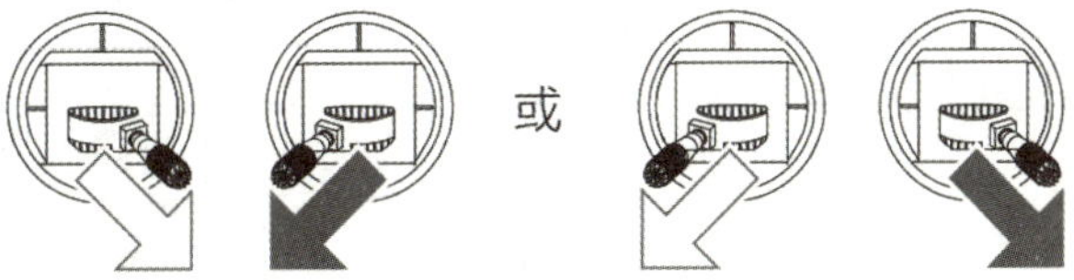

图 2-52　空中停机操作示意图

3）飞行操控

Ⅰ. 一般操控

以美国手为例，具体的飞行操控及无人机的运动变化见表 2-5。

表 2-6　美国手方式

遥控器（美国手）	飞行器（⇐为机头朝向）	控制方向
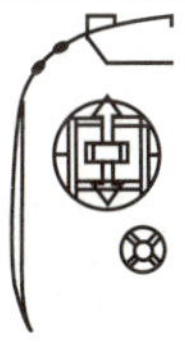	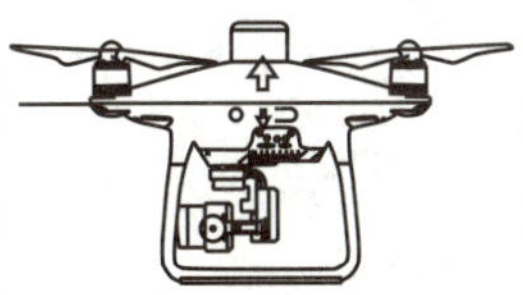	油门杆用于控制飞行器升降：往上推杆，飞行器升高；往下拉杆，飞行器降低；中位时飞行器的高度保持不变（自动定高）。 飞行器起飞时，必须将油门杆往上推过中位，飞行器才能离地起飞（缓慢推杆，以防飞行器突然急速上冲）
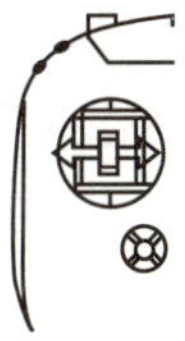	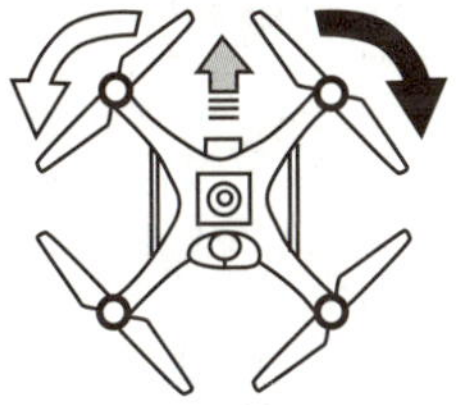	偏航杆用于控制飞行器航向：往左打杆，飞行器逆时针旋转；往右打杆，飞行器顺时针旋转；中位时旋转角速度为零，飞行器不旋转。 摇杆杆量对应飞行器旋转的角速度，杆量越大，旋转的角速度越大
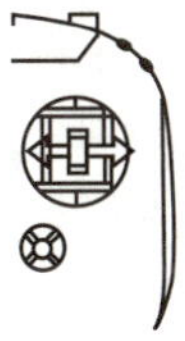	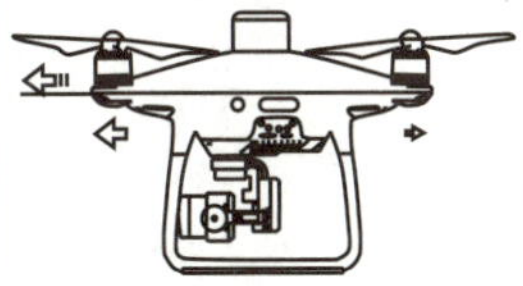	俯仰杆用于控制飞行器前后飞行：往上推杆，飞行器向前倾斜，并向前飞行；往下拉杆，飞行器向后倾斜，并向后飞行；中位时飞行器的前后方向保持水平。 摇杆杆量对应飞行器前后倾斜的角度，杆量越大，倾斜的角度越大，飞行的速度也越快

续表

遥控器(美国手)	飞行器(⬅为机头朝向)	控制方向
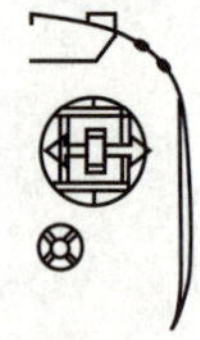	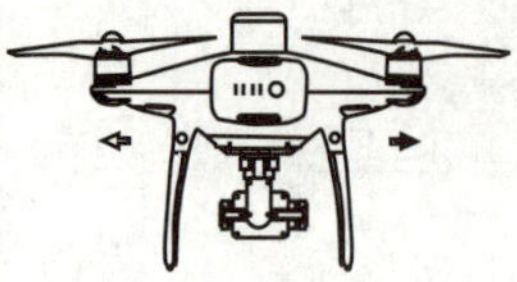	横滚杆用于控制飞行器左右飞行:往左打杆,飞行器向左倾斜,并向左飞行;往右打杆,飞行器向右倾斜,并向右飞行;中位时飞行器的左右方向保持水平。 摇杆杆量对应飞行器左右倾斜的角度,杆量越大,倾斜的角度越大,飞行的速度也越快
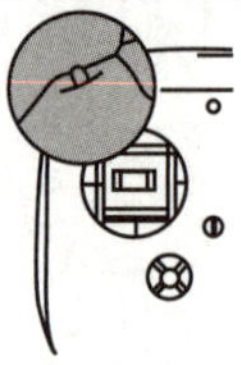	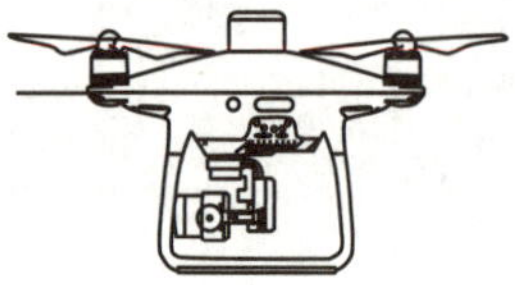	自动飞行过程中,拨动急停开关可退出自动飞行,飞行器将于原地悬停

Ⅱ.智能返航

长按“智能返航”按键,直至蜂鸣器发出“嘀嘀”声,激活智能返航。返航指示灯白灯常亮表示飞行器正在进入返航模式,飞行器将返航至最近记录的返航点。在返航过程中,用户仍然可通过遥控器控制飞行。短按一次“智能返航”按键将结束返航,重新获得飞行控制权。

【项目小结】

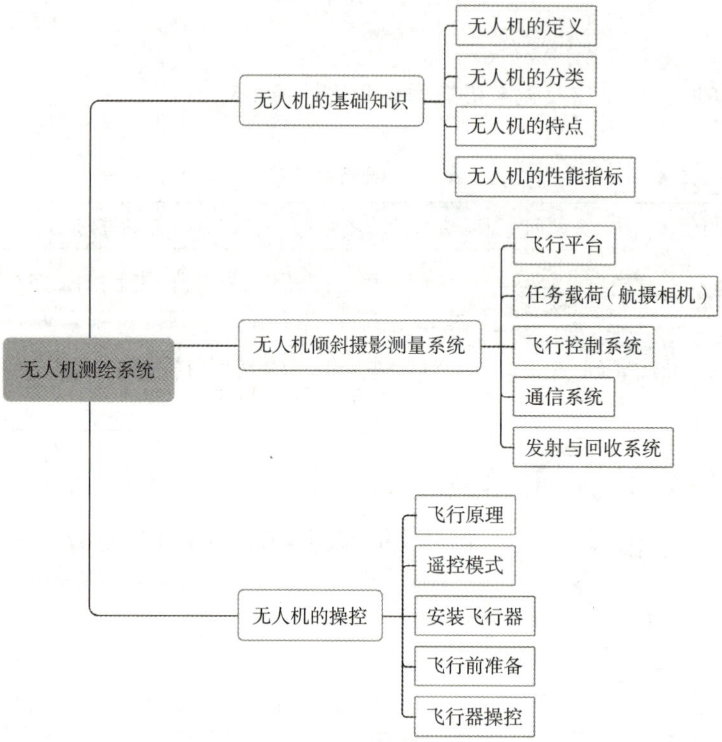

【思考与练习】

1. 无人机测绘技术相对于传统地面测量的优缺点。

2. 无人机测绘系统主要由哪些部分构成?
3. 无人机倾斜摄影测量的任务载荷一般由哪几类?
4. 简述无人机飞行流程。
5. 简述多旋翼无人机的操控过程。

【思政故事】

最“奢侈”的测绘基础课

这是一门叫作“测绘学概论”的课程,先后由7位院士、4位教授共同讲授,有人称它为“最奢侈的测绘基础课”。课上的阶梯教室后排挤挤挨挨站着人,课后找院士签名的学生排成长队。一门课,七位院士,二十年……

宁津生、李德仁、陈俊勇、张祖勋、刘经南、龚健雅和李建成这7位院士被认为是测绘学领域内的“传奇”“一代奠基人”。他们亲身经历了新中国测绘行业从弱向强的发展转变,亲手推动了中国测绘科学在国际上实现弯道超车。他们是科研报国的践行者、测绘学科历史的书写者、中国测绘科学快速发展进步的推动者和见证者。但在武汉大学的这门课上,他们是最普通的授课老师。

“院士们强烈的民族自豪感、卓越的工匠精神和赤诚的爱国情怀,生动地诠释着爱国真谛。”这是武汉大学测绘学院本科生的上课感受。在一次次课前暖场、课间笑谈中,院士们讲述着亲身经历,如涓涓细流,润泽学生心田,引领他们认识测绘,树立远大理想,立下报国之志。

2020年3月15日,被誉为“大地之星”的中国工程院院士、武汉大学教授宁津生院士逝世,那位开设“最奢侈的测绘基础课”的院士走了。2016年,第二届“感动测绘人物”的颁奖词这样评价宁津生院士:“地球重力场,天地大舞台。满腹经纶,国之栋梁。一生相许,矢志不渝。”严谨治学、创新发展、贡献祖国、服务人民,新时代的大学生将会传承和发展,为实现“中国梦”而努力奋斗!

资料来源:武汉大学官网、极目新闻、《中国青年报》。

项目三

无人机倾斜数字航空摄影

项目描述

我国自然资源部 2021 年 7 月 1 日发布的修订后的《测绘资质管理办法》和《测绘资质分类分级标准》将测绘资质分为甲、乙两个等级，测绘资质的专业类别分为大地测量、测绘航空摄影、摄影测量与遥感、工程测量、海洋测绘、界线与不动产测绘、地理信息系统工程、地图编制、导航电子地图制作、互联网地图服务。测绘航空摄影业务类型包括一般航摄、无人飞行器航摄及倾斜航摄，无人机倾斜数字航空摄影(以下简称“无人机倾斜航摄”)是无人飞行器航摄及倾斜航摄的重要组成部分。

无人机倾斜航摄项目的实施首先要进行无人机测绘航空摄影。本项目主要学习无人机倾斜航摄的基础概念、飞行前准备、航线规划、测绘航空摄影实施及倾斜航摄成果质量控制等内容。

项目目标

- (1)掌握无人机倾斜数字航空摄影的基本概念。
- (2)熟悉无人机倾斜航摄飞行前的准备工作。
- (3)掌握无人机倾斜航摄航线规划方法，并能使用相关软件完成航线规划。
- (4)掌握无人机倾斜航摄项目的实施流程，熟悉无人机倾斜航摄成果质量控制方法及其内容。

任务一　无人机倾斜航摄飞行前准备

【任务导入】

无人机倾斜数字航空摄影测量技术的发展在极大程度上促进了传统测绘地理信息产品类型的不断丰富，利用该技术可进行实景三维模型以及 1∶500、1∶1 000、1∶2 000 数字正射影像图（DOM）、数字真正射影像图（TDOM）、数字表面模型（DSM）、数字高程模型（DEM）和数字线划图（DLG）等测绘地理信息成果生产。无人机倾斜数字航空摄影测量流程如图 3-1 所示。

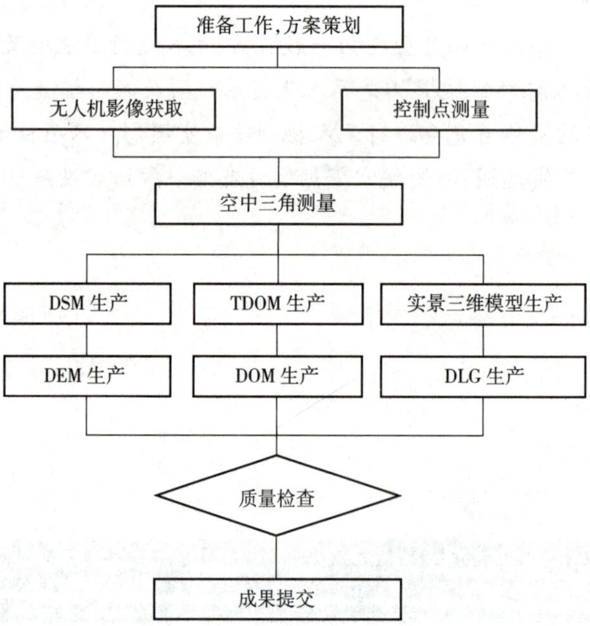

图 3-1　无人机倾斜数字航空摄影测量流程

本任务主要介绍无人机倾斜航摄飞行前准备的工作内容，包括技术准备、飞行平台准备及倾斜数字航摄仪准备等。通过学习，理解无人机倾斜航空摄影安全作业的基本要求，掌握无人机倾斜航摄的作业流程与注意事项，熟知无人机倾斜航摄飞行前准备的工作内容。

【任务准备】

1. 无人机倾斜航摄安全作业基本要求

飞行安全是指航空器在运行过程中，不出现由于运行失当或外部原因而造成的航空器上人员伤亡或者航空器损坏的事件。事实上，航空器的设计、制造与维护难免有缺陷，其运行环境（包括起降场地、运行空域、自动驾驶系统、气象情况等）又复杂多变，机组人员操作也难免出现失误等，这些情况往往难以保证绝对的安全。

无人机属于航空器，使用具有高风险性。无人机的不规范使用会危及国家和公共安全，飞行事故有可能造成人身伤害以及较大的经济损失，所以需要高度重视无人机的安全作业，尽量避免无人机应用的风险。

无人机作业时必须执行国家相关管理规定，进行航空管制协调与申报，对人员操纵技能进行培训。

2. 无人机倾斜航摄飞行流程

无人机倾斜航摄飞流流程参照常规飞行流程执行，如图 3-2 所示。

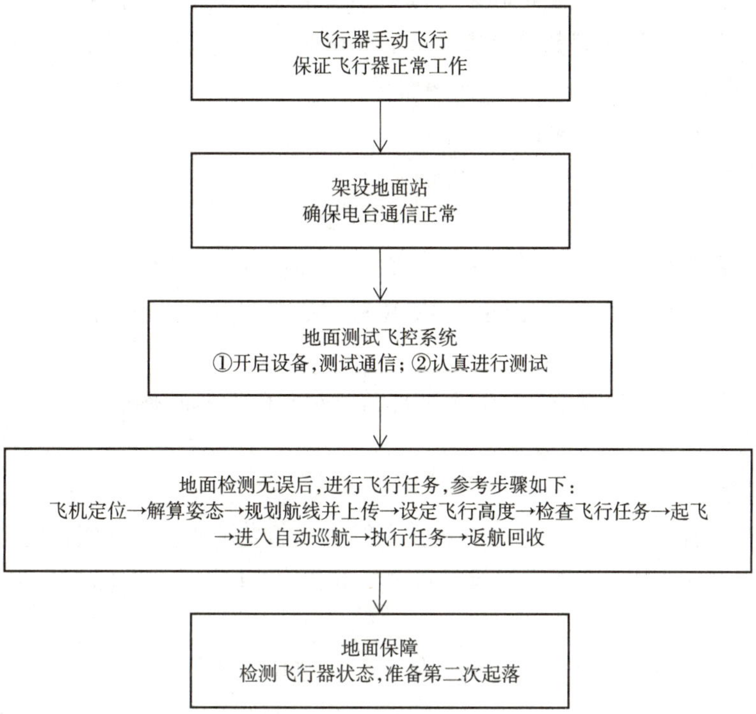

图 3-2 无人机倾斜航摄飞行流程

3. 无人机倾斜航摄飞行前准备工作

1）技术准备

在进行无人机倾斜航摄飞行前，需要进行技术准备。技术准备工作主要包括资料收集和技术设计两个方面。

2）飞行平台准备

无人机倾斜航摄可选择的飞行平台包括固定翼无人机、多旋翼无人机和垂起固定翼无人机。其中，固定翼无人机续航时间长、部分可超过 2 h，速度快、航程远，但无法实现悬停和垂直起降，对起降场地要求高；多旋翼无人机可定点悬停和垂直起降，操作比较简单，但续航时间短、一般不超过 60 min，航速低、航程短；垂起固定翼无人机兼具上述两种飞行平台的优势，续航时间长，航速高、航程长，可垂直起降。

在实际生产中，飞行平台需要结合项目具体情况选择合适的无人机类型。一般来说，作业面积大、地面分辨率相对低的无人机倾斜航摄项目选取垂起固定翼无人机；作业面积小、地面分辨率相对高的无人机倾斜航摄项目则采用多旋翼无人机。

3）飞行场地选取

根据无人机的起降方式，寻找并选取适合的起降场地。在常规航摄作业中，起降场地应满足以下要求：

（1）距离军用、常用机场 10 km 以外；

（2）起降场地相对平坦，通视良好；

（3）远离人口密集区，半径 200 m 范围内不能有高压线、高大建筑物、重要设施等；

（4）地面应无明显凸起的岩石块、土坎、树桩、水塘、大沟渠等；

（5）附近应没有正在使用的雷达站、微波中继、无线通信等干扰源，在不能确定的情况下，应测试信号的频率和强度，如对系统设备有干扰，必须改变起降场地；

（6）采用滑跑起飞、滑行降落的无人机，滑跑路面条件应满足其性能指标要求。

4）倾斜数字航摄仪准备

倾斜数字航摄仪是指由一个垂直相机和多个倾斜相机组成，对地面进行多个视角摄影的数字航摄设备与器械。倾斜数字航摄是指利用倾斜数字航摄仪开展的摄影工作或活动。通常，将垂直相机拍摄到的图像称为垂直影像，将倾斜相机拍摄到的图像称为倾斜影像。

倾斜数字航摄仪的基本性能应满足以下要求：

（1）各相机的内方位元素和相机畸变参数可精确测定；

（2）各相机的像素不低于 2 000 万；

（3）带有曝光信号反馈装置，能稳定输出和记录曝光脉冲；

（4）多个相机组成的航摄仪，各相机之间的相对位置和姿态关系刚性稳定；

（5）各相机曝光时间差不大于 120 ms；

（6）倾斜影像的中心点地面分辨率不宜低于垂直影像的中心点地面分辨率。

5）相机检校

Ⅰ. 影像畸变的概念

影像畸变是指遥感影像与其所反映的地表真实影像之间的光谱特性和几何特性方面的误差，包含辐射误差和几何误差。其中，辐射误差表现为影像在灰度上的失真，几何误差表现为几何关系上的变形。航摄影像的影像畸变一般指几何畸变。

无人机摄影测量通常搭载非量测单反数码相机，无人机倾斜航摄测量也不例外。数码相机的误差有很多种，主要包含光学误差、机械误差及电学误差。光学误差是指物镜自身由于设计原理、加工工艺、材质等引起的光学畸变误差。受光学畸变误差影响，摄影得到的影像点会偏离理论设计的点位，这也是相机的主要误差来源。

由于光学物镜的存在，会导致成像过程发生变化，从而产生物镜畸变差。相机物镜的非线性光学畸变有三种，即径向畸变、切向（偏心）畸变和薄棱镜畸变。

如图 3-3 所示，由于相机物镜是凸透镜，摄影时以影像中心为起点，会向外径方向发生畸变，且越向外畸变越大，影像中心畸变为零，这种畸变称为径向畸变；切向（偏心）畸变是在安装透镜过程中由于透镜与成像平面不平造成的成像误差；薄棱镜畸变是由镜头设计缺陷与加工安装误差所造成的。

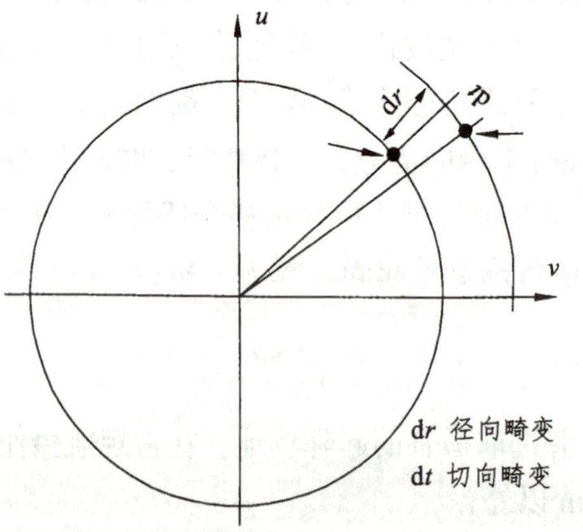

图 3-3 径向畸变、切向（偏心）畸变模型

物镜畸变纠正常采用参数模型，即利用几个简单参数描述物镜的径向畸变、切向（偏心）畸变和薄棱镜畸变。

径向畸变可表示为

$$\begin{cases}\Delta x = x(1+k_1r^2+k_2r^4+k_3r^6)\\ \Delta y = y(1+k_1r^2+k_2r^4+k_3r^6)\end{cases} \tag{3-1}$$

式中　k_1、k_2、k_3——3 个畸变参数；

Δx、Δy——像点 x、y 的畸变差；

r——向径。

切向（偏心）畸变可表示为

$$\begin{cases}\Delta x = x+[2p_1xy+p_2(r^2+2x^2)]\\ \Delta y = y+[2p_2xy+p_1(r^2+2y^2)]\end{cases} \tag{3-2}$$

式中　p_1、p_2——两个切向（偏心）畸变参数。

薄棱镜畸变可表示为

$$\begin{cases}\Delta x = x+s_1(x^2+y^2)\\ \Delta y = y+s_2(x^2+y^2)\end{cases} \tag{3-3}$$

式中　s_1、s_2——两个薄棱镜畸变参数。

切向（偏心）畸变和薄棱镜畸变一般是由镜头制造和安装误差等引起的，它们使成像点沿径向方向和垂直于径向的方向相对其理想位置发生偏离。切向（偏心）畸变和薄棱镜畸变所引起的误差总和为径向畸变的 1/8~1/7，对于设计、安装等环节较好的物镜，切向（偏心）畸变的影响较小，在使用过程中可以忽略其影响。一般情况下，标定时只考虑径向畸变的前两项即可，在使用广角镜头时需要考虑第三项的影响。

机械误差和电学误差的影响比较小，将这两类误差合称为仿射性畸变差，进行一般摄影测量时，这两部分误差可以不予考虑。

Ⅱ. 相机检校方法

为了满足高精度测量要求，必须测定相机的内方位元素和畸变差等相机参数，摄影测量界称这个过程为相机检校，而计算机视觉界称为相机标定。相机检校通常有两种方式：一种是利用已知参考对象进行事先测定，得到相机参数之后用于高精度测量任务；另一种是在测量过程中同时测定相机参数，称为自标定或自检校。随着摄影测量与计算机视觉技术的发展，事先的相机检校已经不是必要环节，当前技术和软件系统更多地采用自检校方式实现较高精度测量。尽管如此，测量前的高精度相机检校仍然是非常重要的。

Ⅰ）传统室外、室内检校

传统室外、室内检校场检校结果可靠，但需严格测定标志点物方三维坐标，且需定期复测，建设及维护成本高。相机制造厂家会在出厂前对相机进行畸变纠正，提供畸变参数。

Ⅱ）飞行检校（自检校）

飞行检校（自检校）是根据飞行的影像，采用匹配平差的方式检校出准确的相机参数，其灵活性强，无人机相机一般采用此方式检校。但其需要进行影像间的匹配，受影像质量、地物类型影响较大，且不同的数据得出的相机参数不同。一般在正式作业前，采用构架航线方式进行小片区域的数据采集，通过自检校获取相机检校参数。

Ⅲ. 相机检校适用范围

在无人机倾斜航摄项目执行过程中，凡有下列情况之一，倾斜数字航摄仪应进行检定：

（1）未检定或已超过检定有效期；

（2）经过大修或主要部件进行拆卸更换后；

（3）在使用或运输过程中产生剧烈振动后；

(4)其他可能对倾斜数字航摄仪稳定性产生影响的情况。

Ⅳ. 倾斜数字航摄仪检定的主要项目

(1)检定主距。

(2)径向畸变差。

(3)最佳对称主点坐标。

(4)自准直主点坐标。

(5)CCD 面阵坏点。

【任务实施】

1. 基础资料收集

主要收集覆盖摄区的影像(卫星影像、航摄影像)、地形图、规划图件、地形地貌、气候条件、重要设施、机场等重要资料。确定飞行平台及倾斜数字航摄仪是否适合于摄区环境,判定摄区是否具备空域条件;同时,将资料用于无人机倾斜航摄技术设计,辅助制定详细、可行的项目实施方案。

收集资料时,工作人员需要对摄区或摄区周围进行实地踏勘,收集地形地貌、地表植被以及周边的机场、重要设施、城镇布局、道路交通、人口密度等信息,为起降场地选取、航线规划、应急预案制定等提供资料。实地踏勘时,应携带手持或车载 GNSS 设备,记录起降场地和重要目标的坐标位置,结合已有的地图或影像资料,计算起降场地的高程,确定相对于起降场地的航摄飞行高度。

2. 气象资料收集

无人机飞行前,必须进行气象观察。影响无人机飞行的气象环境主要包括风速、雨雪、大雾、空气密度、大气温度等。

(1)风速:建议飞行风速在 4 级(5.5~7.9 m/s)以下,遇到楼房建筑或者峡谷等地段,应注意突然起风的情况。通常,起飞重量越大,抗风性越好。

(2)雨雪:目前市场上多数无人机设备无防水功能,雨雪形成的水滴会影响无人机电子电路部分,导致短路或漏电;无人机的机械结构部分零件为铁或钢等金属材料,进水后会被腐蚀或生锈,影响机械运动正常进行。

(3)大雾:主要影响操纵人员的视线和镜头画面,难以判断实际安全距离。

(4)空气密度:随着海拔高度的增加,大气层空气密度减小,在空气密度较低的环境中飞行,无人机转速增加,电流增大,会导致续航时间缩短。

(5)大气温度:飞行环境温度非常重要,高温不利于电机、电池、电调等散热,由于大多数无人机采用风冷自然散热,环境温度与无人机温度相差越小,无人机散热越慢。

3. 技术设计

无人机倾斜航摄专业技术设计应依据项目具体需求,确定任务实施所采用的飞行平台、倾斜数字航摄仪、影像地面分辨率、倾斜数字航空摄影范围及航摄时间,设计影像重叠度、航高、航摄分区、敷设航线等内容。

需要注意的是,飞行高度应高于摄区和航路上最高点 50 m,总航程应小于无人机能到达的最远航程。

4. 飞行前检查

每次飞行前，必须仔细检查设备的状态是否正常。检查工作应按照检查内容逐项进行，对直接影响飞行安全的无人机动力系统、电气系统及航路点数据等应进行重点检查。对于每项检查内容，需两名操作人员同时进行检查或交叉检查。飞行前检查的主要内容如下。

1）无人机的检查

Ⅰ. 固定翼无人机的检查

固定翼无人机的检查包括外观机械部分检查、电子部分检查以及上电后的检查，具体操作如下。

Ⅰ）外观机械部分检查

（1）上电前应检查机械部分相关零部件的外观。

（2）检查螺旋桨是否完好、表面是否有污渍和裂纹等（如有损坏应更换新螺旋桨，以防止在飞行中无人机振动太大导致意外）；检查螺旋桨旋向是否正确、安装是否紧固，用手转动螺旋桨查看其旋转是否有干涉等。

（3）检查电机安装是否紧固，有无松动等现象（如发现电机安装不紧固，应停止飞行，使用相应工具将电机安装固定好）；用手转动电机，查看电机旋转是否有卡涩现象、电机线圈内部是否干净、电机轴有无明显的弯曲。

（4）检查机架是否牢固、螺丝有无松动现象。

（5）检查飞行器电池安装是否正确，电池电量是否充足。

（6）检查飞行器的重心位置是否正确。

Ⅱ）电子部分检查

（1）检查各个接头是否紧密，检查插头焊接是否有松动、接触不良等现象。

（2）检查各电线外皮是否完好，有无刮擦脱皮等现象。

（3）检查电子设备是否安装牢固，应保证电子设备清洁、完整，并做好防护（如防水、防尘等）。

（4）检查电池有无破损、鼓包、漏液等现象。

（5）检查地面站是否可通信，地面站屏幕触屏是否良好，各界面操作是否正常。

Ⅲ）上电后的检查

（1）电池接插要注意是串联电路还是并联电路，以免出错而导致电池烧坏或飞控烧坏。

（2）上电后，地面站与无人机进行配对，在通信设置中进行设置，不同自驾仪设置方法不完全一致。

（3）配对成功后，先不装桨叶，解锁后轻微推动油门，观察各个电机是否旋转正常。

（4）检查电调指示音是否正确，LED 指示灯闪烁是否正常。

（5）检查各电子设备有无异常情况（如异常振动、异常声音、异常发热等）。

（6）确保电机运转正常后，可进行磁罗盘校准。

（7）打开地面站，检查手柄设置是否正确、超声波是否禁用、无人机的参数设置是否符合要求。

（8）进行测试飞行以及航线试飞，观察无人机在航线飞行过程中是否需要对规划好的航线进行修改；试飞过程中，观察无人机运行灯的状态；关注地面站显示的 GNSS 卫星数，起飞前必须确定 GNSS 卫星数不低于 6 颗。

（9）飞行的遥控距离为无人机左右两侧 6~7 m，避免站在无人机机尾的正后方。

Ⅱ. 多旋翼无人机的检查

多旋翼无人机检查内容参照固定翼无人机执行，重点关注如下内容：

（1）电池及移动设备是否电量充足；

（2）摄像头是否清洁；

(3)机臂及螺旋桨是否正确安装;

(4)是否确保已插入SD卡;

(5)电源开启后相机和云台是否正常工作;

(6)开机后电机是否能正常启动。

Ⅲ.垂起固定翼无人机的检查

垂起固定翼无人机检查内容参照固定翼无人机和多旋翼无人机执行即可,这里不再赘述。

2)遥控器的检查

检查遥控器操控模式(美国手、中国手、日本手等)、信号连接情况、电量是否充足、各键位是否复位、天线位置是否合适等。

3)地面站的检查

检查地面通信、操作系统(地面站)工作是否正常。

4)飞行环境的检查

(1)检查周围环境是否适合作业,恶劣天气下切勿飞行,如大风(风速5级及以上)、下雪、下雨、有雾天气等。

(2)检查起降场地是否合理,选择开阔、周围无高大建筑物的场所作为飞行场地。大量使用钢筋的建筑物会影响指南针工作,遮挡卫星导航信号,导致飞行器定位效果较差,甚至无法定位。

(3)执行飞行任务时,确保能在视线内控制飞行器起降,远离障碍物、人群及水面等;确保不在有高压线、通信基站或发射塔等的区域飞行,以免遥控器受到干扰。

(4)在海拔6 000 m以上区域飞行,环境因素会导致飞行器电池及动力系统性能下降,飞行性能也会受到影响,必须提前预判风险,并制定应急预案。

任务二　无人机倾斜航摄航线规划

【任务导入】

在无人机飞行任务规划系统中，飞行航线指的是无人机相对地面的轨迹，它是一条三维的空间曲线。无人机航线规划是指在综合考虑无人机机动性能、碰地概率、能耗和飞行时间约束、任务需求等各种因素的情况下，找到一条从起始点到目标点的最优或最佳的可行飞行轨迹。

本任务主要介绍无人机倾斜航摄航线规划所涉及的基本概念及方法等。通过学习，理解无人机倾斜航摄航线规划所涉及的基本概念，掌握无人机倾斜航摄航线规划方法，熟练实施无人机倾斜航摄航线规划具体工作。

【任务准备】

1. 摄影航高

摄影航高简称航高，是指航摄相机物镜中心 S 在摄影瞬间相对某一基准面的高度。航高的计算是从该基准面起算，向上为正号。根据所取基准面的不同，航高可分为相对航高和绝对航高，如图 3-4 所示。

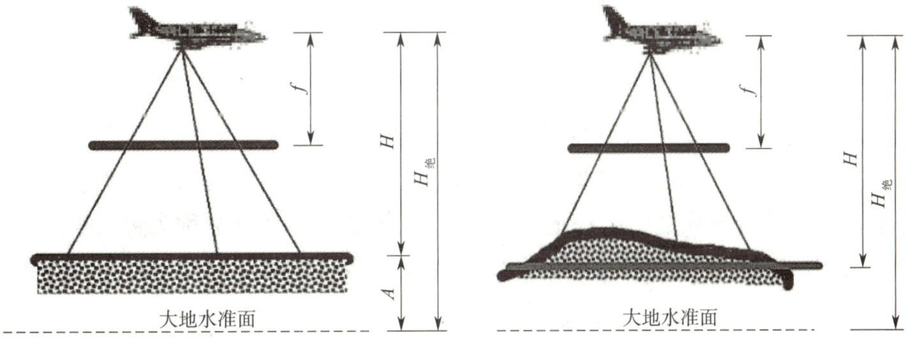

图 3-4　摄影航高

1）相对航高 H

相对航高是指航摄仪物镜中心 S 在摄影瞬间相对于某一基准面（摄影分区基准面，通常是摄影区域地面平均高程基准面）的高度。

摄影分区基准面高程是将分区个别突出最高点与最低点舍去不计，使分区内高点平均高程与低点平均高程面积各占一半的平均高程平面。

（1）在平原和地形高差不大的平缓地区，摄影分区基准面高程用下式计算：

$$h_{基}=\frac{h_{最高}+h_{最低}}{2} \tag{3-4}$$

式中　$h_{基}$——摄影分区基准面高程（m）；

$h_{最高}$——摄影分区内最高高程（m）；

$h_{最低}$——摄影分区内最低高程(m)。

(2)在丘陵和地形起伏较大的地区,摄影分区基准面高程用下式计算:

$$h_{基}=\frac{h_{高平均}+h_{低平均}}{2} \tag{3-5}$$

式中 $h_{高平均}$——摄影分区内高点平均高程(m);

$h_{低平均}$——摄影分区内低点平均高程(m)。

2)绝对航高 $H_{绝}$

绝对航高是指航摄仪物镜中心 S 在摄影瞬间相对于大地水准面的高度。

摄影区域地面平均高程 A、相对高程 H、绝对高程 $H_{绝}$之间的关系为

$$H_{绝}=A+H \tag{3-6}$$

无人机倾斜航摄一般选取报影分区内低点平均高程为基准面高程。

2. 航摄比例尺

航摄比例尺也称为像片比例尺,像片比例尺为像片上的线段 l 与地面上相应水平线段 L 之比,即

$$\frac{1}{m}=\frac{l}{L}=\frac{f}{H} \tag{3-7}$$

式中 H——相对航高;

f——物镜中心至像面的垂距,被称为航摄仪主距;

m——比例尺分母。

这是摄影测量中常用的重要公式之一。

航摄比例尺要综合考虑成图比例尺、摄影测量内业成图方法和成图精度等因素来选取,另外还要考虑经济性和摄影资料的可使用性。制定航摄计划时,确定航摄仪(即主距)和航摄比例尺后,相对航高可根据式(3-7)计算。无人机应按预定航高飞行,其差异一般不得大于 5%,同一航线内各个摄影站的航高差不得大于 50 m。

3. 影像重叠度

摄影测量使用的航摄影像,要求沿航线飞行方向两相邻影像对所摄影的地面有一定的重叠部分,该重叠部分称为航向重叠,其重叠部分(p_x)与像幅边长(L_x)之比的百分数称为航向重叠度,如图 3-5 所示。对于区域摄影,要求两相邻航带影像之间有一定的影像重叠,该重叠影像部分称为旁向重叠,其重叠影像(p_y)与边长(L_y)之比的百分数称为旁向重叠度,如图 3-6 所示。

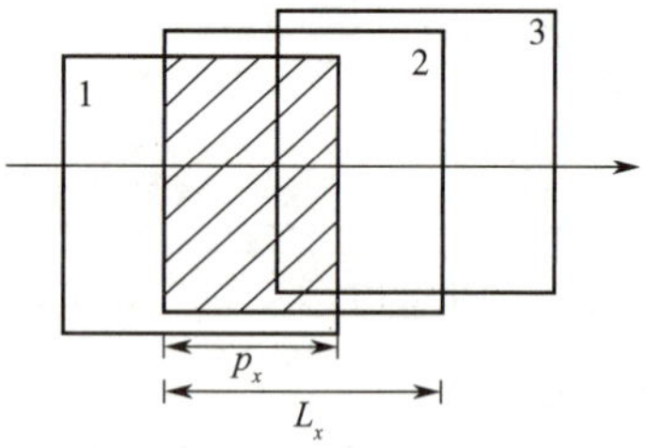

图 3-5 航向重叠示意图

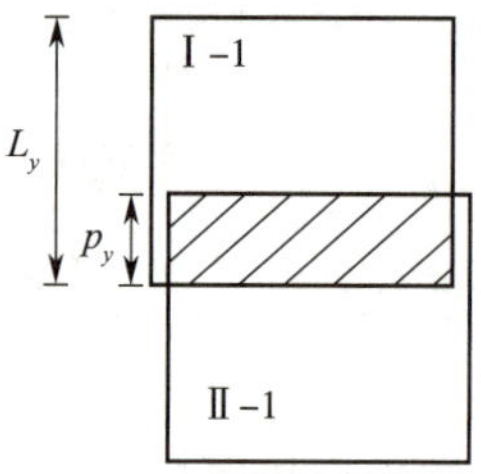

图 3-6 旁向重叠示意图

影像的重叠部分是立体观察和影像模型连接所必需的条件。常规航空摄影测量要求在航向方向必须有 3 张相邻影像有公共重叠影像,这一公共重叠部分称为三度重叠区;位于区域网周边的影像控制点一般应布设在航向三度重叠区内。

有人驾驶飞机常规航摄项目的航向重叠度一般规定为 60%,最小不得小于 53%,最大不得大于 75%;旁

向重叠度一般规定为 30%，最小不得小于 15%，最大不得大于 50%。对于无人机航摄项目，由于航摄相机像幅小，飞行姿态不稳定，竖直摄影航向重叠度一般应为 65%~75%，旁向重叠度一般应为 30%~45%；而倾斜摄影要求航向重叠度一般为 80%，旁向重叠度一般为 70%。

4. 摄影基线

沿航线方向两相邻摄影站之间的距离称为摄影基线 B。

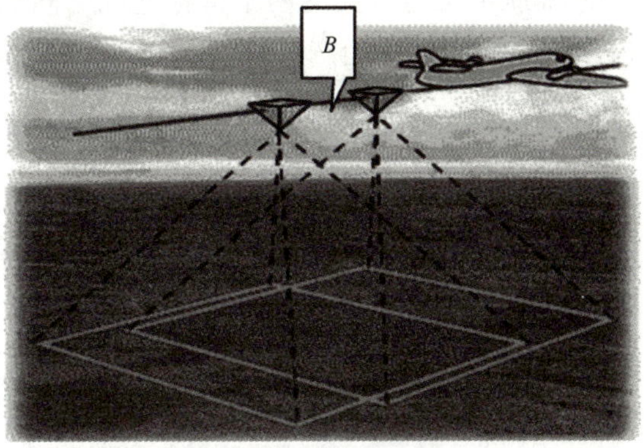

图 3-7　摄影基线示意图

5. 航线弯曲度

在无人机航摄过程中，由于无人机稳定程度不如有人驾驶飞机，易受高空风力影响，而导致航线漂移，飞行轨迹不像传统航空摄影一样沿直线飞行，从而产生航线弯曲现象。在一条航线上，实际航迹与航线首末端像主点连线的偏离程度称为航线弯曲度，通常以最大弯曲的矢距 L 与航线长度 D 之比来表示，即

$$R=L/D\times 100\% \tag{3-8}$$

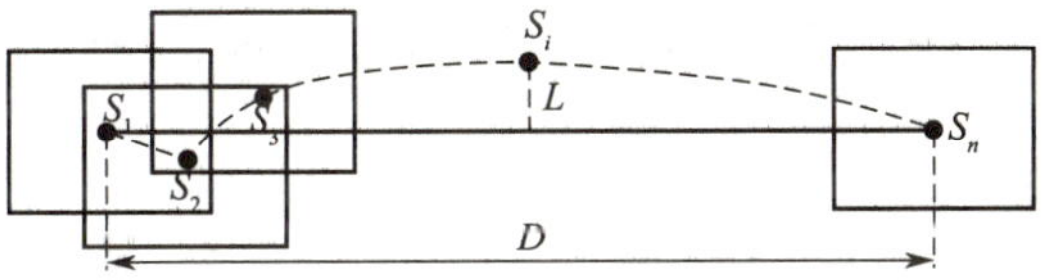

图 3-8　航线弯曲度示意图

通常要求航线弯曲度 R 不超过 3%，以免影响旁向重叠以及导致常规摄影测量过程中的空中三角测量和影像联测等发生困难。

6. 影像倾角

影像倾角是指航摄仪物镜主光轴与铅垂线之间的夹角，以 α 表示。

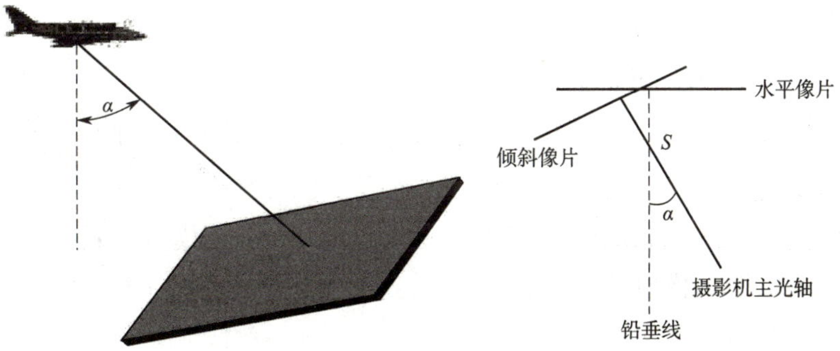

图 3-9　影像倾角示意图

以测绘地形为目的的空中摄影多采用竖直摄影方式，要求航摄相机在曝光的瞬间，物镜主光轴保持垂直于地面。

实际上，由于无人机的稳定性和云台性能的限制，航摄仪物镜主光轴在曝光时总会有微小的倾斜。按规范要求，常规航摄影像倾角 α 应小于 2°~3°；无人机航摄影像倾角一般不超过 12°，最大不超过 15°。

7. 影像旋偏角

相邻两张影像的主点连线与像幅航带飞行方向的两个框标连线之间的夹角称为影像旋偏角，以 κ 表示。影像旋偏角是由于摄影时航摄仪定向不准确而产生的，其不但影响影像的重叠度，还会给摄影测量内业工作增加难度。

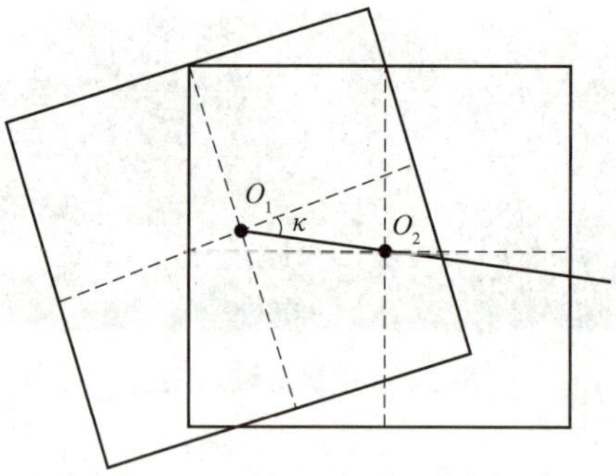

图 3-10 影像旋偏角示意图

8. 传感器尺寸

传感器尺寸是指相机中感光器件的面积大小，是相机画幅的最大尺寸，其单位为 mm。传感器有 CCD 和 CMOS 两种类型。传感器尺寸越大，感光面积越大，感光性能越好，成像效果越好，但价格也更高。例如大疆精灵 4Pro 相机的传感器尺寸为长 23.5 mm、宽 15.6 mm。目前，全画幅相机的传感器尺寸为长 36 mm、宽 24 mm。

9. 图像尺寸（图像分辨率）

图像尺寸也称为图像分辨率，指图像在水平和垂直方向上的像素数，表达方式为“水平像素数 × 垂直像素数”，如大疆精灵 4Pro 的图像尺寸为 5 472 × 3 648。

10. 像元大小

在栅格图像中，每个小方格实际上就是一个像素。像元大小就是指每个像素所代表栅格的大小，其值等于传感器尺寸除以图像尺寸，单位为 μm 。例如大疆精灵 4Pro 的像元大小是 23.5 mm/5 472=0.004 3 mm，即 4.3 μ m。

11. 地面分辨率（GSD）与模型精度

地面分辨率是指航摄影像一个像素所代表实地的实际大小，也称为影像精度，其值与摄影高度和相机焦距有关。

模型精度是指通过外业测量仪器在实地测量地面上点的位置与在模型上采集该点的位置较差计算出的中误差。实践统计结果表明，模型平面精度为地面分辨率（影像精度）的 1.5~2.0 倍，模型高程精度为地面分辨率（影像精度）的 2.0~3.0 倍。

12. 航摄漏洞

航摄漏洞是指在进行航空摄影测量时，由于飞行路线、拍摄角度和烟雾遮盖等因素导致拍摄的航片上出现地物漏拍和地物特征不清晰的现象。

在航空摄影测量中，将影像重叠度小于规范要求或缺失影像的区域称为航摄漏洞。其中，重叠度小于规定要求的称为相对漏洞；缺失影像的称为绝对漏洞。

【任务实施】

1. 航线规划步骤

航线规划的目的是利用地形和地物信息，规划出满足任务需求的相对最优的飞行轨迹，航线规划中可以采用地形跟随、地形回避和威胁回避等策略。通常，航线规划步骤如下：

（1）明确任务概况，包括项目区范围、地面分辨率以及成图要求；

（2）寻找飞行场地，固定翼无人机起降对起飞场地要求比较严格，要求周围尽量开阔、信号干扰小，飞行场地尽量选在摄区内或者附近；

（3）根据起飞场地位置、地面分辨率等要求进行航线设计，航线设计时应考虑摄区地形信息，以及无人机性能参数等限制条件；

（4）对航线进行优化，满足无人机最小转弯半径、飞行高度、飞行速度等约束条件要求。

2. 无人机倾斜航摄分区

当无人机倾斜航摄范围较大时，一般应将飞行范围划分为若干航摄分区，以便设计飞行航线和对任务进行分工。航摄分区划分主要考虑以下因素。

（1）无人机类型及续航里程。

①在无人机飞行作业时，无人机起降一般都在同一地点，为了充分利用有效作业里程，航线设计一般采用双数敷设，航线尽可能长，且采取往返飞行。

②航线设计长度一般按有效作业里程的 1/2，1/4，1/6 或 1/8 等设计。同时，航摄分区还应考虑无人机的有效通信及控制距离，确保无人机安全。

（2）影像地面分辨率与实景三维建模处理系统的性能。

①影像地面分辨率的高低决定着倾斜影像的数量。综合考虑目前常用倾斜摄影实景三维建模系统的处理能力和处理效率，使实景三维建模计算的影像数量（计算分区）与航摄分区范围尽量匹配。

②在满足最高点重叠度的前提下，最高点、最低点与基准面地面分辨率以不超过 1.5 倍为宜。若果超过 1.5 倍，建议分区进行航摄。

（3）航摄时需要顾及地表高差影响，高差（包括建筑物）大于 1/4 相对航高时，建议分区进行航摄。

面状摄区航摄分区示意图如图 3-11 所示。

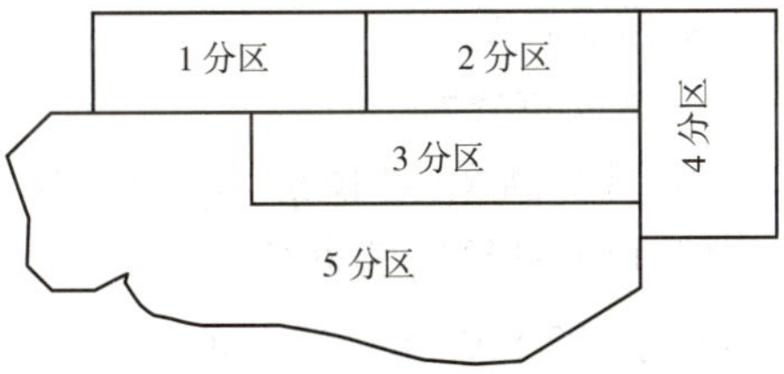

图 3-11　面状摄区航摄分区示意图

3. 航线规划关键参数确定

下面结合实际生产案例，介绍如何确定航线规划关键参数。

【生产案例】按照学校要求，采用大疆 M300 无人机搭载禅思 P1 相机对校园实施测绘航空摄影。其中，校园平均高程为 100 m；航摄仪大疆禅思 P1 相机的焦距为 35 mm，传感器（CCD）尺寸为高 35.9 mm、宽 24 mm，图像尺寸为高 8 192 像素、宽 5 460 像素。该项目要求航摄影像地面分辨率能满足 1∶500 地形图成图要求，航向重叠度不低于 80%，旁向重叠度不低于 70%。依据上述要求，确定航线规划关键参数。

1）地面分辨率选择

航摄分区基准面的地面分辨率应根据不同比例尺航摄成图的要求，结合分区的地形条件、测图等高距、航摄基高比及影像用途等，在确保成图精度的前提下，本着有利于缩短成图周期、降低成本、提高测绘综合效益的原则，在表 3-1 的范围内选择。

表 3-1　航摄基准面地面分辨率设计范围

测图比例尺	地面分辨率值/cm
1∶500	≤5
1∶1 000	≤10，宜采用 8
1∶2 000	≤20，宜采用 16

结合航摄基准面地面分辨率设计范围指标要求，本案例中将地面分辨率值确定为 4 cm。

2）确定摄影航高

无人机倾斜航摄的飞行高度是航线设计的基础。摄影航高需要根据任务要求选择合适的地面分辨率，然后结合倾斜数字航摄仪的性能，由以下两式计算航高：

像元尺寸=CCD 高/像素高度=CCD 宽/像素宽度　　（3-9）

相对航高=地面分辨率/像元尺寸 × 焦距　　（3-10）

本案例中校园平均高程为 100 m，则摄影基准面高程为 100 m，地面分辨率为 4 cm；传感器（CCD）尺寸为高 35.9 mm、宽 24 mm，图像尺寸为高 8 192 像素、宽 5 460 像素，焦距为 35 mm。代入式（3-9）和式（3-10），计算结果如下：

像元尺寸=35.9 mm/8 192 像素=24 mm/5 460 像素=0.004 4 mm/像素=4.4 μm

相对航高 H=4 cm/4.4 μm × 35 mm=318 181.8 mm=318 m

绝对航高 $H_{绝}$=318 m+100 m=418 m

3）确定拍照间隔和航线间隔

无人机倾斜航摄的拍照间隔和航线间隔是航线规划的核心参数。一般通过设置适当的航向重叠度和旁向重叠度反算拍照间隔和航线间隔，具体计算如下：

单张覆盖（宽）=地面分辨率 × 像素宽度　　（3-11）

拍照间隔=单张覆盖（宽）×（1−航向重叠度）　　（3-12）

单张覆盖（高）=地面分辨率 × 像素高度　　（3-13）

航线间隔=单张覆盖（高）×（1−旁向重叠度）　　（3-14）

本案例中地面分辨率为 4 cm，图像尺寸为高 8 192 像素、宽 5 460 像素，航向重叠度不低于 80%，旁向重叠度不低于 70%。代入式（3-11）至式（3-14），计算结果如下：

单张覆盖（宽）=4 cm × 5 460 像素=22 560 cm=225.6 m

拍照间隔=225.6 m ×（1−80%）=45.12 m

单张覆盖（高）=4 cm × 8 192 像素=32 768 cm=327.68 m

航线间隔=327.68 m ×（1-70%）=98.3 m

4. 航线规划实例

下面以无人机管家软件为例，介绍无人机倾斜航摄航线规划的一般步骤。

（1）双击“无人机管家”图标，启动“无人机管家”软件，进入无人机管家界面，如图 3-12 所示。

图 3-12　无人机管家界面

（2）依次点击“规划与飞行”→“智航线”，进入无人机航摄航线规划与飞行界面，新建工程并重命名为 Project-test，如图 3-13 所示。

图 3-13　无人机航摄航线规划与飞行界面

（3）双击工程“Project-test”，进入航线规划设计界面。

（4）将影像底图漫游至无人机航摄区域上空，依次点击“绘制类型”→“多边形”，根据合同或委托书等要求，绘制测区范围线（图 3-14）。

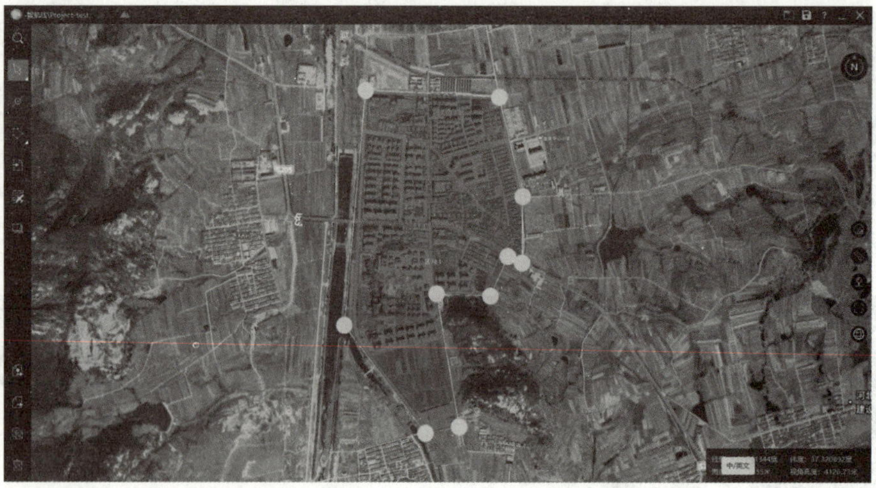

图 3-14　测区范围线绘制界面

（5）点击“产生航线”，弹出“智航线”对话框（图 3-15），根据实际情况选择飞机类型和相机类型。

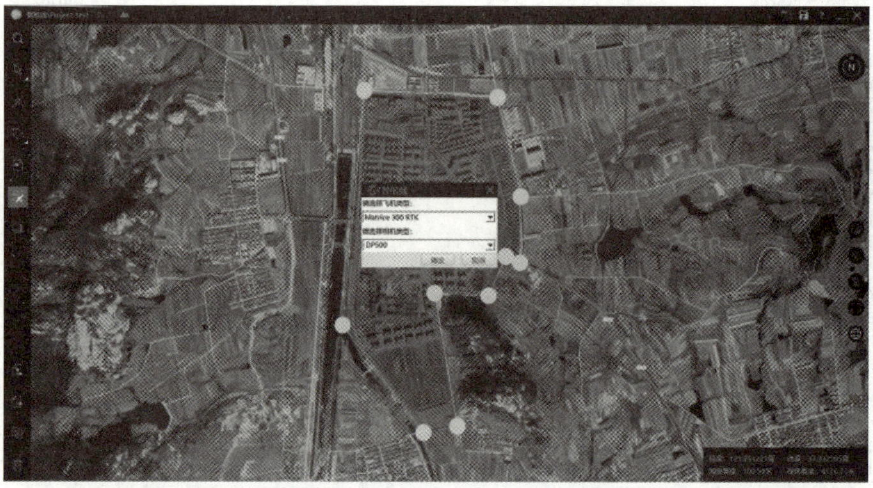

图 3-15　飞机类型及相机类型选择界面

（6）在“智航线”对话框中选定飞机类型和相机类型后，点击“确定”，软件随即根据默认参数生成航线，并弹出“航线参数”对话框（图 3-16）。

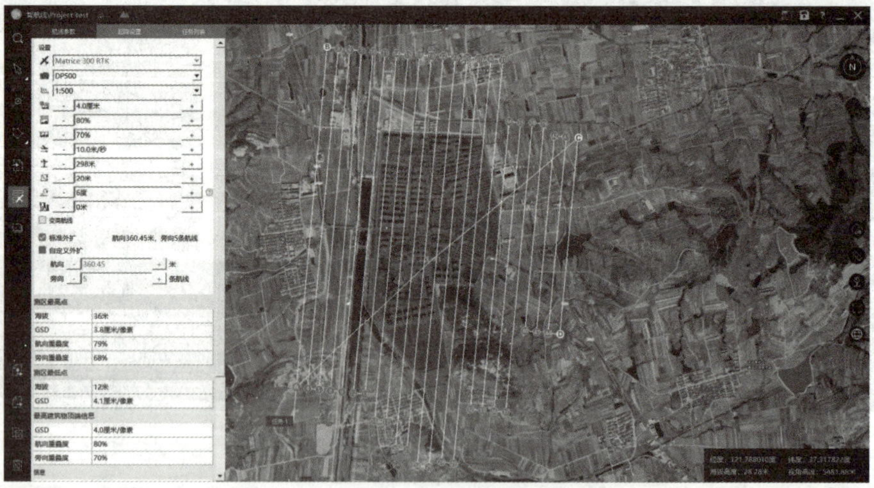

图 3-16　航线参数设置界面

（7）在“航线参数”对话框中依次设置地面分辨率、航向重叠度、旁向重叠度及外扩参数等信息，确保各项参数达到最优组合。同时，在“起降设置”对话框中，结合地面情况，设置合理的降落点。

任务三 无人机倾斜航摄项目实施

【任务导入】

无人机倾斜航摄测量技术是基于影像获取地表信息的一门技术，了解无人机倾斜航摄的基本流程，学会分析获取影像过程中涉及的影响影像质量的因素，是摄影测量学习的重点内容。

本任务主要介绍无人机倾斜航摄任务委托、空域申请及航空摄影实施等方面的内容；同时，针对倾斜航摄对影像的质量要求，通过航摄成果质量检查的实施来探求如何获取满足项目需求的高质量影像成果。通过学习，了解无人机倾斜航摄流程，掌握无人机倾斜航摄实施全过程，了解摄影测量对于倾斜航摄像片质量的基本要求，掌握倾斜航摄成果质检方法。

【任务准备】

1. 航空摄影的实施过程

航空摄影任务实施过程一般包括任务委托、合同签订、航摄计划及设计制定、航摄空域申请与审批、航摄实施、成果质量检查、成果整理及验收等环节。

2. 航空摄影任务委托书

在空中摄影实施前，任务承担单位应根据下达的任务，收集资料及仪器装备，依据现行航空摄影技术设计规定及待成图相应比例尺地形图的航空摄影规范，拟定专业技术设计书，制定航摄任务计划。

为了满足测绘地形图以及获取地面信息的需要，空中摄影要按航摄计划的要求进行，并确保获得完整的立体覆盖，且航摄影像质量满足要求。

航空摄影任务委托书的主要内容如下：

(1)根据计划成图的范围和图幅数，划定需航摄的区域范围，按经纬度或图幅号在计划图上标示出所需航摄的区域范围，或直接标示在小比例尺地形图上；

(2)确定航摄比例尺(影像地面分辨率)；

(3)根据测区地形和摄影测量数据处理仪器装备情况，提出航摄仪的类型、焦距、像幅的规格；

(4)确定对影像重叠度的要求；

(5)规定提交资料成果的内容、方式和期限，航摄资料成果包括航摄影像(按合同规定提供的份数)、影像索引图、航摄仪鉴定表、航摄影像质量鉴定表等。

3. 航摄计划

根据任务需要制定航摄计划，应包括以下内容：

(1)摄区范围与地物地貌特征；

(2)飞行平台类型和技术参数；

(3)垂直影像地面分辨率;
(4)航线敷设方法,垂直影像的航向和旁向重叠度;
(5)执行航摄任务的季节、气候和时间;
(6)航摄仪类型、技术参数和航摄附属仪器参数;
(7)航摄成果的类型、名称和数量等。

4. 航摄设计

根据任务需要实施航摄设计,应包括以下内容:
(1)设计用基础地理数据的选择;
(2)航摄分区的划分;
(3)分区基准面高度的确定;
(4)摄区、分区航线覆盖要求;
(5)航线敷设方法;
(6)航摄季节、时间的选择;
(7)影像重叠度要求。

5. 空域申请

根据具体任务,结合项目飞行范围,携带公司运营执照、航飞资质、人员信息、任务委托书、任务申请书、申请空域的坐标位置等资料到空军航管处办理空域申请。如果是管辖区,根据申请空域审批里面的内容,按时进行航飞;如果是非管辖区,根据周围环境,确保安全后再正式作业。

6. 航摄实施

航空摄影准备工作结束后,按照实施航空摄影的规定日期,选择天空晴朗少云、能见度好、气流平稳的天气,在中午前后的几个小时进入摄区进行航空摄影。无人机依据领航图起飞进入摄区航线,按规定的曝光时间和计算的曝光间隔连续对地面进行摄影,直至第一条航线拍完为止,然后飞机盘旋转弯 180° 进入第二条航线进行拍摄,直至摄影分区拍摄完毕。如果测区面积较大、航线太长或地形变化大,可将测区划分为若干航摄分区,分别实施航空摄影。

7. 成果质量检查

按照航空摄影项目技术设计要求,从飞行质量、影像质量等方面对航空摄影成果实施质量检查,并出具检查报告、检验报告。

8. 成果整理

按照航空摄影项目技术设计要求,对影像进行编号处理,整理 IMU/GNSS 数据及文档资料等。

9. 成果验收

按照航空摄影项目组织实施要求,进行成果验收,并出具验收报告。

10. 资料移交

按照航空摄影项目组织实施要求,航空摄影成果通过验收后,填写航摄资料移交书,并按规定完成资料移交工作。

【任务实施】

无人机倾斜航摄项目实施一般包括航摄准备、设备组装、航空摄影、数据整理及质量检查、资料移交六个阶段的工作。

1. 航摄准备

航摄准备相关工作内容参考本项目任务一相关内容要求执行，本节重点介绍技术准备（航摄设计）方面的内容及相关要求。

1）设计用基础地理数据的选择

设计用基础地理数据应选择摄区最新制作的地形图、影像图、DEM 和 DSM，地形图、影像图比例尺不低于 1∶10 000，DEM 和 DSM 比例尺不低于 1∶50 000。

2）航摄分区的划分

航摄分区的划分应遵循以下原则：

（1）分区界线应与图廓线相一致；

（2）当地面分辨率大于 20 cm 时，分区内的地形高差不应大于四分之一摄影航高，当地面分辨率小于或等于 20 cm 时，分区内的地形高差不应大于六分之一摄影航高；

（3）当地面高差突变，地形特征差别显著或有特殊要求时，可以破图廓线划分航摄分区；

（4）在满足分辨率与重叠度要求的前提下，航摄分区的跨度应尽量大。

3）分区基准面高度的确定

依据分区地形起伏、飞行安全条件等确定分区基准面高度，一般应选取分区内低点平均高程为基准面高度。

4）摄区、分区航线覆盖要求

摄区的航向覆盖应超出摄区边界线一定的基线数，通常不低于 2 条基线；旁向覆盖应超出摄区边界线一定的航线数，一般不少于 1 条航线。

分区覆盖的要求与摄区覆盖的要求相同。

5）航线敷设方法

航线敷设应遵循以下原则：

（1）航线按摄区范围特征直线敷设；

（2）曝光点的分布依地形起伏、建筑物高低采用 DEM 或 DSM 设计；

（3）摄影区域含有水域时，航线应尽量避免垂直影像像主点落水。

航摄成果用于三维建模时，航线敷设还应遵循以下原则：

（1）对建筑物低矮、稀疏区域，可根据大部分建筑物分布、朝向以及地形敷设；

（2）对建筑物高大、密集区域，宜纵横交叉敷设或加大航向和旁向重叠度。

6）航摄季节、时间的选择

航摄季节和航摄时间的选择应遵循以下原则：

（1）航摄应选择摄区内气象条件有利的季节，应尽量避免或减少积雪、洪水、扬沙等对摄影的不利影响，确保航摄影像能够真实地显现地表细部特征；

（2）航摄时间一般应根据表 3-2 规定的摄区太阳高度角或阴影倍数确定；

表 3-2　摄区太阳高度角和阴影倍数

地形类别	太阳高度角/°	阴影倍数/倍
平地	>20	<3.0
丘陵地，一般城镇	>25	<2.1
山地，大、中城市	>40	<1.2

（3）陡峭山区和高层建筑物密集区，宜在当地正午前后各 1 h 内摄影。

7）影像重叠度要求

对于垂直影像，航向重叠度一般不低于 60%；旁向重叠度一般应设计为 40%~80%，最低不低于 30%；在陡峭山区、高层建筑密集区，航向重叠度设计为 70%~80%。

对于倾斜影像，当满足垂直影像重叠度后，倾斜影像的航向、旁向重叠度可不再重新设计。

2. 设备组装

进入场地后，按照设备说明书要求组装无人机及地面站，完成组装后打开遥控器（确保遥控器模式对应无人机正确），进行通电检查，进而完成数据连接。

3. 航空摄影

参考本项目任务二相关内容，结合航摄准备阶段（航摄设计）具体要求，实施航线任务规划。

航线规划数据经检查无误后，实施航空摄影。要求飞控人员应做到遥控器不离手，时刻注意无人机飞行状态，并且不能对遥控器有误操作；还需要对地面站进行监测，实时了解无人机飞行姿态与飞行轨迹。

当出现下列情况时，应进行补摄：

（1）航摄影像出现相对漏洞或绝对漏洞；

（2）高山地、建筑物密集区同一视角倾斜相机连续漏片数大于 2 张。

补摄应遵循以下原则：

（1）应采用前一次航摄飞行的同型号倾斜数字航摄仪补摄；

（2）漏洞补摄应按原设计要求进行；

（3）补摄航线的两端应至少超出漏洞之外 1 条基线。

4. 数据整理

航空摄影结束后，导出并初步检查照片和 IMU/GNSS 数据。

影像编号规则如下：

（1）影像编号由阿拉伯数字构成，采用以航线为单位的流水编号；

（2）应以飞行方向为编号的增长方向；

（3）同一航线内的影像编号不准许重复。

IMU/GNSS 数据处理按以下要求执行：

（1）IMU/GNSS 数据中影像名编号与影像编号相一致；

（2）IMU/GNSS 需要标明坐标系统、转角系统及相应单位。

5. 质量检查

航摄影像作为第一手数据成果，直接影响后期其他成果的精度和质量。《倾斜数字航空摄影技术规程》（GB/T 39610—2020）对倾斜航摄影像质量做出了明确要求，航摄影像成果质量检查项目包括航摄设计、影像重叠度、覆盖完整性、影像倾角、影像旋角、航线弯曲度、航高保持、摄区分区覆盖完整性、影像质量、IMU/GNSS 成果、附件质量。下面主要从飞行质量和影像质量两方面衡量。

1)飞行质量要求

(1)垂直影像倾角一般应不大于 6°,最大应不大于 10°。

(2)垂直影像旋角应满足以下条件。

①垂直影像旋角一般应不大于 25°,在确保影像航向和旁向重叠度满足要求的前提下最大应不大于 35°。

②航摄成果用于生产基础测绘产品时,垂直影像旋角应满足:1∶500、1∶1 000、1∶2 000 测图旋偏角一般不应大于 15°,在确保像片航向和旁向重叠度满足要求的前提下最大应不大于 25°;在一条航线上连续达到或接近最大旋偏角的像片数不应大于 3 片;在一个摄区内出现最大旋偏角的像片数不应大于摄区像片总数的 1%。

(3)航线弯曲度应不大于 1%,当航线长度小于 5 000 m 时,航线弯曲度最大不大于 3%。

(4)同一航线上相邻影像的航高差应不大于 30 m,最大航高与最小航高之差应不大于 50 m,实际航高与设计航高之差应不大于 50 m。

(5)摄区的航向覆盖应超出摄区边界线一定的基线数,通常不低于 2 条基线;旁向覆盖应超出摄区边界线一定的航线数,一般不少于 1 条航线。分区覆盖的要求与摄区覆盖的要求相同。

(6)每次飞行结束,摄影人员应填写航摄飞行记录表。

2)影像质量要求

(1)影像应清晰、层次丰富、反差适中、色调柔和,应能辨认出与地面分辨率相适应的细小地物影像,能够建立清晰的立体模型。

(2)影像上不应有云、云影、烟、大面积反光、污点等缺陷。虽然存在少量缺陷,但不影响立体模型的连接和测绘时,则认为可以用于测制线划图。

(3)确保因无人机地速的影响,在曝光瞬间造成的像点位移一般不应大于 1 个像素,最大不应大于 1.5 个像素。

6. 资料移交

验收完成后应提交航摄资料移交书,主要包括以下内容:

(1)倾斜数字航空摄影技术设计书;

(2)倾斜数字航摄仪检定报告;

(3)航摄批文;

(4)航摄飞行记录表;

(5)垂直影像和倾斜影像数据;

(6)垂直浏览影像;

(7)航摄像片中心点坐标数据;

(8)航线、像片结合图;

(9)摄区范围完成情况图;

(10)航摄资料移交书;

(11)航摄资料保密审查报告;

(12)IMU/GNSS、RTK、PPK 相关数据;

(13)其他有关资料。

【项目小结】

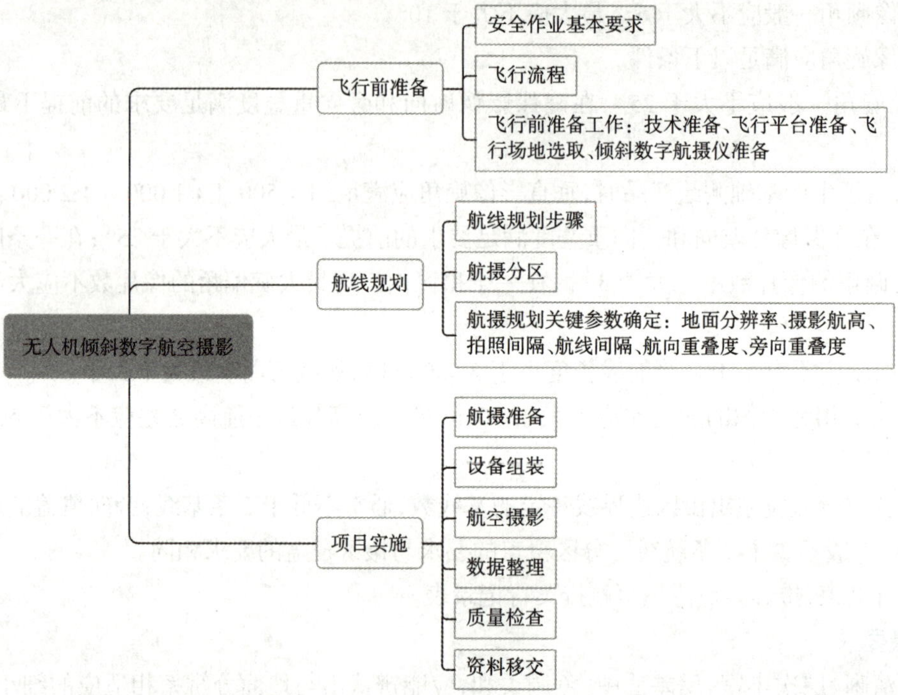

【思考与练习】

1. 简述无人机倾斜数字航空摄影测量航线规划的主要步骤。
2. 简述无人机倾斜数字航空摄影测量项目实施过程中，倾斜航摄影像成果质量检查的主要内容。
3. 简述无人机倾斜数字航摄仪的基本性能要求。

【技能训练】

充分依托学校现有条件，选取合适的无人机机型，搭载倾斜数字航摄仪对校园实施无人机倾斜航摄。技术要求：垂直影像地面分辨率不低于 3 cm，航向重叠度不低于 80%，旁向重叠度不低于 70%。

【思政故事】

依法飞行，禁止“黑飞”

“黑飞”是指一些没有取得私人飞行驾照或者无人机没有取得合法身份的飞行，也就是未经登记的飞行，这种飞行具有一定危险性。

典型案例 1：唐山无人机测绘“黑飞”案

2018 年 2 月 7 日下午，郭某等 4 人，操纵油电混合动力无人机在河北省某地区上空约 1 000 m 高度，对矿区进行航空摄影。这 4 人均不具备操纵无人机的资质，更严重的是他们没有申请空域。该无人机起飞不久，中部战区及战区空军有关部门迅速通过技术手段掌握了所在空域的异常情况。这次违规飞行扰乱了空中管理秩序，影响了民航安全飞行，干扰了部队正常的空中训练，占用了军队的战备资源，耗费了大量的人力、物力，给首都空防安全带来了严重现实威胁。

2018 年 9 月，这 4 名被告人涉嫌过失以危险方法危害公共安全罪，被当地人民法院提起公诉。法院经审理认为，被告人郭某等 4 人的行为违反了航空管理法规，放飞无人机前未向相关部门提出飞行申请，扰乱了空中管制秩序，造成了严重后果，危害了公共安全，已构成过失以危险方法危害公共安全罪。因其认罪态度较好，积极赔偿民航经济损失，4 名被告人均被判处有期徒刑 1 年，缓刑 1 年。

典型案例 2：无人机扰航事件频发

2017 年 5 月 1 日 16 时许，昆明长水国际机场北端受到无人机扰航影响，导致至少 8 个航班备降。2017 年 4 月 26 日 18 时许，成都双流机场发生无人机扰航事件，共造成 22 个航班备降。

按照我国民用机场管理条例的规定，机场每条跑道中心线两侧各 10 km、跑道端外 20 km 的区域为飞行管制区域，也就是“净空区”。在净空区，禁止施放无人机、风筝、孔明灯等飞行物，一旦被抓获，按照《民用机场管理条例》，将被处以 2 万元以上 10 万元以下的罚款，而如果施放的飞行器影响到航班安全或者造成重大安全事故，最高量刑可到死刑。

典型案例 3：各地对无人机“黑飞”实施罚款

2021 年 4 月 21 日，浙江杭州有人在机场附近的禁飞区域操控无人机，经查该无人机是某广告公司在拍摄广告时放飞，最终警方依法对该广告公司罚款 20 000 元。

2020 年 5 月 4 日，深圳两名无人机爱好者在大剧院分别操作一部无人机，飞行高度分别为 320 m 及 500 m，均超出了管理规定的上限高度，同时两名无人机操纵员没有无人机驾驶证，飞行前也没有取得空管部门的批准，最终两人被处以 1 000 元的行政处罚。

2020 年 4 月 9 日，长沙市某传媒公司 3 人在拍摄宣传片过程中，在军用机场净空保护区范围放飞无人机，长沙市公安机关以扰乱公共场所秩序分别对 3 人做出罚款 200 元的处罚。

典型案例 4：无人机伤人事件触目惊心

2021 年 2 月 27 日，江西上饶某广场一操作员违反相关规定，在人口密集的广场人群上空飞行无人机，无人机在降落过程中割伤一名 5 岁幼童右脸颊，构成二级伤残。

2020 年 11 月，江苏扬州宝应县某地农田里一位劳作的老奶奶突然“祸从天降”，被一架无人机撞伤，导致颅骨粉碎性骨折、颅内出血，伤势非常严重。

2018 年 9 月，浙江金华一位女士在下班骑电瓶车回家途中，突然被悬停在离地 1m 高的无人机撞伤，伤势严重。

杜绝无人机“黑飞”现象，既需要政府完善相关法律法规，加大行政监管力度，也需要无人机使用者增强法律意识，遵守法律法规，时刻把飞行安全放在第一位。

新时代大学生，要做遵纪守法的模范，依法飞行，杜绝“黑飞”。

资料来源：新华网、上观新闻网、搜狐网、今日头条。

项目四

像片控制点测量

项目描述

无人机倾斜摄影测量的核心是解析空中三角测量，即利用航摄像片与所摄目标之间的空间几何关系、根据少量像控点，计算待求点的平面位置、高程和像片外方位元素。像控点是解析空中三角测量和立体测图的基础，像控点位置的选择、平面位置和高程的测定直接影响内业成图的精度。

像控点测量是在测区四周和中间均匀布设控制点，以测区内高等级控制点为基础，采用控制测量的方法，联测出像控点的测量坐标，整理为内业软件可读取的控制点文件，并制作像控点点之记文件的过程。

项目目标

- (1)掌握像控点的基本概念。
- (2)熟悉像控点的布设原则。
- (3)掌握像控点的布设方案。
- (4)了解像控点的选点要求。
- (5)掌握像控点测量采集方法和测量流程。

任务一　像片控制点布设

【任务导入】

像控点是后期内业数据处理的重要原始数据，影像控制点布设的位置、密度、控制点类型等内容均会对后期数据处理产生影响，因此影像控制点布设方案的选择对整个摄影测量任务至关重要。本任务学习如何选择合理的像控点布设方案，并在此基础上实地设置或选择标志，整理作为内业数据处理的主要资料。

【任务准备】

1. 像控点基本概念

像控点是为满足解析空中三角测量的需要，符合航测成图各项要求的直接在实地测定的控制点。像片控制点是摄影测量控制加密和测图的基础，像片控制点点位选择的好坏和点位测量的准确度直接影响航测成果的精度。

像片控制点有两个重要的用途：一是作为定向点使用，用于求解像片成像时的位置和姿态；二是作为检查点使用，用于检查生产成果的精度，检查方式是首先在成果数据中找到检查点的影像位置，测量其坐标，然后与控制点坐标进行对比。

根据像片控制点的不同作用，其可分为下列三种类型。

（1）平面控制点：野外只需测定点的平面坐标，简称“平面点”，一般用 P 代表。

（2）高程控制点：野外只需测定点的高程，简称“高程点”，一般用 G 代表。

（3）平高控制点：野外需同时测定点的平面坐标和高程，简称“平高点”，一般用 N 代表。

在生产中，为了方便确认控制点的性质，除上述像控点外，还一般用 V 代表等外水准点。同一幅图或同一区域内，像片控制点应按照从左到右、从上到下的顺序统一安排，有次序地进行编号，以便查找和记忆。

2. 像控点的布设原则

（1）像控点的布设必须满足布点方案的要求，一般按航线全区统一布设，可不受图幅单位的限制。像控点在测区内构成一定的几何强度，且均匀分布在整个测区。

（2）布设在同一位置的平面点和高程点，应尽量联测成平高点。

（3）相邻像对和相邻航线之间的像控点应尽量公用。

（4）位于不同成图方法的图幅之间的控制点，或位于不同航线、不同航区分界处的影像控制点，应分别满足不同成图方法测图的要求，否则应分别布点。

（5）在野外选刺影像控制点时，不论是平面点、高程点或平高点，都应该选刺在明显目标点上。

（6）当图幅内地形复杂，需采用不同成图方法布点时，一幅图内一般不超过两种布点方案，每种布点方案所包括的像对范围相对集中，可能时应尽量按航线布点，以便于航测内业处理。

（7）位于自由图边或非连续作业的待测图边的像控点，一律布设在图廓线外，确保成图满幅。

3. 像控点点位选择

像控点在像片和航线上的位置，除各种布点方案的特殊要求外，为了保证外业施测准确和内业成图的精度，在像控点的目标选择时，应满足以下基本要求。

1）外业像控点点位选择要求

（1）选点要尽量选择固定、平整、清晰易识别、无阴影、无遮挡区域，且方便内业数据处理人员查找。

（2）像控点应选择较为尖锐的标志物，尽量选择平坦地方，避免树下、房角等容易被遮挡的地方。

（3）像控点和周边的色彩需要形成鲜明对比，如果周边是深色，则目标以浅色为主。

（4）以自然地物为刺点目标的，应该选择比较大的地物，并且提供说明像控点位置的实景照片，至少包含 1 张近景和 1 张关联周边地物的照片。

（5）像控点标靶半径应大于 70 cm，并且不易出现方向性错误，能够明确显示是标靶的哪一部位。

（6）实地选点时，也应考虑无人机作业时侧视相机是否会被遮挡。对于弧形地物、阴影、狭窄沟头、水系，高程急剧变化的斜坡、圆山顶，跟地面有明显高差的房角、围墙角等以及航摄后有可能变迁的地方，均不应当作选择目标。

2）内业像控点点位选择要求

（1）像控点一般应在航向三片重叠和旁向重叠中线附近，布点困难时可布在航向重叠范围内。在像片上应布在标准位置上，也就是通过像主点垂直于方位线的直线附近。

（2）像控点距像片边缘的距离不得小于 1 cm，因为边缘部分影像质量较差，且像点受畸变差和大气折光差等所引起的位移较大；倾斜误差和投影误差使边缘部分影像变形大，增加判读和刺点的困难。

（3）点位必须避开像片上的压平线和各类标志（框标、片号等），以便利于明确辨认。为了不影响立体观察时的立体照准精度，规定离开距离不得小于 1 mm。

（4）旁向重叠度小于 15%或由于其他原因控制点在相邻两航线上不能公用而需分别布点时，两控制点之间裂开的垂直距离不得大于像片上 2 cm。

（5）点位尽量选在旁向重叠中线附近，离开方位线大于 3 cm 时，应分别布点。

4. 像控点布设方案

在无人机倾斜摄影测量中，像控点布设方案是指根据成图方法和成图精度在影像上确定倾斜摄影像控点的分布、性质、数量等内容，使其满足一定的布点规则。其是体现成图方法和保证成图精度的重要组成部分。大量的实践证明，无人机航测时像控点的布设方案对精度的影响在于：控制点数量的增加，会使空三精度提高，但控制点增加到一定数量时，精度变化很小；过多的控制点不但大大增加外业和内业的工作量，而且对于空三精度提高没有太大作用，性价比不高；无人机空三结果的精度最弱点位于控制区域外围，而不在控制区的中央，控制区内部精度高而且均匀，控制区外误差迅速发散，离控制区越远、越靠近影像边缘，误差越大。

因此，在无人机摄影测量中，为了满足成图精度要求，像控点的布设也要因形状的变化而设置不同的方案。

（1）规则矩形和正方形：小面积区域最少布设 5 个控制点，其中航飞区域内 4 个角各 1 个、区域中央 1 个，大面积区域相应地增加控制点，如图 4-1 所示。

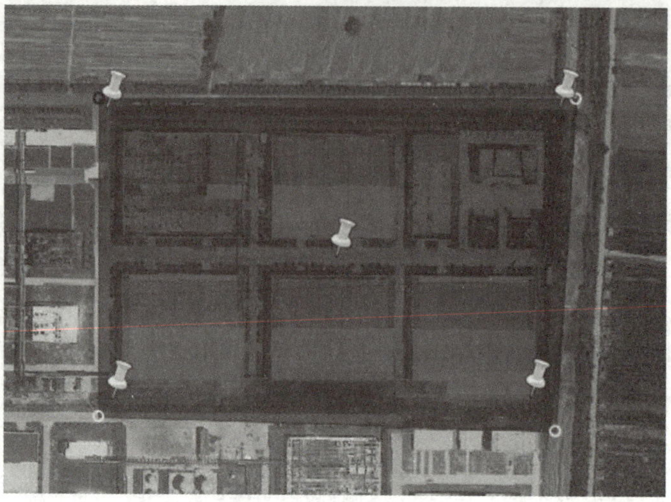

图 4-1　规则形状区域像控点布设方案

（2）不规则区域：很多时候飞行区域是不规则的形状，则可根据地形沿测区范围四周均匀布设一圈像控点，再在测区中间均匀加密，确保布设的像控点能均匀地覆盖整个测区，如图 4-2 所示。

图 4-2　不规则形状区域像控点布设方案

（3）河道、公路等带状区域：可采用“Z”字形布点法，在垂直于带状两边各布设一对像控点，沿带状区域中间再加设一个像控点，如图 4-3 所示。

图 4-3　带状区域像控点布设方案

布点时既要尽量均匀布设，又要重点突出高程变化较大的地方。如图 4-4 所示的布点方案较好，既均匀，又满足高程布设要求；图 4-5 布设都在中间，测区四角部分未布点，不均匀。

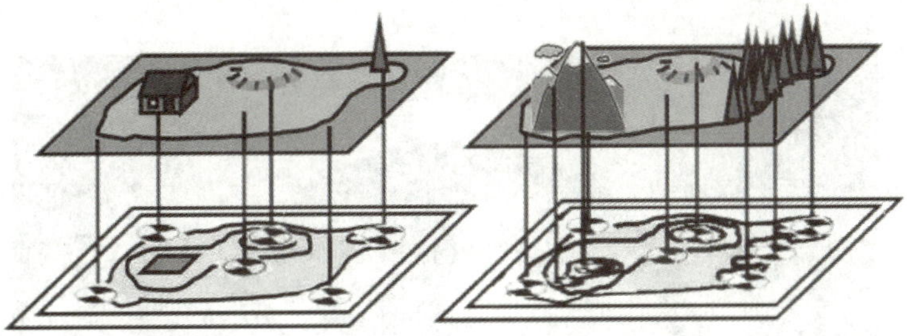

图 4-4　正确的布点方案

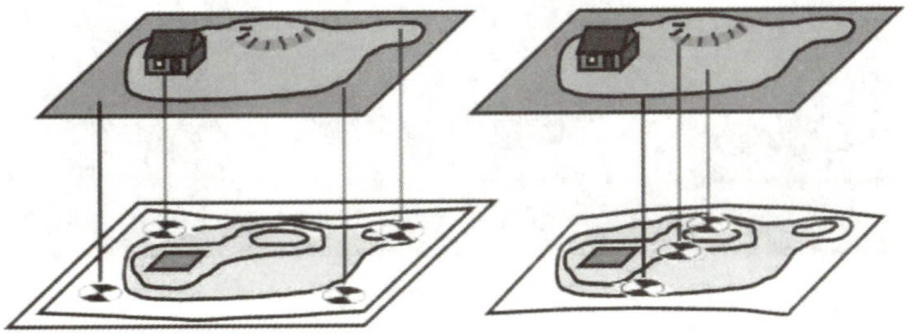

图 4-5　不正确的布点方案

5. 像控点选取

像控点选取可自制标靶，也可选取自然特征地物。

1）自制标靶

为提高像控点刺点精度，增强外业控制点的可靠性，应尽可能在航摄前人工设置地面标志（标靶）作为像控点。

Ⅰ. 喷涂像控点

选择白色（或者红色）油漆画十字形或 L 形标志，并在航摄飞行前试飞拍摄几张影像，确保十字形或 L 形标志能在倾斜影像上正确辨识，如图 4-6 所示。

图 4-6　喷涂像控点

Ⅱ.印刷像控点

直接选择印刷的标靶作为像控点，不需喷涂，可直接放在测区内，待飞行任务结束后可就地回收，低碳环保，如图 4-7 所示。

图 4-7　印刷像控点

2）自然特征地物像控点

也可以选择自然特征地物作为刺点目标，影像控制点的自然特征地物目标影像应清晰，通常选择在易于识别的细小现状地物交点、明显地物拐角点等位置固定且便于量测的地方，如地面上颜色对比分明的标志线、道路拐角点等，如图 4-8 所示。

图 4-8　自然特征地物像控点

【任务实施】

下面以某任务区实施 1∶500 比例尺成图精度要求为例介绍像控点的布设。

1. 任务概况

为了核准某区域建设是否符合设计要求，受当地城乡规划主管部门邀请，完成该区域建设现场 1∶500 比例尺地形图测绘任务。该区域东西长约 390 m，南北宽约 390 m，从某地图平台获取该区域影像，并借助某地图平台软件完成该任务区的像控点布设任务，如图 4-9 所示。

图 4-9　某区域影像图

图 4-10　某区域像控点布设方案

2. 像控点布设方案

结合该任务区的概况，在像控点布设时应满足以下要求：

（1）任务区为规则的小面积四边形区域，像控点布设时可采用规则矩形布设方案；

（2）要满足 1∶500 比例尺成图精度要求，平均每 200~300 m 均匀布设像控点；

（3）任务区的像控点可全部布设为平高点，以字母“N”冠名，点号遵循“从北至南、从西至东”的排序原则；

综合上述要求，该任务区可以布设 5 个像控点，航飞区域内 4 个角各 1 个，区域中央 1 个，像控点布设方案如图 4-10 所示。

3. 像控点实地布设

该任务区像控点的设计点位在实地均为硬化地表，且无明显的地标图案，因此在进行该任务区的像控点实地布设时采用临时标靶，且标靶半径大于 70 cm。

按像控点布设方案设计点位到实地进行安置，安置点位应参照像控点的选点要求，合理选择安置位置。

任务二　像片控制点测量

【任务导入】

像片控制点测量是利用相关测量仪器在实地测定内业布设的像控点并形成点之记的过程。像控点目标选择的好坏和点位指示的准确程度直接影响内业空三刺点的精度，所以要确保像控点目标选择的合理性和点位指示的准确性。本任务介绍利用 RTK 进行像控点测量时点位选择、标志喷绘、刺点与整饰、像控点整理等内容。

【任务准备】

随着技术的不断进步，GNSS-RTK 技术具有全天候、高精度、测站间无须通视等诸多优点，利用 RTK 测量不仅可以满足像控点的精度要求，而且可以大大提高工作效率，所以实际作业时通常采用 RTK 作业模式直接采集平高控制点。

利用 RTK 测量方法进行像片控制点的测量过程中，应充分考虑标靶选择、位置选择和采集方法。

1. 传统影像控制点的测量方法

RTK 测量可分为电台模式和连续运行基准站（Continuously Operating Reference Station，CORS）模式两种。电台模式下至少需要两台接收机，其中一台为基准站，另一台为移动站。基准站通过数据链将差分改正信息及自身位置发送给移动站，移动站接收来自基准站的数据，并进行实时解算，从而得到高精度的位置信息。CORS 模式的实质是在区域内建立起若干个固定的、连续运行的基准站，用户只需要一台接收机作为移动站即可开始作业，移动站接收来自 CORS 系统的差分数据，并实时解算得到其位置信息。

当国家等级三角点、GPS 点、精密导线点、水准点的数量及分布不能满足航外影像控制测量对起算点的基本要求时，应布设 E 级 GPS 点、测角中误差为 5″ 的电磁波测距导线点，以及施测等外水准、电磁波测距高程导线等，作为影像控制测量的基础。

1）平面控制测量

像控点平面位置测量可采用导线测量和 GPS 测量，其中最常用的 GPS 测量又包括 GPS 静态测量、GPS RTK 测量（GPS 实时动态测量）、CORS 网络 RTK 测量。

Ⅰ. GPS 静态测量

GPS 静态测量按 E 级标准施测，可分区作业，每个区联测应使用至少 3 个分布均匀的 D 级或四等及以上等级的控制点作为起算点，至少 1 个 C 级及以上等级的控制点作为检查点，且相邻区域应做接边检查。

Ⅱ. GPS RTK 测量

（1）GPS RTK 测量按二级施测，见表 2-1。

表 2-1　RTK 测量卫星的状态要求

观测窗口状态	截止高度角 15° 以上的卫星个数	PDOP 值
良好	≥6	<4
可用	5	4≤PDOP≤6
不可用	<5	>6

注：PDOP* 即 Position Dilution of Precision，位置精度强弱度。

（2）经、纬度记录到 0.000 1″，平面坐标和高程记录到 0.001 m。

（3）GPS RTK 平面控制测量主要技术要求需满足表 2-2。

表 2-2　RTK 平面控制测量主要技术要求

等级	相邻点间平均边长/km	点位中误差/cm	边长相对中误差	与基站的距离/km	观测次数	起算点等级
二级	5	≤±5	≤1/1 0000	≤5	≥3	一级及以上

注：1. 点位中误差指控制点相对于基准站的误差。
2. 相邻点间距离不宜小于该等级平均边长的 1/2。

（4）GPS RTK 高程控制测量主要技术要求需满足表 2-3。

表 2-3　RTK 高程控制测量主要技术要求

大地高中误差/cm	与基准站的距离/km	观测次数	起算点登记
≤±3	≤5	≥3	四等及以上水准

注：大地高中误差指控制点大地高相对于最近基准站的误差。

（5）GPS RTK 控制测量基准站的技术要求：应正确设置基准站坐标、数据单位、尺度因子、投影参数和接收机天线高等参数。

（6）GPS RTK 控制测量流动站的技术要求如下：

① RTK 的流动站不宜在隐蔽地带、成片水域和强电磁波干扰源附近；

②每次观测之间流动站应重新初始化；

③每次作业开始前或重新架设基准站后，均应进行至少一个同等级或高等级已知点的检核，平面坐标较差不应大于 7 cm；

④数据采集器设置控制点的单次观测平面收敛精度不应大于 ±2 cm，高程收敛精度不应大于 3 cm；

⑤ RTK 控制点测量时，应使用三脚架、对中杆或三脚对中杆，对中整平后量测仪器高度，并正确设置仪器高类型（斜高、垂高）和量取位置（天线相位中心、天线项圈、天线底部等），每次观测历元不应少于 20 个，采样间隔 2~5 s，各次测量的平面坐标较差应不大于 4 cm，高程坐标较差应不大于 4 cm；

⑥应取各次测量的坐标中数作为最终结果。

Ⅲ.CORS 网络 RTK 测量

采用 CORS 网络 RTK 作业时，测量技术要求应符合表 2-4 的规定。

表 2-4　网络 RTK 测量技术要求

测回数	观测历元数	同一时段测回间平面互差
2	≥30	≤2 cm

Ⅰ）观测要求

（1）CORS 网络 RTK 测量应注意 GPS 卫星数量、分布等观测窗口状况，其作业条件应符表 2-4 的规定。

（2）CORS 网络 RTK 一测回观测应符合下列要求。

①对仪器进行初始化。

②数据采样率一般设为 1 s，模糊度置信度应设为 99.9%以上。

③每测回观测控制手簿设置，控制点的平面收敛精度应≤±3 cm，高程收敛精度应≤±5 cm；碎部点的平面收敛精度应≤±3 cm，高程收敛精度应≤±5 cm。

④观测值应在得到 CORS 网络 RTK 固定解，且收敛稳定后开始记录。

⑤每测回采集的历元（自动观测值）个数应符合相关规定，取平均值作为定位结果。

⑥经、纬度记录到 0.000 1″，平面坐标和高程记录到 0.001 m。

（3）CORS 网络 RTK 控制点测量测回间应断开，再重新连接 HBCORS 网络进行测量。

（4）控制点平面和高程成果应在限差之内取各测回结果的平均值。

（5）当初始化时间超过 3 min 仍不能获得固定解时，宜断开通信链路，重启接收机，再次进行初始化操作。此外，还可以提高卫星高度截止角，或增加仪器的高度，或选择不同的多路径效应消除模式进行测量。

（6）重试次数超过 3 次仍不能初始化时，应取消本次测量，对现场观测环境和通信链接进行分析，选择观测和通信条件较好的其他位置重新进行测量。

（7）CORS 网络 RTK 观测时，距接收机 10 m 范围内禁止使用对讲机、手机等电磁发射设备；遇雷雨时应关机停测，并卸下天线以防雷击。

Ⅱ）检测要求

每期作业时必须对测区内或周围的高等级点进行检测，确保接收机配置、仪器高设置、HBCORS 系统和网络信号等均处于正常状态。检测点数量不得少于 3 个，并应尽量均匀分布。要求检测至少一个测回，且平面检测较差应≤±10 cm，高程检测较差应≤±20 cm，并提交检测精度统计表。当检测超限时，应提交分析报告或改变作业方法。

Ⅲ）数据处理

（1）每天作业结束后，应及时将各类原始观测数据、中间过程数据、转换数据和成果数据等转存至计算机或移动硬盘等其他媒介上。

（2）外业观测数据在转存时，应提交完整的原始观测记录，不得对数据进行任何剔除或修改。同时还应做好备份工作，确保数据安全。

（3）CORS 网络 RTK 测量直接得到的是 CGCS 2000 坐标，其他坐标结果均可通过 HBCORS 控制中心提供的“HBCORS 坐标转换软件”进行转换，实时转换需在接收机内配置加密转换参数。

（4）CORS 网络 RTK 测量外业观测记录采用仪器自带的天线、内存卡和测量控制手簿，记录项目及数据输出包括下列内容：

①平面和高程转换参考点的点名、残差、转换参数；

②虚拟参考站的编号及发送给流动站的 WGS84 坐标、WGS84 坐标的增量（碎部点除外）；

③流动站测量点位的点名、天线类型、天线高及观测时间，流动站（碎部点除外）测量时的 PDOP 值；

④流动站（碎部点除外）测量点位的平面、高程收敛精度；

⑤流动站（碎部点除外）测量点位的 WGS84 大地坐标，包括纬度、经度和大地高成果；

⑥流动站测量点位进行坐标转换后的独立坐标系平面坐标和 1985 国家高程基准正常高成果，可在内业进行事后转换。

Ⅳ）数据检查

CORS 网络 RTK 测量成果应进行 100%的内业检查。内业检查包括以下内容。

（1）原始观测记录的齐全性。

（2）输出成果内容的完整性。

(3)仪器高、卫星数和 DOP(精度衰减因子)情况。

(4)测回收敛精度、测回数、同一时段测回间点位坐标平面互差 δ_S 和高程互差 δ_H、测回时间间隔以及时段时间间隔、时段间点位坐标平面互差 ΔS 和高程互差 ΔH。其中,测回间点位坐标互差按下式计算:

$$\delta_S=\sqrt{(X_1-X_2)^2+(Y_1-Y_2)^2} \tag{4-1}$$

$$\delta_H=H_1-H_2 \tag{4-2}$$

时段间点位坐标互差按下式计算:

$$\Delta S=\sqrt{[(X_1+X_2)/2-(X_3+X_4)/2]^2+[(Y_1+Y_2)/2-(Y_3+Y_4)/2]^2} \tag{4-3}$$

$$\Delta H=(H_1+H_2)/2-(H_3+H_4)/2 \tag{4-4}$$

(5)已知点资料及检测资料。

(6)重复测量的时间间隔和较差符合性。

(7)其他各项应当检查的内容。

2)高程控制测量

像控点高程测量可采用 HBCORS 网络 RTK 测量、GPS 高程拟合、GPS RTK 测量,起闭于四等或四等以上等级的高程控制点。

(1)当采用拟合法进行 GPS 正常高程内插时,应在测区内联测不少于 6 个分布均匀的水准点,另有 3 个点做检查,应按测区地形特征,适当增加高程联测点,使高程联测点均匀分布于网络中。

(2)当采用 GPS RTK 测量时,按相关 GPS RTK 测量要求执行。

(3)当采用 HBCORS 网络 RTK 测量时,按相关 HBCORS 网络 RTK 测量要求执行。

3)像控点测量新方式

随着 GNSS 技术的飞速发展和应用普及,利用多基站网络 RTK 技术建立的卫星定位服务已成为目前测绘行业数据采集的主要手段。同时,以"互联网+位置(北斗)"、基于云计算和大数据技术构建的千寻位置服务平台,在测绘行业中的应用也日趋广泛。基于其方便灵活、高精度的特点,千寻位置服务平台及 CORS 系统已经成为目前像控点测量最主要的方法,从而避免烦琐的控制点联测及其他准备工作。

2. 刺点与整饰

(1)按照中华人民共和国测绘行业标准《数字航空摄影测量 控制测量规范》(CH/T 3006—2011)要求,传统像片刺点应满足以下要求。

①在影像上选点、标记,准确标示出像控点位置;也可输出在相纸上,进行像控点判点、刺点与整饰,输出的影像比例尺为航摄比例尺。

②基础控制点应以判点为主,刺点为辅,也可概刺概标。

③平高控制点的实地判点误差(成图比例尺不小于 1∶2 000)不大于图上 0.1 mm,刺点误差(成图比例尺不大于 1∶5 000)不大于像片上 0.1 mm,高程控制点应准确刺出。

④影像的刺点形式以内业易判、易读、准确为原则,可以控制点为中心截取并输出不同放大倍率的影像,同时结合点位说明制作点之记,代替控制像片的点位略图。

⑤像片影像应在点位影像最清晰的控制像片上刺点,控制像片的刺孔直径不大于 0.1 mm,并应刺透,刺偏时应换片重刺,不能有双孔。当不能准确刺出时,水准点可按测定碎部点的方法刺出,三角点、GPS 点、埋石点应在像片正反面的概略位置上以虚线表示相应符号,并说明点的位置、绘制点位略图。

⑥当像控点刺在树冠上或刺点位置上有 1 m 以上的植被覆盖,且像片上看不清地面影像时,应量注刺点处的植被高度至 0.1 m。当点位选刺在高于地面的地物顶部时,应量注顶部与地面的比高至 0.1 m。量注的数值应在像片的反面注明。点位刺在陡坎等地物边缘时,应在像片反面注明刺在坎上或坎下。数字影像在点之记中记录。

⑦像控点应实地打桩或做出标志，宜拍摄数码相片，与点位略图配合使用或代替。

⑧像控点的刺点、点位说明和略图绘制应在实地进行，并经第二人实地检查。

（2）按照中华人民共和国测绘行业标准《数字航空摄影测量 控制测量规范》（CH/T 3006—2011）要求，传统刺点片整饰应满足以下要求。

①三角点、GPS 点、埋石点、平高控制点，在像片正面以边长或直径为 7 mm 的红色三角形、圆形内接三角形、正方形、圆形整饰；水准点、高程控制点，在像片正面以直径为 7 mm 的绿色圆形整饰，水准点在圆内加绘不相交的斜十字形。点名、点号及高程用红色分式注记，分子为点名或点号，分母为高程。不能准确刺出的点位，用相应虚线符号表示，水准点用实线符号表示。像片正面整饰应注意，控制点符号应以刺孔为中心，使用小圈圆规时要在刺孔上垫一小块透明胶片，以免圆规针尖将控制点刺成双孔或将孔扩大，而破坏刺点精度。

②像片的反面应以相应的符号标明点位，注明点号或点名，绘制局部放大的详细点位略图，略图大小为 2 cm × 2 cm，简要说明刺点位置、比高、刺点者、检查者（或对刺者）、签名及日期。说明文字应简练、确切，点位图、说明、刺孔三者应一致。刺点目标明显的高程控制点，可不绘略图，只加说明。像片反面整饰一律用铅笔，符号的形状及大小应与正面相同。

③控制像片仅整饰刺点片，航线间公用的像控点仅在邻航线的主片正面以直径或边长为 1 cm 的相应符号转标点位，并注明点名（或点号）及刺点片号。当借用相邻测区的像控点时，应转刺并整饰，转刺点加注实刺片的图幅编号和像片编号。其他控制像片可只转标不转刺。

④当在数字影像上刺点时，整饰以能判读准确为原则，按①至③的规定制作像控点点之记和像控点影像，必要时建立像控点影像库，像控点点之记和像控点影像的要求如下：

a. 点之记内容包括点号或点名、坐标、所在图幅、点位略图、刺点位置文字说明、比高、实地照片、刺点者和检查者签名及日期；

b. 像控点符号宜按（1）的规定执行，也可自定义符号；

c. 点位略图宜采用 3 种不同放大倍率的影像以像控点为中心裁切制作，表达像控点的概略位置、局部位置、详细位置；

d. 像控点影像宜采用原始分辨率以像控点为中心裁切 512 像素 × 512 像素的像素块存储；

e. 像控点影像库应包括点之记的内容和像控点影像及其他相关信息。

3. 像控点整理与命名

像控点整理包括现场照片采集、坐标成果整理、刺点片整饰与像控点点位信息表制作四部分内容。目前，航摄无人机都携带有 GNSS 及 IMU 模块，可实时获取相机曝光时影像数据的高精度 POS 信息。同时，随着计算机图形学和软件的不断发展，利用无人机搭载数码相机进行航摄已成为主流的航测作业模式，像控点的整理主要是坐标成果的整理。

像控点整理后需要上交的成果包括成果清单、基础控制点成果表、像控点成果表、控制像片或影像数据及点之记、像控点与检查点分布略图、区域网划分和公共点分布略图、计算手簿等。

控制点测量完成后，要及时制作控制点点位分布略图、控制点点位信息表，准确描述每个控制点的方位和位置信息，以便于内业刺点使用。

像控点应统一命名，同一测区内不应重号。同一测区内有多个区域划分时，像控点命名应加入测区编号。

像控点命名规则为“地名+测区编号+点编号”，检查点编号规划为“J 地名+测区编号+点编号”。例如，下湖村 1 区像控点命名为 XHC1Q001、XHC1Q002…，该区检查点命名为 JXHC1Q001、JXHC1Q002…。

【任务实施】

承接本项目任务一的任务实施内容，介绍像片控制点测量的全过程。其中，小面积区域最少布设 5 个控制点，航飞区域内 4 个角各 1 个，区域中间 1 个；大面积区域相应地增加控制点。

1. 布设标靶

在选取标靶布设地点时，可采用 45° 上空环视的方法，保证上方无障碍物遮挡，从而保证刺点有效。建议沿着建筑物的主轴方向平行贴点，注意避开建筑、树木等。

2. 像控点数据采集

像控点坐标的采集采用 GNSS-RTK 方法。为保证像控点和航片 POS 坐标系处于同一坐标系内，使用 RTK 网络差分的方式采集数据的时候，需要保证无人机连接的网络 CORS 接入点、端口和 RTK 接收机连接的一致，如图 4-10 所示。

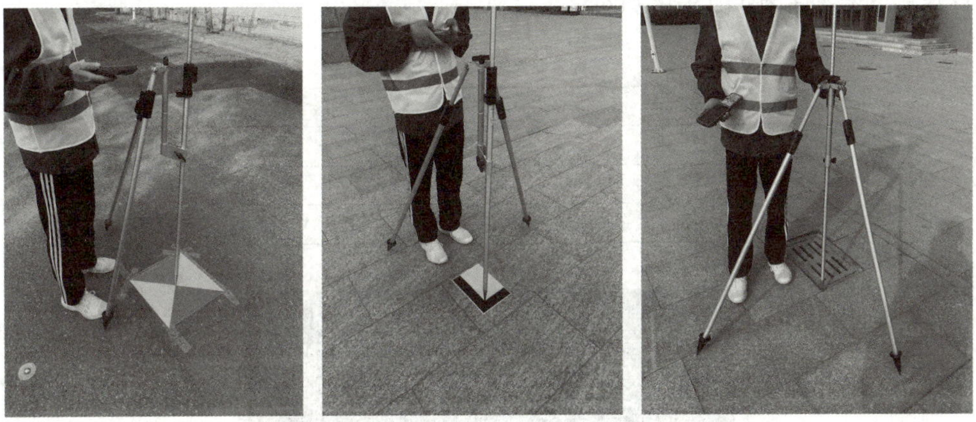

图 4-10 像控点采集

（1）开机连接 CORS 网络得到固定解后，一般不要立即测量，首先检查水平残差（HRMS）和垂直残差（VRMS）的数值，确定其是否满足项目的测量精度要求，正常情况下不小于 0.02 m。

（2）控制点和检查点采集分两次观测，每次采集 30 个历元，采样间隔 1 s。在采集过程中，保证对中杆的气泡始终处于居中状态。

（3）每个控制点采集完毕后，对像控点至少拍摄 3 张照片，包括 1 张近照、2 张远照。如果 3 张不够，可拍摄多张。近照要求摄对中杆杆尖落地处；远照要求反映刺点处与周边特征地物的相对位置关系，以便于空三内业人员刺点。

（4）控制点、检查点成果表分开保存，每个点均保存大地坐标和投影平面坐标。

（5）整理控制点、检查点照片，每一个控制点分别建立一个文件夹，把所拍的控制点照片分类，并放入相应点的文件夹中，使点号、点位与照片一一对应。在文件夹外保存所有控制点和检查点的.csv 文件。

3. 像控点坐标导出

测量完成后，将观测数据导出，通常需要导出像控点的投影坐标和大地坐标两种格式，特别是在像控点所采用的坐标系为地方坐标系时，大地坐标能够快速确定各像控点所在的航摄像片，从而大大提高刺点效率。在投影坐标系下导出格式 为.dat 或.txt 的文件，文件内容包括点名、东坐标、北坐标和高程。将地理坐标所对应的.xls 表格、投影坐标所对应的.dat 文件或者.txt 文件存放在像控点坐标文件夹中，如图 4-11 所示。

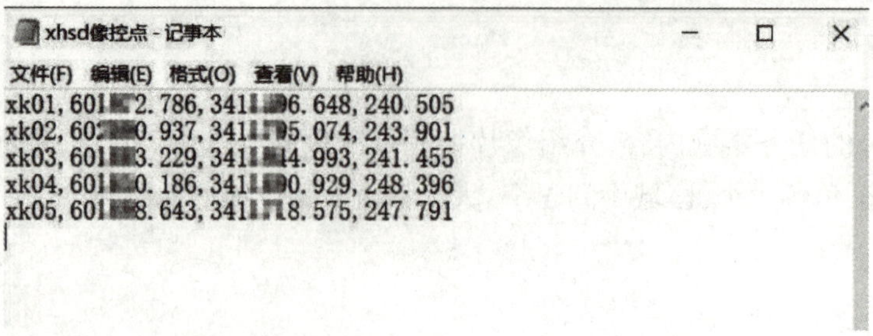
xhsd像控点 - 记事本

文件(F) 编辑(E) 格式(O) 查看(V) 帮助(H)

xk01, 601[redacted]2. 786, 341[redacted]6. 648, 240. 505
xk02, 60[redacted]0. 937, 341[redacted]5. 074, 243. 901
xk03, 601[redacted]3. 229, 341[redacted]4. 993, 241. 455
xk04, 601[redacted]0. 186, 341[redacted]0. 929, 248. 396
xk05, 601[redacted]8. 643, 341[redacted]8. 575, 247. 791

图 4-11　像控点文件

4. 刺点片整理

像控点采集完成后，为方便内业人员在空中三角测量处理时快速找到像片刺取控制点，需要对像控点刺点片进行整理。在整理过程中，以图幅为单位，对图幅内的像控点刺点片按照像控点编号进行整理。

5. 制作像控点点位信息表

制作的像控点成果表样例如图 4-12 所示。

数字影像像控点成果表

点号	SJC1Q06	日期	2023.6.17
刺点者	xx	检查者	xx
坐标	X/m	Y/m	Z/m
	107.006901	35.78334402	1725.3926

备注	

图 4-12　数字影像像控点成果表样例

6. 成果汇总

汇总的成果包括实地照片、像控点成果表、像控点原始数据、点位信息表等。

【项目小结】

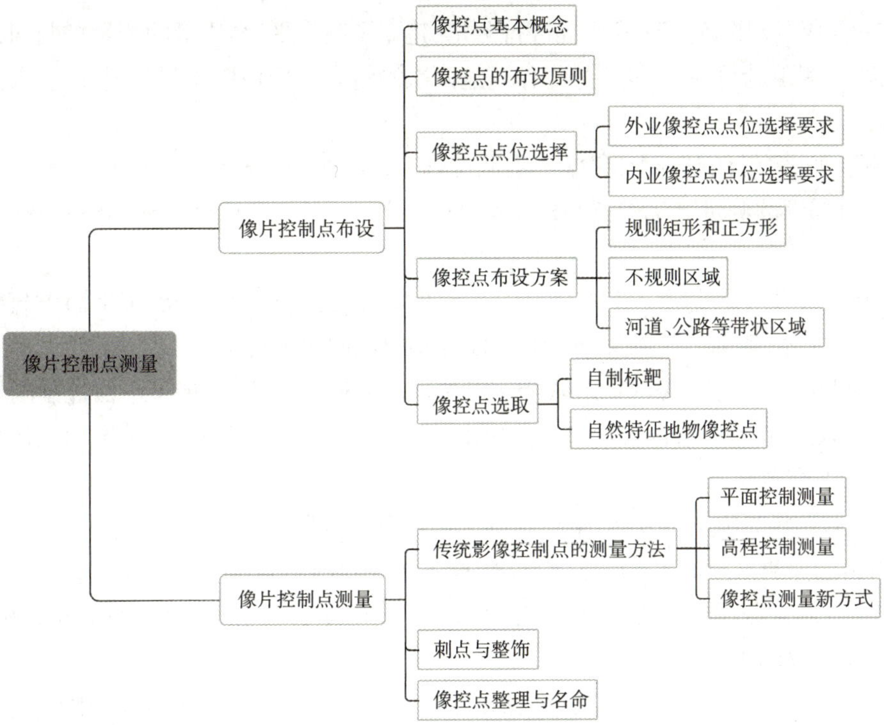

【思考与练习】

1. 简述像控点的布设原则。
2. 简述像控点的选点要求。
3. 简述像控点刺点要求。

【技能训练】

选择一幅学校局部航空影像，按照影像控制点布设的要求，用彩笔（软件）在航片上画出能够作为控制点的区域，按照测区形状确定控制点布设方案，并进行野外像控点测量，整理后提交成果。

【思政故事】

中国的珠峰高程测量

珠穆朗玛峰（以下简称“珠峰”）是世界最高峰，位于中国和尼泊尔的交界处。我国是珠峰的主权国家之一。正如国际大地测量和地球物理学联合会主席陈俊勇院士所言，珠峰高程测量就像父母会定期给自己不断成长的子女量身高一样，我们有责任、有义务把世界最高峰的数据测出来。珠峰的唯一性与最高性使它成为人类十分宝贵的自然地理资源，象征着人类追求最高、最强、最好的精神境界。

珠峰高程测定在地学研究中具有重要价值。珠峰之所以成为世界最高峰，是印度板块与欧亚板块相互作用的结果，珠峰地区是地球上地壳水平和垂直运动最激烈的地区之一。开展珠峰及邻近地区的大地测量，可以研究我国大陆周期性地震活动的原动力，对地震预报和防灾减灾具有重要意义。同时，精确的峰顶雪深、气象和风速等数据,可以为冰川监测、生态环境保护等方面的研究提供第一手资料。

一、中国的珠峰高程测量

新中国成立后,我国测绘工作者对珠峰进行过6次大规模的测绘和科考工作。

1966年、1968年我国两次对珠峰高程进行测定,建立了高水平、高质量的测量控制网,开展了三角、水准、天文、重力、物理测距、折光试验等测量工作。这两次测量未在峰顶树立测量觇标,也未测量峰顶冰雪厚度,高程未公布。

1975年,在前两次测量的基础上,科学考察队综合利用三角、导线、水准、天文、重力、三角高程、天文水准测量及温度垂直梯度的测量方法进行测量,首次将测量觇标矗立于珠峰之巅,并精确测得珠峰海拔高程为8 848.13 m。

1992年,中国测绘工作者与意大利登山队合作对珠峰高程进行复测,开展了平面控制测量、水准测量、天文重力测量,并在大本营、Ⅲ7点和珠峰峰顶用GPS接收机同步进行了珠峰交会测量。

1998年,中国测绘工作者与美国登山队合作对珠峰高程进行复测,开展了平面控制测量、水准测量、天文重力测量、GPS联测,珠峰交会测量由于美国登山队登顶失败未能进行觇标交会,只采用常规三角测量方法对珠峰峰顶进行了交会。

2005年,我国对珠峰高程进行复测,采用传统大地测量与卫星测量结合的技术方法,并首次在珠峰峰顶测量中利用冰雪雷达探测仪测量冰雪厚度,经过严密计算,获得珠峰峰顶岩石面海拔高程为8844.43 m。

2015年4月,尼泊尔发生8.1级大地震,对地球局部地区地表形状、地貌产生显著影响,珠峰高程有何变化,成为各国关注的科学问题。

2019年10月12—13日,习近平主席对尼泊尔进行国事访问期间,两国发布《中华人民共和国和尼泊尔联合声明》,提出:“考虑到珠穆朗玛峰是中尼两国友谊的永恒象征,双方愿推进气候变化、生态环境保护等方面合作。双方将共同宣布珠峰高程并开展科研合作。”

随后,中国自然资源部会同外交部、国家体育总局和西藏自治区人民政府全面启动了2020珠峰高程测量各项工作。自然资源部组织中国测绘科学研究院、陕西测绘地理信息局以及中国地质调查局等单位的精锐力量,编制了珠峰高程测量技术设计书和实施方案。曾合作开展1975年和2005年珠峰高程测量的两支英雄队伍——自然资源部第一大地测量队(以下简称“国测一大队”)和中国登山队,再次强强联手。

2020年5月6日,中国测量登山队第一次出征,因北坳冰壁有流雪危险而下撤;5月16日第二次出征,因超强气旋影响突降大雪,不得不再次下撤;5月27日凌晨2时,队员们从海拔8 300 m前进营地向峰顶突进,原计划6个多小时的路程,他们用了9个小时。历尽千难万险,队员们终于成功登顶。他们顾不上休息,争分夺秒地立起觇标,操作测绘仪器。峰顶天气说变就变,多待一分钟就多一分风险。但为了获取更多更可靠的数据,队员们连续工作了150分钟,创下了中国人在珠峰峰顶停留时间的最长纪录。5月27日11时,在珠峰大本营前线指挥部,中国测量登山队队长王勇峰手中紧握的对讲机里终于传来大家期盼的声音。珠峰高程测量登山队队长次落报告:“指挥部,队员全部登顶成功!”现场所有人都尽情欢呼,很多人流下了激动的泪水。

中尼联合技术委员会经过多轮技术会谈,共同咨询多位国际知名大地测量学家,最终商定:基于全球高程基准的定义和参数,联合地面重力、航空重力及其他数据建立珠峰高程起算面。同时,专门成立了高程基准工作组。双方技术专家提出了新的理论和方法,实现了两国多种类型观测数据的最优融合。计算结果显示,两国全球高程基准符合性好,为两国联合测定并公布精确的珠峰高程打下了牢固的“地基”。

在中尼两国专家的精诚合作下,珠峰高程的权威数据最终问世。

2020年12月8日,国家主席习近平同尼泊尔总统班达里互致信函,共同宣布珠穆朗玛峰最新高程为8 848.86 m。

二、2020珠峰测量的重大意义

珠峰高程测量是我国最先进测绘科技的集中展示。半个多世纪以来,我国测绘技术经历了从传统大地测量到综合现代大地测量的转变。2020 珠峰高程测量实现了国产仪器测量珠峰高程的重大突破,这也是我国现代化建设成就的一个缩影。

在 2020 珠峰高程测量,我国使用国产重力仪完成了人类首次在峰顶的重力测量,并首次在珠峰区域开展了航空重力和遥感综合调查。航空重力测量和峰顶重力测量让珠峰及其周边地区重力水准面精度比 2005 年提升了 1 倍,似大地水准面模型精度提升了 2 倍,并且实现了国产北斗定位装备首次登顶测量,充分发挥了北斗卫星导航系统的优势,提升了峰顶 GNSS 测量成果的精度;实现了北斗卫星导航系统在极寒、低压环境下高精度定位的应用。

此次珠峰高程测量的成果可用于地球动力学板块运动等领域的研究。精确的峰顶雪深、气象和风速等数据,将为冰川变化、生态环境保护等方面的研究提供第一手资料。

项目五

空中三角测量

项目描述

空中三角测量的目的可分为两个方面:一是用于地形测图的摄影测量加密;二是用于高精度摄影测量。空中三角测量是倾斜摄影测量建模的基础,是摄影测量核心算法之一,其精度对后期测绘产品的质量有至关重要的影响。本项目主要学习摄影测量的基本知识、空中三角测量的基本概念和作业流程、区域网空中三角测量、空中三角测量成果质量检查等。

项 目 目 标

- (1)掌握空中三角测量的概念、分类。
- (2)掌握空中三角测量的作业流程。
- (3)掌握区域网空中三角测量的思想。
- (4)熟悉解析空中三角测量软件界面。
- (5)能完成空中三角测量的技能操作。
- (6)熟悉无人机倾斜摄影空中三角测量成果质量检查及其内容。

任务一　空中三角测量相关理论基础

【任务准备】

1. 摄影测量常用坐标系

摄影测量解析的任务就是根据像片上像点的位置确定对应地面点的空间位置，需要选择适当的坐标系来描述像点和地面点，并通过坐标变换建立二者之间的数学关系。

摄影测量中的坐标系可分为两大类：一类是用于描述像点位置的像方空间坐标系；另一类是用于描述地面点位置的物方空间坐标系。

1)像方空间坐标系

像方空间坐标系用来表示像点的平面坐标和空间坐标。

Ⅰ. 像平面坐标系(*o-xy*)

在像平面上用以表示像点位置的坐标系称为像平面坐标系，其是右手直角坐标系。像平面坐标系以像主点 *o* 为原点，记作 *o-xy*。但实际应用中，常采用以框标连线交点为原点的右手平面坐标系 *p-xy*，称为框标坐标系，当像主点与框标连线交点不重合时，需要将框标坐标系平移至像主点，如图 5-1 所示。

若像主点在框标坐标系中的坐标为(x_0, y_0)，则像点框标坐标系中的坐标(x_p, y_p)可换算到以像主点为原点的像平面坐标系中的坐标(x, y)，其中 $x=x_p-x_0$, $y=y_p-y_0$。

Ⅱ. 像空间坐标系(*S-xyz*)

像空间坐标系是用来表示像点在像方空间位置的右手空间直角坐标系。像空间坐标系以摄影中心 *S* 为坐标原点，*x*, *y* 轴与像平面坐标系的 *x*, *y* 轴平行，*z* 轴与主光轴重合(*OS* 方向为正)，形成像空间右手直角坐标系 *S-xyz*，如图 5-2 所示。

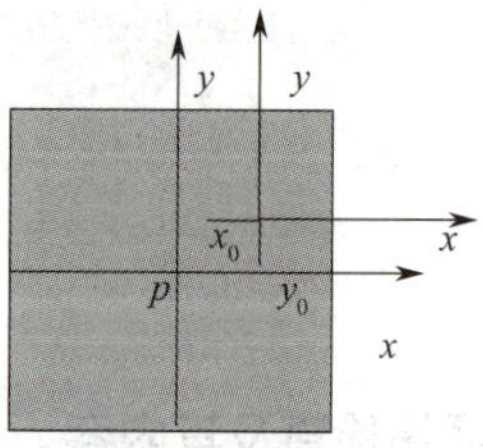

图 5-1　像平面坐标系

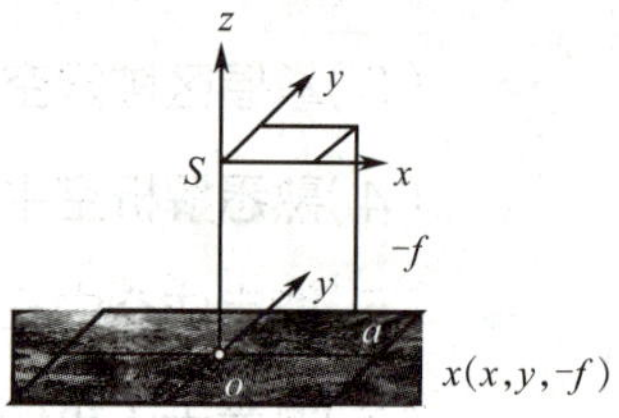

图 5-2　像空间坐标系

3)像空间辅助坐标系(*S-XYZ*)

像点的像空间坐标系可以直接由像平面坐标系求得，但由于各像片的像空间坐标系不统一，因此需要建立统一的坐标系，称为像空间辅助坐标系，用 *S-XYZ* 表示，如图 5-3 所示。此坐标系的坐标原点仍取摄影中心 *S*，坐标轴视实际情况而定，通常有三种选取方法：

(1)取铅垂方向为 *Z* 轴，航向为 *X* 轴，三轴构成右手直角坐标系；

(2)以每条航线的首影像的空间坐标系的三轴作为像空间辅助坐标系的三轴；

(3)以每个影像的左片摄影中心为坐标原点，摄影基线方向为 *X* 轴，以摄影基线及左片主光轴构成的

面为 XZ 平面，构成右手直角坐标系。

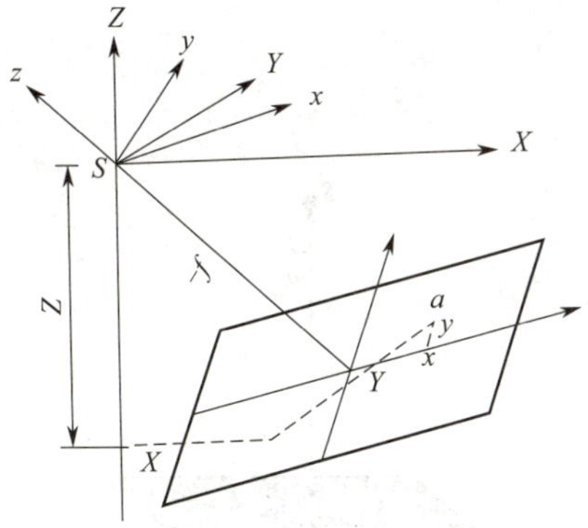

图 5-3　像空间辅助坐标系

2）物方空间坐标系

物方空间坐标系用于描述地面点在物方空间的位置，其有摄影测量坐标系、地面测量坐标系及地面摄影测量坐标系三种。

Ⅰ. 摄影测量坐标系（$O\text{-}XYZ$）

摄影测量坐标系简称摄测坐标系，其也是一种右手空间直角坐标系，用以表示模型空间中各点的相关位置。

将像对的像空间辅助坐标系沿 Z 轴延伸到地面某一点，做一个和像空间辅助坐标系平行的坐标系 $O\text{-}XYZ$，称为摄影测量坐标系，它是航带网中的一种统一的坐标系。由于它与像空间辅助坐标系平行，因此很容易由像点的空间辅助坐标求得相应面点的摄影测量坐标。

Ⅱ. 地面测量坐标系（$O_G\text{-}X_GY_GZ_G$）

地面测量坐标系通常是指大地坐标系（如 2000 国家大地坐标系，即 CGCS2000）下的高斯-克吕格 6° 或 3°（或任意带）投影的平面直角坐标与定义的从某一基准面（如 1985 国家高程基准）量起的高程组合而成的左手直角坐标系。

Ⅲ. 地面摄影测量坐标系（$O_T\text{-}X_TY_TZ_T$）

由于摄影测量坐标系采用的是右手直角坐标系，而地面测量坐标系采用的是左手直角坐标系，因此在测量坐标系与地面摄影测量坐标系之间建立一种过渡性的坐标系，称为地面摄影测量坐标系。其坐标原点在测区内的某一地面点上，X 轴为大致与航向一致的水平方向，Z 轴沿铅垂方向，三轴构成右手直角坐标系。

在摄影测量中，首先将地面点在像空间辅助坐标系中的坐标转化成地面摄影测量坐标，再转换为地面测量坐标。

2. 航摄像片的内外方位元素

描述摄像机（含航摄像片）姿态的参数称为方位元素。根据方位元素的作用不同，其可分为两类：一类用以确定投影中心对像片的相对位置，称为像片的内方位元素；另一类用以确定像片以及投影中心（或像空间坐标系）在物方空间坐标系（通常为地面摄影测量坐标系）中的方位，称为像片的外方位元素。

1）内方位元素

投影中心对航摄像片的相对位置称为像片的内方位，确定内方位的独立参数称为内方位元素。因此，反映摄影中心与像片之间相关位置的参数，称为航摄像片的内方位元素，包括 3 个参数，即摄影中心 S 到影像的主距 f 及像主点 o 在框标坐标系中的坐标（x_0,y_0）。

每条摄影光线在像空间坐标系中有一个确定的方向，这个方向可以用两个角度 w 和 φ 来表示，如图 5-4 所示。所以，内方位元素的作用在于表示摄影光束的形状，在投影的情况下，恢复内方位元素就是恢复光束的形状。且有：

$$\tan\omega=\frac{1}{f}\sqrt{x^2+y^2}$$

$$\tan\varphi=\frac{x}{y}$$

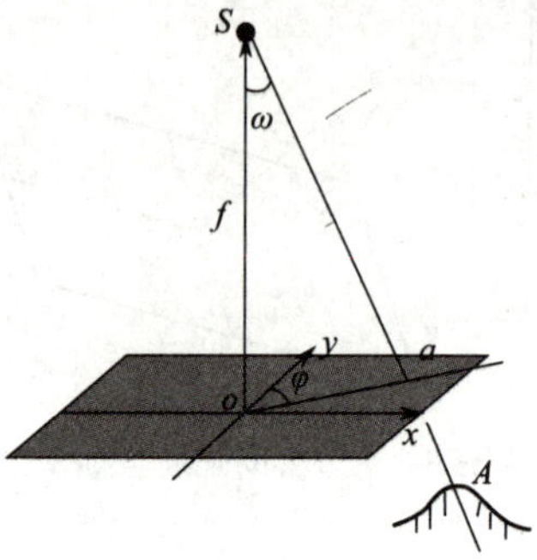

图 5-4　内方位元素

在航摄机的设计中，要求像主点与框标坐标系的原点重合。实际上，由于摄影机装配中的误差，两者不能完全重合。内方位元素值的正确与否，直接影响测图的精度，因此对航摄仪需要做定期检定。

2）外方位元素

在恢复了内方位元素（即恢复了摄影光束）的基础上，确定影像或摄影光束摄影瞬间在地面坐标系中的参数，称为外方位元素。一张影像的外方位元素包括 6 个参数，其中有 3 个是描述摄影中心 S 空间位置的坐标值，称为直线元素；另外 3 个是描述影像空间姿态的参数，称为角元素。

Ⅰ. 直线元素

3 个直线元素是指摄影瞬间摄影中心 S 在选择的地面摄影测量坐标系中的坐标值（X_S, Y_S, Z_S）。有了这 3 个直线元素，某航摄像片在摄影瞬间的空间位置即可确定。

Ⅱ. 角元素

3 个角元素是描述影像在摄影瞬间空间姿态的要素，其中两个角元素用以确定主光轴在空间的方向，另一个角元素用以确定影像在影像面内的方位。实际摄影时，摄影机的主光轴不可能铅垂，影像也不可能水平，此时认为摄影时的姿态是由理想姿态绕空间三个轴向（主轴、副轴、第三旋转轴）依次旋转三个角值后所得到的，这三个角值称为影像的三个外方位角元素。

（1）以 Y 轴为主轴的转角 φ、ω、κ 系统（图 5-5），三个外方位角元素角值可定义如下。

航向倾角 φ：主光轴 SO 在 S-XZ 平面上的投影与坐标轴 Z 间的夹角。

旁向倾角 ω：主光轴 SO 在 S-YZ 平面上的投影与坐标轴 Z 间的夹角。

影像倾角 κ：Y 轴投影到影像平面内，其投影与影像平面坐标系的 y 轴的夹角。

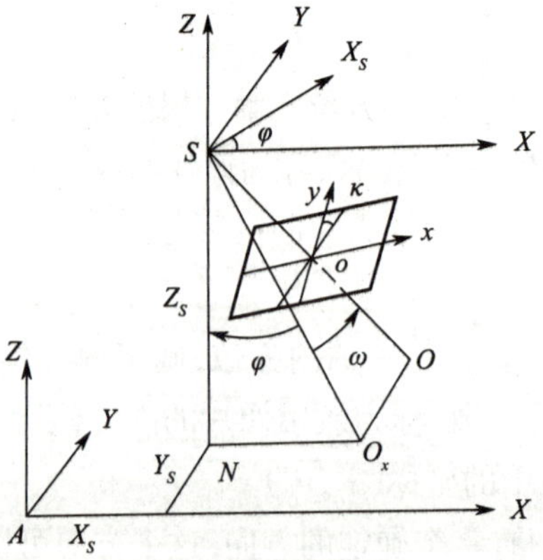

图 5-5　φ-ω-κ 转角系统

(2)以 X 轴为主轴的转角 ω'、φ'、κ' 系统(图 5-6),三个外方位元素角值可定义如下。

首先将主光轴 SO 投影在 S-YZ 平面内得到 SO_y。

旁向倾角 ω':SO_y 与 Z 轴的夹角。

航向倾角 φ':SO_y 与 SO 轴的夹角。

影像倾角 κ':将 X 轴投影到影像平面内,其投影与影像平面坐标系的 x 轴的夹角。

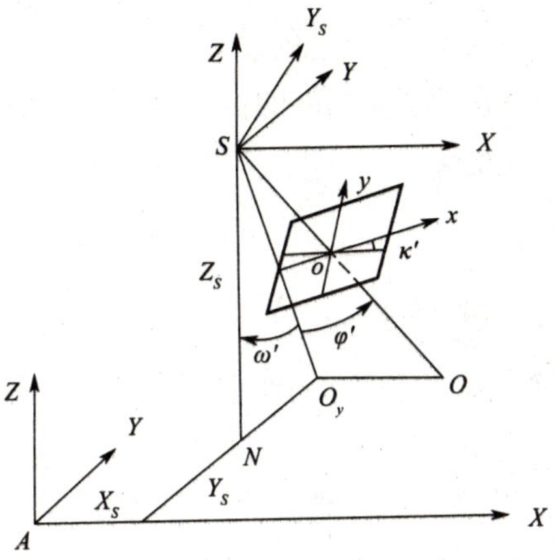

图 5-6　ω'-φ'-κ' 系统

(3)以 Z 轴为主轴的转角 A、α、κ 系统(图 5-7)。其中,A 表示主光轴 SO 和铅垂线 SN 所确定的主垂面 W 的方向角,即摄影方向线 NO 与 Y 轴的夹角;α 表示影像倾角,指主光轴 SO 与铅垂线的夹角;κ 表示影像旋角。

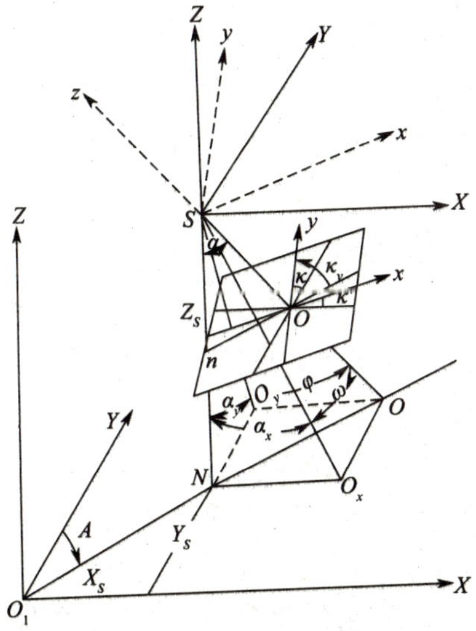

图 5-7　A-α-κ 转角系统

在解析摄影测量和数字摄影测量中,采用 φ、ω、κ。

3. 共线条件方程

在理想情况下,摄影瞬间的像点、投影中心、物点位于同一条直线上,描述这 3 点共线的数学表达式称为共线条件方程,即

$$x=-f\frac{a_1(X_A-X_S)+b_1(Y_A-Y_S)+c_1(Z_A-Z_S)}{a_3(X_A-X_S)+b_3(Y_A-Y_S)+c_3(Z_A-Z_S)}$$

$$y=-f\frac{a_2(X_A-X_S)+b_2(Y_A-Y_S)+c_2(Z_A-Z_S)}{a_3(X_A-X_S)+b_3(Y_A-Y_S)+c_3(Z_A-Z_S)}$$

式中　x,y——像点的像平面坐标；

f——影像的内方位元素；

X_S,Y_S,Z_S——摄站点的物方空间坐标；

X_A,Y_A,Z_A——物方点的物方空间坐标；

a_i、b_i、c_i（i=1,2,3）——影像的3个外方位角元素组成的9个方向余弦。

4. 单像空间后方交会

利用一定数量的地面控制点空间坐标以及相应的像点坐标，根据共线条件方程，可以反求像片6个外方位元素，这种方法称为单像空间后方交会。

5. 航摄像对基本理论

1）航摄像对

从两个相邻航摄站对同一地区所摄取的，具有一定重叠度的两张像片称为航摄像对，也称立体像对。

2）特征点与同名点

特征点是指在无人机获取的影像中图像灰度值发生剧烈变化的点或者图像边缘上曲率较大的点（即两个边缘的交点）。特征点通常是一些测区范围内的明显地物点、地物角点、交叉点以及在航片中色彩（灰度值）发生明显变化的点位。影像特征点能够反映影像的本质特征，能够标识影像中的目标物体，通过特征点匹配能够完成影像之间的匹配，进而进行影像拼接。

同名点即同名像点，是同一地物点在不同影像上构成的像点。立体像对重叠范围内左、右像片上同一物点所构成的像点称为同名像点。

3）航摄像对空间前方交会

在摄影测量中，应用单像空间后方交会求得外方位元素后，仅靠单张像片仍无法确定地面点的三维坐标，因为单张像片只能确定出一条经过投影中心连向地面的方向线，而使用立体像对上的同名像点可以得到两条同名光线，两条同名光线在空间上一定相交，其交点即为地面点的准确位置。如果已知立体像对两张像片的内、外方位元素，利用左、右像片上的同名像点坐标 $a_1(x_1, y_1)$与 $a_2(x_2, y_2)$可分别列出2组共线条件方程，一共可以列出4个方程式，就可以解算出对应地面点的三维坐标。这种由立体像对中两张像片的内、外方位元素和同名像点的坐标来确定相应地面点坐标的方法称为航摄像对空间前方交会。

4）相对定向元素与绝对定向元素

在立体摄影测量中，要建立一个与实地完全相似的立体几何模型，必须依靠立体像对；要恢复、确定一个像对的两张像片在摄影瞬间的空间位置与姿态，必须知道该像对左、右两张像片的外方位元素。一张像片有6个外方位元素，一个立体像对共有12个外方位元素，即可确定立体像对在物方空间对于所摄物体的位置关系，也就是可基于同名光线成对相交解算出每个像点所对应地面点的三维坐标，从而构建出与实地完全一致的三维立体环境。

确定一个立体像对的两张像片相对位置关系所需要的元素，称为相对定向元素。一个立体像对有5个相对定向元素。较为常用的相对定向元素表达形式是连续像对相对定向元素，以左像片像空间坐标系为基准，确定右像片相对于左像片的相对方位。这种相对定向元素能够连续地恢复相邻或一条航线上所有投影光束之间的相对方位，通过同名光线相交可以构建出整个区域与实地相似的立体几何模型。

确定立体几何模型在地面摄影测量坐标系中的正确方位和比例尺所需的元素，称为立体像对的绝对定向元素。立体几何模型的绝对定向元素有7个。

6. 空中三角测量基本原理

传统摄影测量中的空中三角测量的目的是通过少量外业控制点解析出测图所需的基本定向点坐标，同时获取每张影像的外方位元素，从而为内业测图建立模型做准备。而现在摄影测量中空中三角测量的目的在传统内容的基础上进行了扩展，其产品包含快速拼接图、数字表面模型及数字正射影像图等。空中三角测量是摄影测量内业工作的重要步骤，也是后期进行数据处理的重要保障，空中三角测量的成果直接影响整个内业成果的质量。

1）空中三角测量的定义

空中三角测量（简称空三）是指航空摄影测量中利用像片内在的几何特性，在室内加密控制点的方法。即利用连续摄取的具有一定重叠的航摄像片，依据少量野外控制点，以摄影测量方法建立与实地相应的航线模型或区域网模型，从而获取加密点的平面坐标和高程，主要用于测绘地形图。

在空中三角测量过程中需要加入一些连接点，连接点的作用是将影像相互连接到一起，当空中三角测量完成后，这些连接点的地面坐标被求解出来，从而变为已知的影像位置和坐标的点，因此在后续的生产中可以当作控制点使用。这些通过空中三角测量处理的控制点称为加密点，通过空中三角测量可以节省大量的外业控制工作，对摄影测量作业有非常重要的作用。

2）空中三角测量的优点

（1）不触及被量测目标即可测定其位置和几何形状。

（2）可快速地在大范围内同时进行点位测定，以节省野外测量工作量。

（3）不受通视条件限制。

（4）区域内部精度均匀，且不受区域大小限制。

3）空中三角测量的分类

空中三角测量按平差模型可分为航带法、独立模型法（单模型定向）和光束法。

（1）在航带法中，空中三角测量是以航带为单位把许多立体像对所构成的单个模型连接成航带，然后以一个航带模型为单元进行解析处理。

（2）在独立模型法中，空中三角测量是以一个立体模型为一个平差单元，利用模型间的公共点通过单元模型空间相似变换连成一个区域进行平差。

（3）在光束法中，空中三角测量是以一幅影像所组成的一束光线为基本单元，以共线条件方程为平差的基础方程，使公共点的光线实现最佳交会，并使整个区域最佳地纳入已知的控制点坐标系。

该三种方法的精度依次提高，但计算量也依次增大。航带法所解求的未知数少，计算方便、快速，但是不如光束法和独立模型法严密，因此主要用于为光束法提供初始值和低精度的坐标加密；独立模型法理论较严密，精度较高，未知数、计算量和计算速度介于光束法和航带法之间；光束法理论最为严密，加密成果的精度较高，但需要解求的未知数多，计算量大，计算速度较慢。当前高精度空中三角测量的加密普遍都是采用光束法区域空中三角测量方法。低空无人机摄影测量常用的平差方法也属于传统的光束法平差手段。

任务二　区域网法空中三角测量

【任务导入】

空中三角测量的核心内容是通过控制点或高精度的 POS 数据将模型点坐标纳入统一的测量坐标系并进行整体平差,从而求得加密点坐标及每张影像的方位元素。本任务主要介绍区域网法空中三角测量的基本概念和区域网平差所涉及的基本理论及方法等。通过学习,掌握光束法平差的基本方法,能熟练应用空三软件完成空中三角测量生产,能独立胜任空中三角测量的具体工作,并为倾斜摄影测量建模做准备。

【任务准备】

区域网法空中三角测量是在单航线解析空中三角测量的基础上发展起来的一种多航线室内加密控制点的方法。区域网依其所采用的平差单元不同可分为航带法区域网平差、独立模型法区域网平差和光束法区域网平差三种。

1. 航带法区域网平差

航线法区域网平差是以航线网作为平差中基本单元的平差方法,是空三加密方法的基础。它是利用一条航带内各立体模型的内在几何关系,建立自由航带网模型,然后根据控制点条件,按最小二乘法原理进行平差,并清除航带模型的系统变形,从而求得各加密点的地面坐标的空三加密方法。

2. 独立模型法区域网平差

独立模型法区域网平差是以构成的每一个单元模型为一个独立单元,每个单元都被视为一个整体,利用模型间公共点做平移、缩放和旋转,使各单元模型在整个区域内处于最或是位置,最终对整体模型进行绝对定向及平差解算。

3. 光束法网平差

光束法区域网平差是以一张像片组成的一束光线为平差的基本单元,是以中心投影的共线方程为平差的数学模型,以相邻片公共交会点坐标相等,控制点的内业坐标与已知的外业坐标相等为条件,列出控制点和加密点的误差方程式,进行全区域的统一的平差计算,解求出每张像片的外方位元素和加密点的地面坐标。如图 5-8 所示。

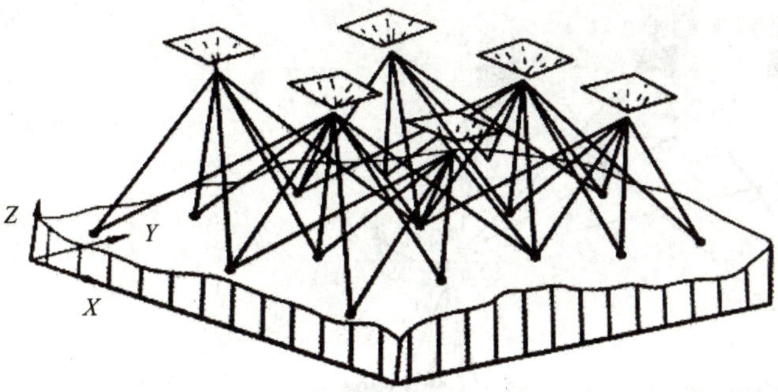

图 5-8　光速法解析空中三角测量

1)光束区域网平差主要内容

光束法区域网平差的主要内容如下。

(1)确定各影像外方位元素和地面点坐标近似值。

(2)从每幅影像上的控制点和待定点的像点坐标出发,按每条光线的共线条件方程列出误差方程式。

(3)逐点法化建立改化法方程,按循环分块的方法求解其中的一类未知数,通常是先求得每幅影像的外方位元素。

(4)利用空间前方交会求得待定点的地面坐标,对于像片公共连接点取其均值作为最后成果。光束法区域网平差以像点坐标为观测值,理论严密但对原始数据的系统误差十分敏感,只有在较好地预先消除像点坐标系统误差后,才能得到理想的加密成果。基于无人机拍摄的影像要消除畸变差的目的,消除影像上像点坐标的系统误差。

对于目前全自动处理的空三软件,一般是利用影像自动匹配出航向和旁向的像点,将全区域中各航带网纳入到比例尺统一的坐标系统中,拼成一个松散的区域网,确认每张像片的外方位元素和地面点坐标的概略位置,然后根据外业控制点,逐点建立误差方程式和改化法方程式,求解出每张像片的外方位元素和加密点的地面坐标。

这三种区域网平差方法各有优缺点,光束法区域网平差的理论严密,加密精度高,其次是独立模型法区域网平差。这两种平差方法对计算机容量要求都很大,计算时间也较长。航线法区域网平差在理论上不如上述两种方法严密,而且区域网每条航线不能过长,但它具有存贮容量要求不大计算时间短等优点。当前高精度空中三角测量的加密普遍都是采用光束法区域空中三角测量方法。低空无人机影像常用的平差方法也属于传统的光束法平差手段。

4. GNSS/POS 辅助空中三角测量

1)GNSS 辅助空中三角测量

GNSS 辅助空中三角测量技术是高精度 GNSS 动态差分定位测量与航空摄影测量的有机结合。如图 5-9 所示,在航空摄影仪上安设一台卫星导航信号接收机,并用一定方式将它与航摄仪相连接。在航摄仪对地摄影的同时,GNSS 接收机连续接收卫星信号,并精确记录每一个曝光时刻经离线 GNSS 差分载波相位动态定位处理后,获取航摄仪曝光时刻摄站的坐标,按要求变换成摄区的实用坐标,然后进行区域网联合平差。GNSS 辅助空中三角测量作为辅助数据应用于光束法区域网平差中,可以节省大量地面控制点的测量。

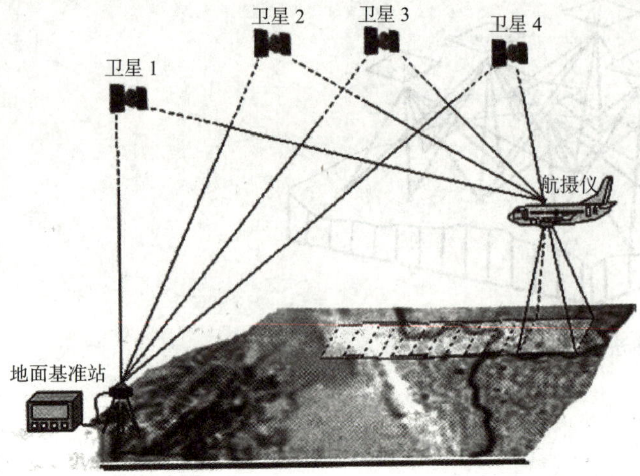

图 5-9　GNSS 辅助空中三角测量系统

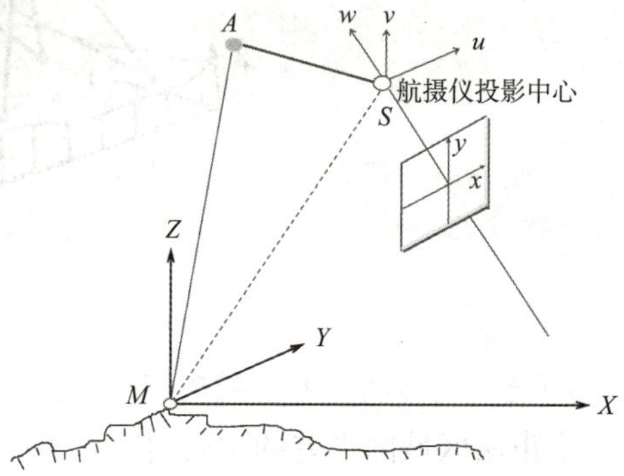

图 5-10　GNSS 辅助空中三角测量的原理示意图

GNSS 辅助空中三角测量的原理如图 5-10 所示，A 点为 GNSS 设站中心，S 点为航摄仪投影中心，在光束法区域网平差中所解算的外方位元素，即 S 点在地面坐标系中的三维坐标以及三个姿态。由于需要将机载 GNSS 天线测得的坐标和天线相位中心 A 转换为 S 所在的坐标系中，因此涉及两个空间直角坐标系的点的转化问题。

一般用 X_A、Y_A、Z_A 表示 GNSS 天线相位中心所在的位置，天线相位中心到投影中空间的矢量偏移分量，在理想状态下为 u_A、v_A、w_A，即飞机趋于水平状态 。当像片发生姿态变化，$\boldsymbol{R}$ 为像片姿态所组成的旋转矩阵，而 X_S、Y_S、Z_S 为所求解的像片的外方位元素。由此，可列出天线相位中心 A 点由 GNSS 数据获得的大地坐标线性观测值的误差方程，将其与常规的光束法区域网空中三角测量的误差方程联立，可整体解求所有未知数。且有

$$\begin{bmatrix} X_A \\ Y_A \\ Z_A \end{bmatrix} = \boldsymbol{R} \begin{bmatrix} u \\ v \\ w \end{bmatrix} + \begin{bmatrix} X_S \\ Y_S \\ Z_S \end{bmatrix}$$

由于 GNSS 动态定位所获取的摄站坐标还不可能完全达到空中三角测量所需要的控制点的精度要求，GNSS 辅助光束法区域网平差是将由 GNSS 载波相位测量差分定位技术所获取的航摄仪曝光时刻的摄站三维坐标视为附加观测值引入自检校光束法区域网平差中，经采用统一的数学模型和算法来整体确定目标点位的一种联合平差方法。

2）POS 辅助空中三角测量

POS（Position and Orientation System，定位定向系统）是基于全球导航卫星系统（GNSS）和惯性测量装置（IMU）的可直接测定影像外方位元素的现代导航定位系统，可用于在无地面控制或仅有少量地面控制点情况下的定位和影像获取。

POS 系统由 IMU、GNSS 接收机、主控计算机系统（PCS）以及相应的后处理软件（POSPacTM）四部分组成，可以在传感器成像过程中实时测量其位置和姿态，高精度 POS 可以直接获取拍摄瞬间每张影像的外方位元素，这样就没有必要再通过外业控制点来求影像的外方位元素，即实现了免像控。

如图 5-11 所示航摄仪示意图，在相机的旁边安装一个 IMU，在顶部装置 GNSS 天线，由此集成的系统在航空摄影测量中称为多传感器集成系统。它的优点是在相机得到像片的同时，由 IMU 得到相机在空中的姿态，由 GNSS 得到投影中心的位置。即在得到像片的同时，还得到像片的 6 个外方位元素。但由于安装 IMU 的质心不是相机的质心，且不可量测，所以 IMU 所测得的姿态角不等于航空摄影测量像片所需要的姿态，两个坐标系存在夹角，称为视准轴误差。POS 辅助航摄需要设置检校场，在飞行前后飞过检校场辅

助定位，需要通过严格检校的方法才能使用。

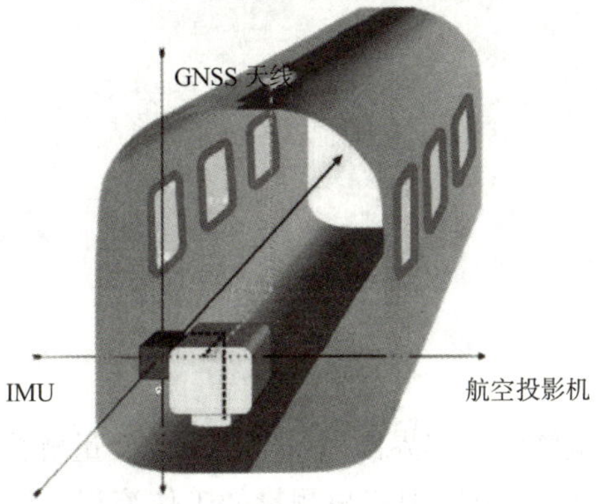

图 5-11 航摄仪示意图

【任务实施】

利用 POS 数据，基于光束法平差区域网平差的数学模型，根据有无外业控制点数据及控制点数据所占的权重，光束法平差可分为自由网平差、控制网平差和联合平差。

自由网平差可以简单理解成所有匹配点的像点坐标一起进行平差，其中像点坐标等权观测。

其实现过程如下。

①根据影像匹配构网生成的像片外方位元素和地面点坐标的近似值。

②建立误差方程和改化方程。

③依据最小二乘准则，解算出每张外方位元素和待定点地面坐标。

④根据平差后解算出的外方位元素和待定点的地面坐标，可以反算出每个物点对应像点坐标，求得像点残差。

⑤给定像点残差阈值，将大于该阈值的像点全部删除后，继续建立误差方程和改化方程进行平差解算，以此循环迭代直到像点残差阈值满足一定的要求。

由于无人机低空航摄系统的各个特点，其航摄获得的影像资料存在像幅小、像对多、基线短、旋偏角较大、姿态不稳定、重叠度不规则等问题，因此在自由网平差中阈值的限定要求也相应的扩大。参照《低空数字航空摄影测量内业规范》的要求：最大残差应不超过 3/3 个像素，中间误差为 2/3 个像素。

控制网平差可以理解成将控制点和匹配点的像点坐标一起进行平差，但是控制网平差中的像点坐标不是等权观测，会对控制点进行权重的设置。其实现过程和自由网平差类似，对于阈值的要求也是根据自由网平差中国家规定的要求，可查询《数字航空摄影测量 空中三角测量规范》（GB/T 23236—2009）、《低空数字航空摄影测量内业规范》（CH/Z 3003—2010）。因为残差是根据成图比例尺来确定，不同的成图比例尺要求的控制点残差也不一样。

在实际生产中，自由网平差是整个空三流程中必不可少的一步，需要对所有的像点进行平差剔除；而控制网平差是根据实际生产中是否提供外业控制点资料以及是否按控制点方式进行空中三角测量，当引入控制点时才需要进行控制网平差，剔除粗差点，控制网平差的解算方式是目前国内加密方式应用最为广泛的。

联合平差为以上两种观测平差方法一起进行平差。在光束法空三加密中，则是 POS 与控制点一起进行平差。根据 POS 和控制点在平差过程中所占的权联合平差，又可分为 POS+控制点和控制点+POS 两种方式。联合平差在实际生产中很少得到充分利用。

任务三　空中三角测量生产

【任务导入】

本任务主要介绍空中三角测量软件基本界面以及空中三角测量解算的基本流程，同时以 Smart3D 软件平台实施空中三角测量。通过学习，掌握空中三角测量的工作流程，掌握空中三角测量成果检验精度要求和方法。

【任务准备】

空中三角测量的作业流程主要包括准备工作、内定向、相对定向、绝对定向、区域网平差技术、成果上交等主要环节，如图 5-12 所示。

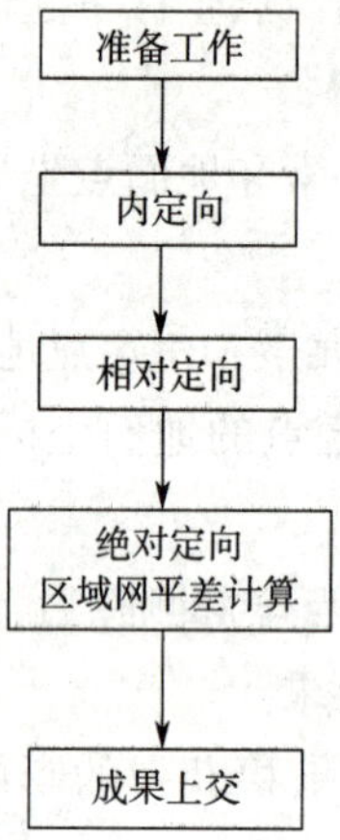

图 5-12　空中三角测量作业流程

1. 准备工作

准备工作主要是项目原始资料整理，建立项目整理航片，具体包括：

（1）像片数据；

（2）POS 数据；

（3）相机检校报告，包括焦距、传感器尺寸、像素大小、像幅等；

（4）控制测量成果，包括测区基础控制资料、像片控制测量的全部成果资料及技术设计书、控制点坐标及点之记等；

（5）航摄资料。

2. 内定向

数字影像的坐标系是扫描坐标系，摄影测量解析计算需要的是以像主点为原点的像平面坐标系中的像点坐标，此时需要确定扫描坐标系和像平面坐标系之间的关系，将像点的像素坐标转换为其对应的像平面坐标，这个过程称为数字影像内定向。

内定向精度要求为 1/3~1/2 像素。

3. 相对定向

通过一定手段恢复或确定摄影时像对的两张像片之间相对位置的工作，称为相对定向。相对定向的目的就是使同名光线对对相交，建立一个与实地相似的立体几何模型。

确定一张航摄像片在地面坐标系中的方位，需要获得 6 个外方位元素，即摄站的 3 个坐标和确定摄影光束空间姿态的 3 个角元素。因此，确定 1 个立体像对的 2 张像片在该坐标系中的方位需要 12 个元素，恢复立体像对中 2 张像片的 12 个元素，即能恢复其绝对位置和姿态。在摄影测量的生产作业中，相对定向元素与像空间辅助坐标系的选择有关，对于不同的像空间辅助坐标系，相对定向元素可以有不同的选择。

相对定向精度要求见表 5-1。

表 5-1　相对定向精度要求

影像类型	连接点上下视差中误差	连接点上下视差最大残差
数码航摄仪获取的影像	1/3 像素	2/3 像素

在《数字航空摄影测量空中三角测量规范》中，对相对定向中像片连接点数量和误差有明确的规定，但在《倾斜数字摄影测量技术规程》空中三角测量没有相对定向的信息，单个连接点的精度指标也未体现。空中三角测量精度以区域网平差后加密点的精度来衡量。加密点对最近野外控制点的平面位置误差和高程中误差参照《倾斜数字摄影测量技术规程》规定。加密点的中误差采用检查点（多余像片控制点，不参与平差）的中误差进行估算。

4. 绝对定向与区域网平差计算

相对定向后建立的立体模型是相对于摄影测量坐标系的，地面坐标系中的方位是未知的，比例尺也是任意的。若想知道模型中某点相应的地面点的地面坐标，就必须对所建立的模型进行绝对定向，即确定模型在地面坐标系中的正确方位及比例尺因子。立体像对共有 12 个外方位元素，由相对定向求得 5 个元素后，待求解的绝对定向元素应有 7 个。求解这 7 个元素的过程实质上是将立体模型的坐标通过平移、旋转、缩放纳入测量坐标系。区域网平差技术即设置必要参数和控制条件，反复平差解算，剔除粗差，修改误差，直到满足精度要求。区域网平差计算结束后，基本定向点残差、检查点误差、区域网间公共点较差最大限值不大于《倾斜数字摄影测量技术规程》中的相关限差规定。

5. 成果上交

空中三角测量成果按照以下内容整理并提交：

（1）相机参数文件或检校报告；

（2）原始影像；

（3）像片外方位元素；

（4）畸变纠正后影像；

（5）测图定向像片坐标和大地坐标；

（6）测区加密分区图；

（7）空三加密报告；

(8)空三加密成果文件(.xml);

(9)其他相关资料。

【任务实施】

1. 数据准备

本任务采用 Smart3D 2023 版本软件,以某地区航摄五镜头数据为例进行实景三维模型制作流程的学习,相关数据信息见表 5-2。

表 5-2　相关数据信息

航飞数据	430 张,格式.jpg
POS 坐标系	WGS 84
传感器	DJI
分辨率	3 cm
控制点数量	6 个

2. 新建工程

启动 Smart3D Master 主程序(图 5-13),依次点击“文件”→“新建工程”命令,或直接点击“新建工程”图标,在弹出的“新建工程”对话框中设置工程名称,确定工程路径和任务队列路径,所有路径均支持中文字符,最后点击“确认”,如图 5-14 所示。

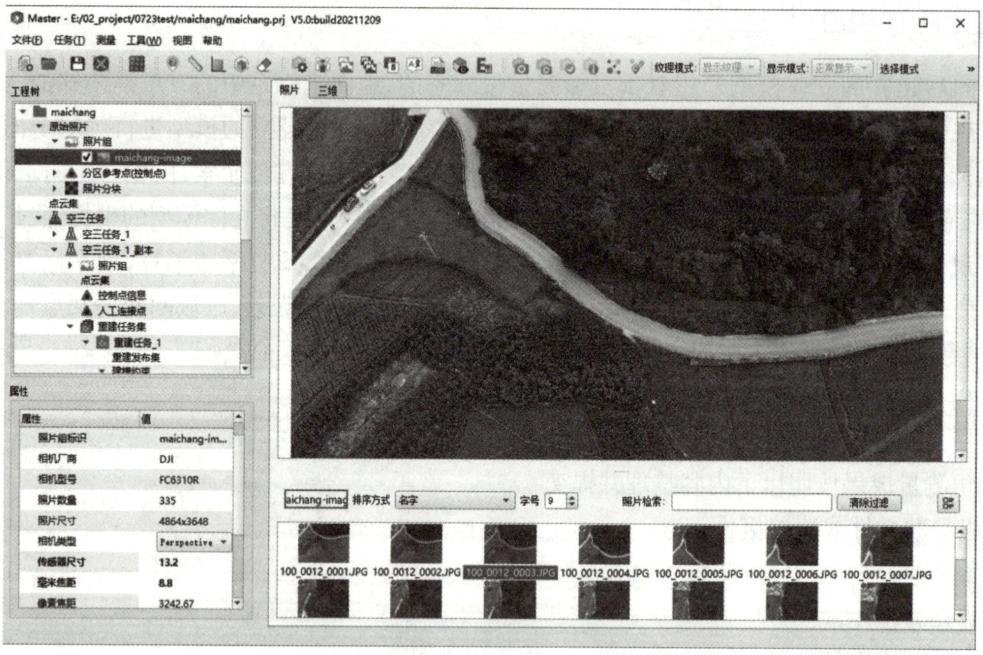

图 5-13　Smart3D Master 主界面

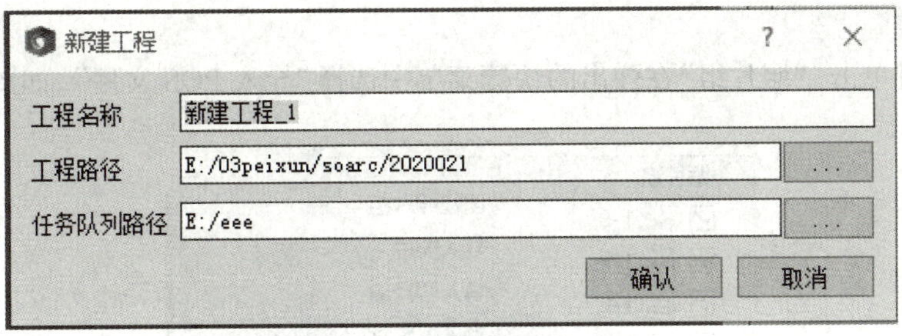

图 5-14　设置工程名称及路径

具体说明如下。

（1）工程名称：一个工程名称代表一个工程，仅包含一组数据，可提交多个空三任务集重建任务，支持保存工程及导入空三操作。

（2）任务队列：软件存放运行任务及引擎，获取运行任务的文件目录，占用空间小，但对磁盘读写速度较高，默认存放于 C 盘，建议存放于固态盘；若需要集群运算，则需要将该文件夹指定到共享磁盘。

（3）照片组：瞰景 Smart3D 软件提供创建照片组和照片、照片组及 POS 数据导入的接口，照片组支持编辑影像外方位参数及相机内方位参数。

（4）空三任务：创建空三任务，经过解算后可刺加控制点，平差过后可查看空三报告。

（5）重建任务：空三解算成功后，创建重建任务，软件将自动生成带真实纹理的三维网格模型。

3. 影像加载

新建工程完成后，需导入影像、POS 文件及相机参数等。Smart3D 提供了三种方式导入原始数据，分别为导入照片、导入 xml 空三文件及导入 Excel 表格。其中，在导入照片过程中将对原始影像执行影像检查和缩略图生成步骤，因此导入时间较长，但可避免影像损坏或路径访问不到等问题；而导入 xml 空三文件及导入 Excel 表格的方式虽然快捷，但无法保证导入数据的正确性，在空三之前需手动对原始照片进行检查。

1）导入照片

在工程树下，右键单击“照片组”，在弹出的快捷菜单中选择“导入照片”或“导入照片组”，这里选择“导入照片组”，如图 5-15 所示。相关说明如下。

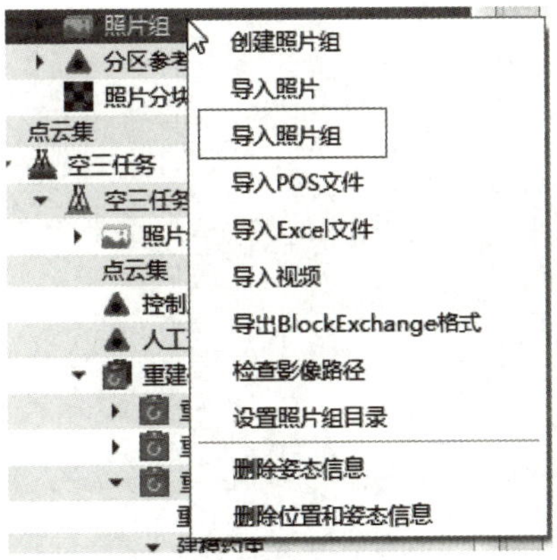

图 5-15　选择“导入照片组”

（1）创建照片组：创建一个新的照片组。

（2）导入照片：导入时选择单个或多个影像文件。

（3）导入照片组：导入时选择影像所在总文件夹。

2)导入 POS 文件

在工程树下,右键单击,“照片组”在弹出的快捷菜单中选择“导入 POS 文件”,如图 5-16 所示。

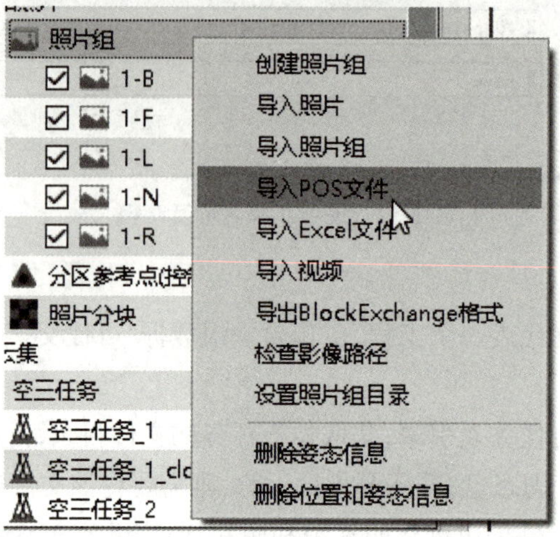

图 5-16 选择“导入 POS 文件”

Smart 3D 软件提供了两种导入 POS 文件的方式:若只有一个 POS 文件包含所有的位置信息,选择包含所有照片组的 POS 文件(要求 POS 文件内照片名称没有重复);若每个照片组有单独的 POS 文件,为每个照片组选择 POS 文件,如图 5-17 所示。选择分隔符,对表格分列,查看文件是否有需要跳过的行,若没有则忽略文本行选 0。

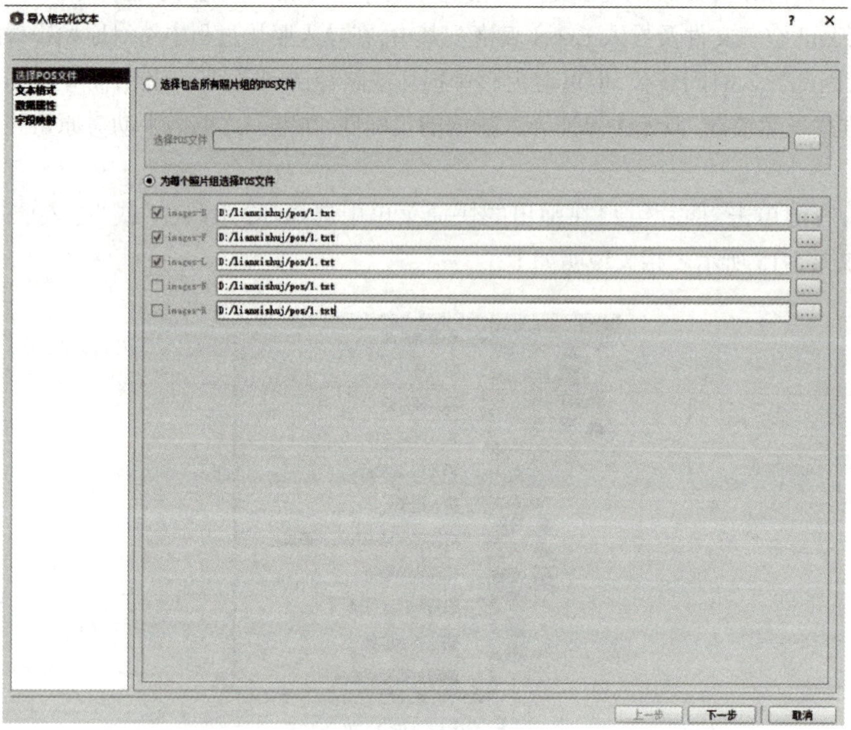

图 5-17 导入格式文本

选择 POS 文件的坐标系,根据实际 POS 文件的坐标选择,默认 WGS 84 坐标系,如图 5-18 所示。若 POS 文件有姿态信息,需勾选“导入相机姿态信息”,并选择对应的角度格式;若无姿态信息,则无须勾选。通常无人机数据仅采用位置信息,不使用姿态信息。

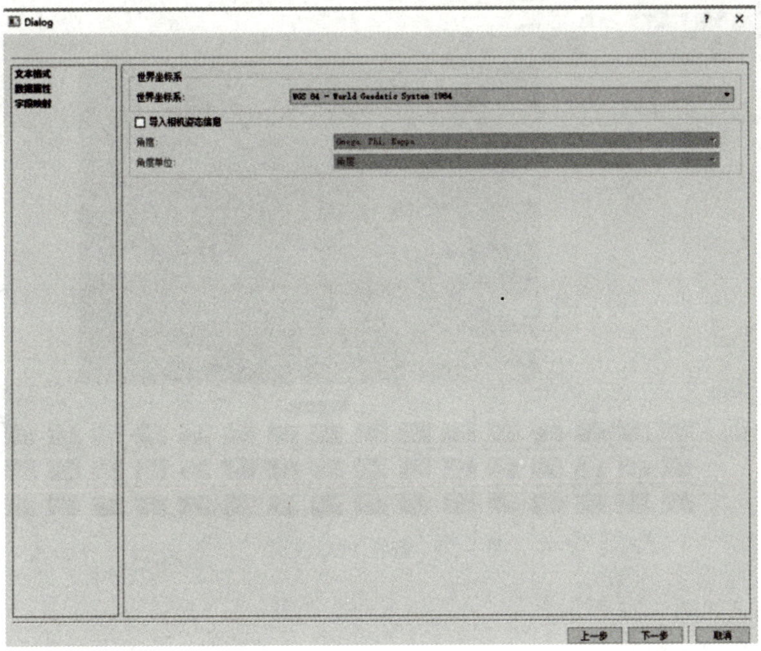

图 5-18　选择 POS 文件坐标系

给每一列分配字段，注意分配的时候不要颠倒顺序，分配结果如图 5-19 所示。

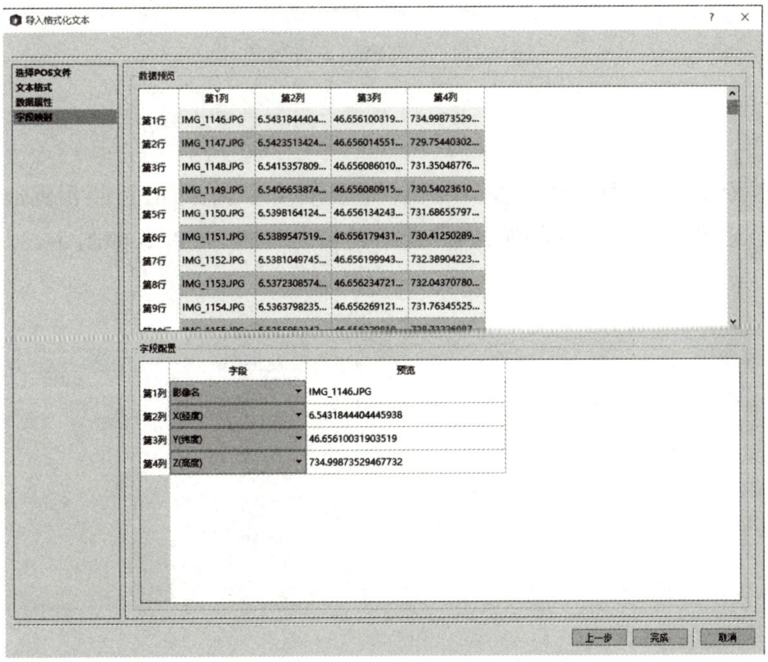

图 5-19　字段分配结果

导入 POS 文件后，可在 Smart 3D 软件中进行查看，点击图 5-20 中方框处图标可进行切换。

图 5-20　查看 POS 文件

导入 POS 文件信息如图 5-21 所示。

	标识(ID)	名称	相机厂商	相机型号	毫米焦距	输入的位置和姿态	解算的位置和姿态
1	335	DSC00164.JPG	SONY	ILCE-5100	20.00000000	经度(X):112.86,纬度(Y):23.3242,高度(Z):127.78;	无
2	336	DSC00165.JPG	SONY	ILCE-5100	20.00000000	经度(X):112.86,纬度(Y):23.3243,高度(Z):128.11;	无
3	337	DSC00166.JPG	SONY	ILCE-5100	20.00000000	经度(X):112.86,纬度(Y):23.3245,高度(Z):128.23;	无
4	338	DSC00167.JPG	SONY	ILCE-5100	20.00000000	经度(X):112.86,纬度(Y):23.3247,高度(Z):128.41;	无
5	339	DSC00168.JPG	SONY	ILCE-5100	20.00000000	经度(X):112.86,纬度(Y):23.3248,高度(Z):128.58;	无
6	340	DSC00169.JPG	SONY	ILCE-5100	20.00000000	经度(X):112.86,纬度(Y):23.325,高度(Z):128.85;	无

图 5-21　导入 POS 文件信息

3)导入相机参数

在工具栏中找到相机设置图标并点击添加，按照相机报告上的参数，依次填入，一般需要填写焦距，其他参数会自动补充，如带有相机参数，则无须导入，如图 5-22 所示。

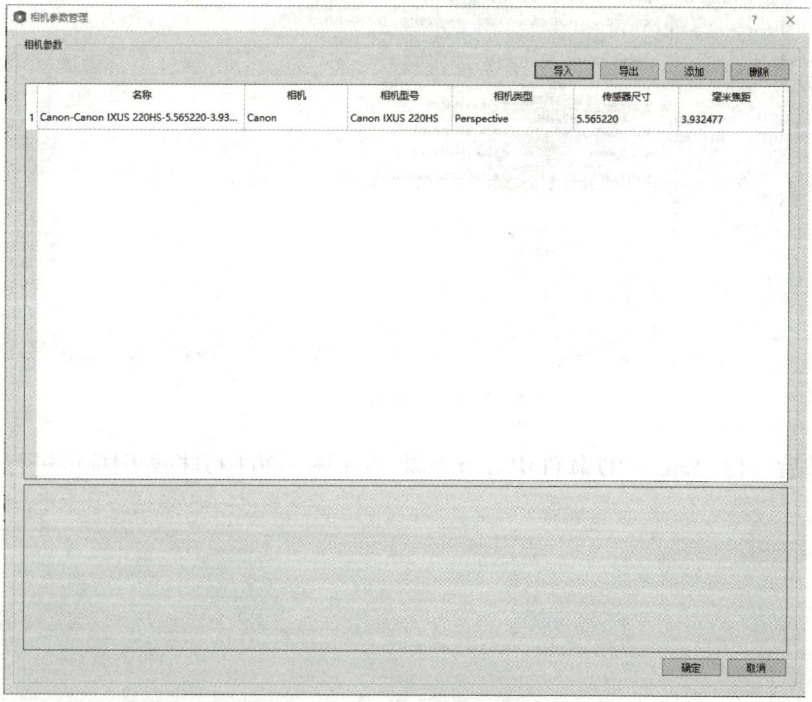

图 5-22　导入相机参数

如果某次软件计算完成后的相机参数需要保存，以便下次使用，需在对应的照片组上单击右键，在弹出的快捷菜单中选择“添加相机模型到相机库”即可，如图 5-23 所示。

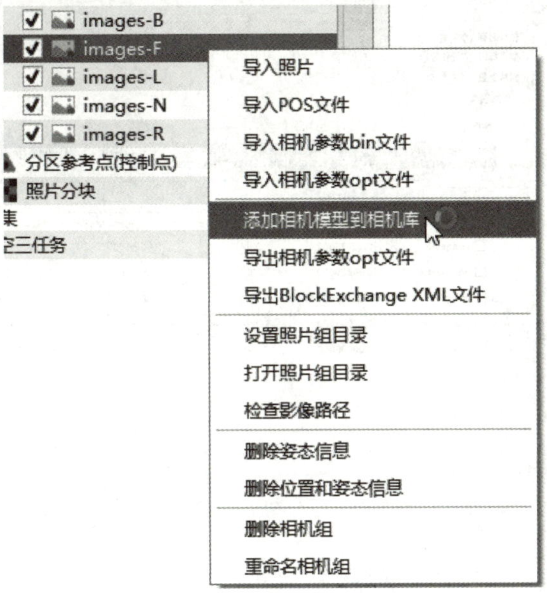

图 5-23　保存相机参数

4)检查影像路径

检查影像路径支持两种模式：一是只检查影像是否存在，检查较快，无法检查影像是否完好；二是检查影像是否完好，用于检查影像是否损坏，检查速度较慢，如图 5-24 所示。

若检查出影像是无效路径或已损坏，可在报告中一键删除，或打开路径管理器后，修改正确的路径。

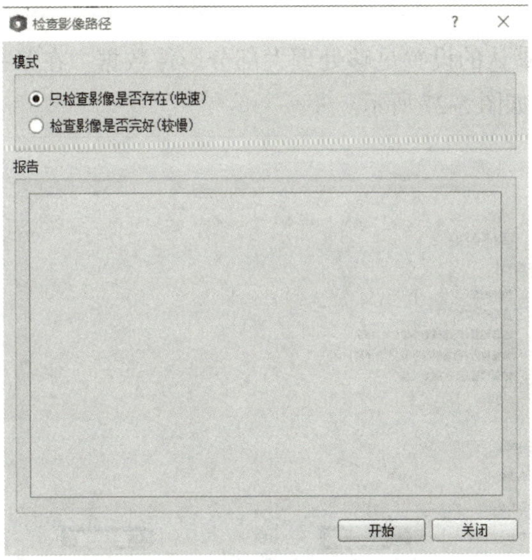

图 5-24　检查影像路径

4. 空中三角测量解算

1)创建空三任务

导入 POS 文件后，右键单击“空三任务”，在弹出的快捷菜单中选择“创建空三任务”，创建一个新的空三任务，输入空三任务名称，参照相机中选择勾选下视相机作为参照相机，如图 5-25 所示。若使用集群并行计算，注意影像路径、工程路径、任务队列路径是否均使用网络路径，如图 5-26 所示。

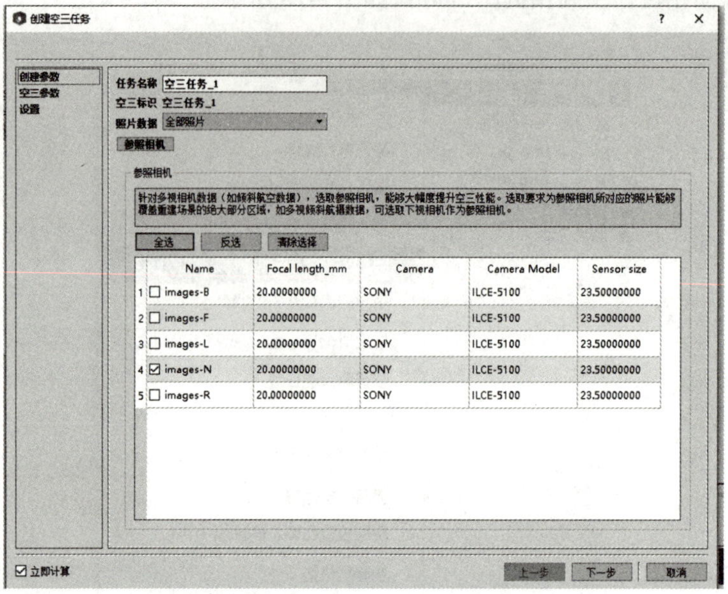

图 5-25　创建空三任务

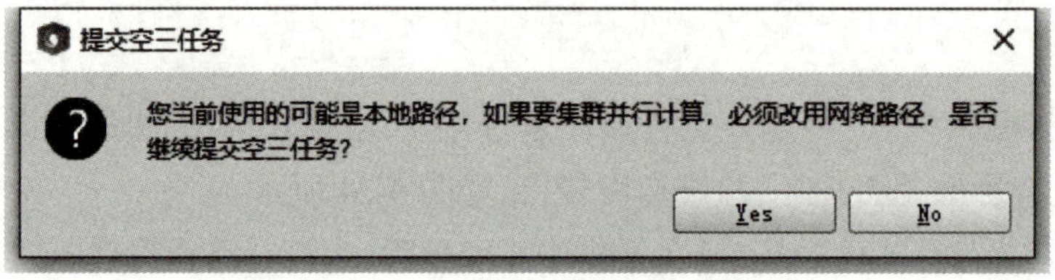

图 5-26　确定路径

在提交空三运算时，软件默认的设置足够处理大部分影像数据。在第一遍提交时，建议按默认设置提交即可。相关的空三参数设置如图 5-27 所示。

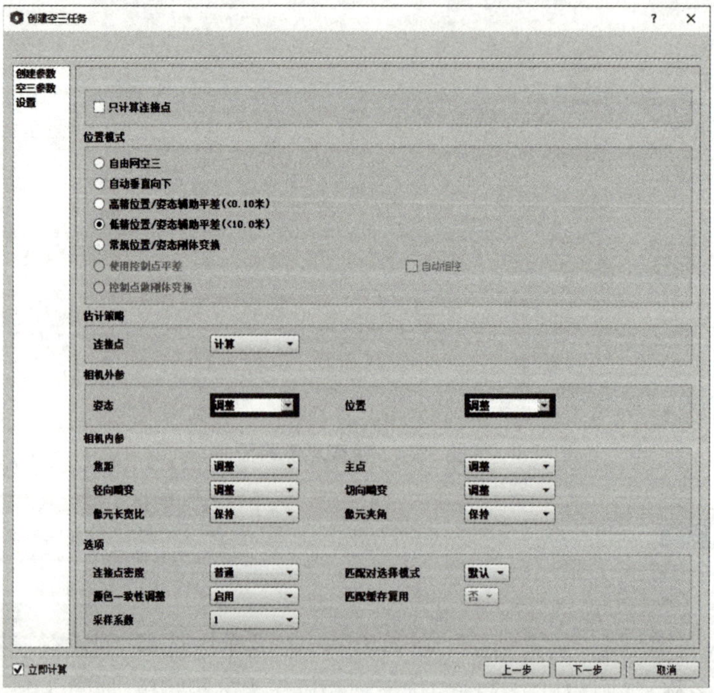

图 5-27　空三参数设置 1

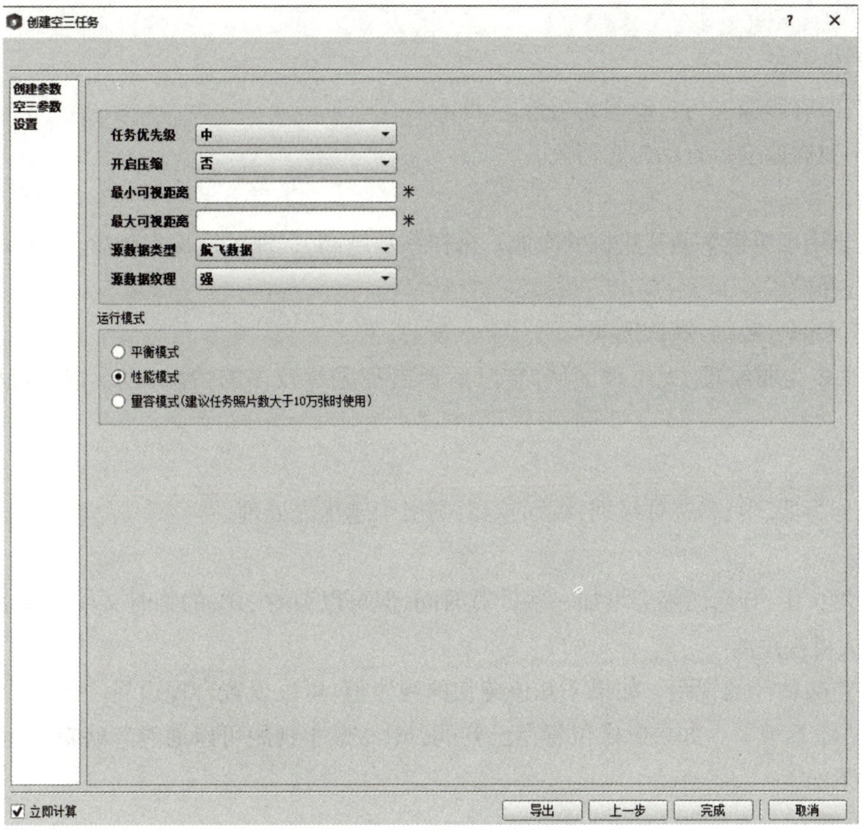

图 5-28 空三参数设置 2

2)进行空三运算

Ⅰ. 只计算连接点

空三运算时,只有连接点参与解算;自由网空三运算,控制点不参与平差解算。

Ⅱ. 位置模式

自由网空三:无定位信息情况下,区块的位置和方向无任何限制。

自动垂直向下:区块的垂直朝向由参与运算的影像的综合垂直方向决定,用于处理航空摄影定位信息不准时。

高精位置/姿态辅助平差(<0.10 m):在 GNSS/POS 定位精度高的情况下使用,使用 GNSS/POS 参与平差需要保证每张影像都具有精确的位置信息,且误差<0.1 m。

低精位置/姿态辅助平差(<10.0 m):在 GNSS/POS 定位精度略低的情况下使用,定位误差需满足<10 m。

常规位置/姿态刚体变换:利用影像 GNSS/POS 数据对区块定位进行调整,对定位精度无太高要求。

使用控制点平差:控制点参与平差,对区块进行精确定位。

Ⅲ. 相机外参、内参计算方式

计算:所有参数重新计算。

调整:以输入的值作为初值进行计算。

保持:以输入的值作为精确值,不再进行计算。

Ⅳ. 连接点密度

调整空三匹配时提取的连接点密度。

普通:适用于大部分数据,默认选项。

高:适用于匹配对象纹理较弱或影像较小的数据,增加连接点匹配数量,同时会增加空中三角测量计算的时间。

Ⅴ. 颜色一致性调整

启用:软件对所有影像进行自动匀光匀色。

禁用:软件不对影像进行自动匀光匀色。

Ⅵ. 采样系数

采样系数主要用于单镜头照片快拼的生成。采样系数越高,提取的连接点越少,影像分辨率越低。

Ⅶ. 匹配对选择模式

默认:适用于大部分数据,默认选项。

加强:若影像多为弱纹理、无纹理区域,空三后会出现丢片较多的情况,建议选择加强的匹配对选择模式。

Ⅷ. 任务优先级

任务优先级分为低、中、高三种级别,级别越高,则引擎越优先处理。

Ⅸ. 开启压缩

压缩临时文件大小,开启压缩会增加一些计算时间,但可以节省 30%的临时文件存储空间。

Ⅹ. 最小/最大可视距离

可设置一个粗略估计的视距。如果不知道确切的视距值,可以设置合理边界(相应减小最小视距,增大最大视距)或者忽略不填写。如果影像位置是已知的,最大/最小视距可以通过忽略空三运行中不恰当的匹配来增强计算效果。

Ⅺ. 源数据类型

航飞数据:适用于一般航飞影像的空三处理,默认选项。

普通数据:适用于一般普通拍摄所得照片进行空三处理。

竖直环绕数据:适用于对象环绕拍摄影像的空三处理,相比同一数据的航飞处理模式精度更高。

纹理近似小场景数据:适用于纹理相近、小场景获取的数据,空三处理时间更长。

空三参数设置好后,点击“完成”。若勾选“立即计算”,点击“完成”后将直接进行计算;若不勾选“立即计算”,点击“完成”后不会进行计算,需再点击一次提交计算软件才开始计算。

提交运算后,需打开软件的 Engine 模块开始运算,注意 Engine 模块的任务队列路径与创建工程时所选择的路径保持一致,任务队列路径可在引擎管理中修改,右键提交修改即可。空三计算时,可在属性栏查看空三进度条。

依次选择菜单栏的“工具”→“引擎管理器”命令,查看运算引擎,此时引擎未开启,打开 Smart3D Engine 引擎软件会自动读取任务路径。若未自动读取正确的任务路径,可通过“引擎管理器”界面更改任务路径。选择对应的“主机名称”,右键单击“修改任务队列路径”命令,即可完成任务路径的更改,如图 5-29 所示。

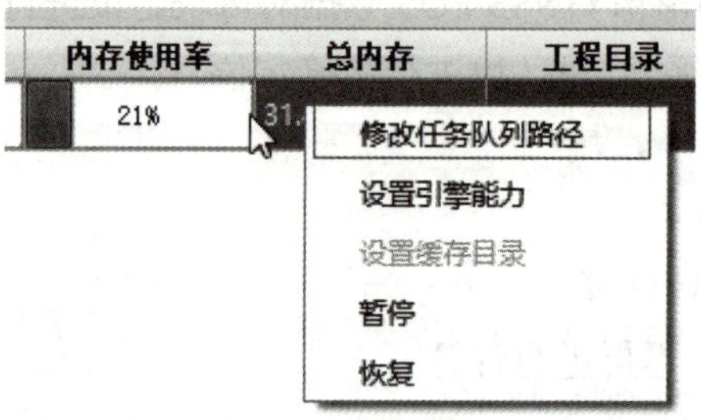

图 5-29 修改任务队列路径

3)添加控制点

自由网空三完成后,需要添加控制点,此时需要复制一个空三任务,才能进行编辑操作。

添加控制点的方法有三种：一是导入控制点文本文件；二是手动输入控制点坐标；三是导入 xml 的控制点文件。其中，导入控制点文本文件的具体步骤如下。

右键单击“控制点信息”，在弹出的快捷菜单中选择“导入格式化文本控制点”（图 5-30），并选择控制点文件打开，如图 5-31 所示。控制点导入操作和导入 POS 文件一样，选择正确的坐标系（图 5-32），给控制点分配字段，注意 X、Y 值顺序，一般常用坐标系中 6 位长度为 X 值、7 位长度为 Y 值（图 5-33），最后点击“完成”。

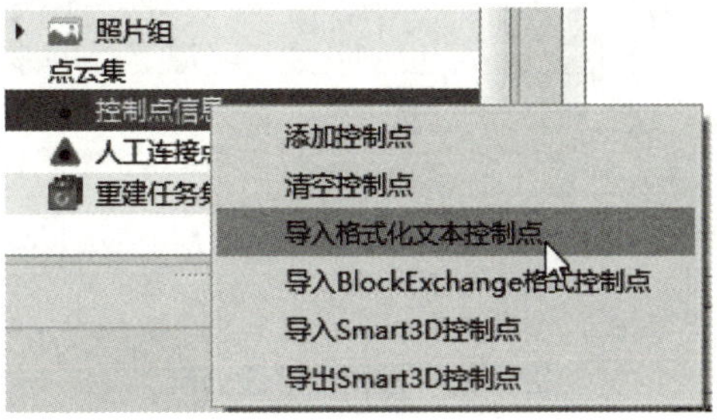

图 5-30　选择导入格式化文本控制点

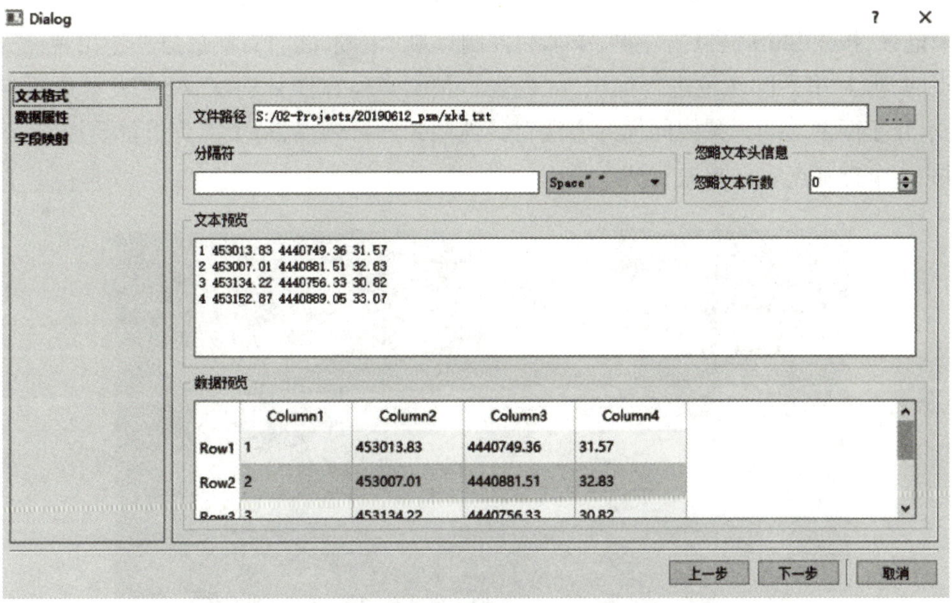

图 5-31　控制点导入设置

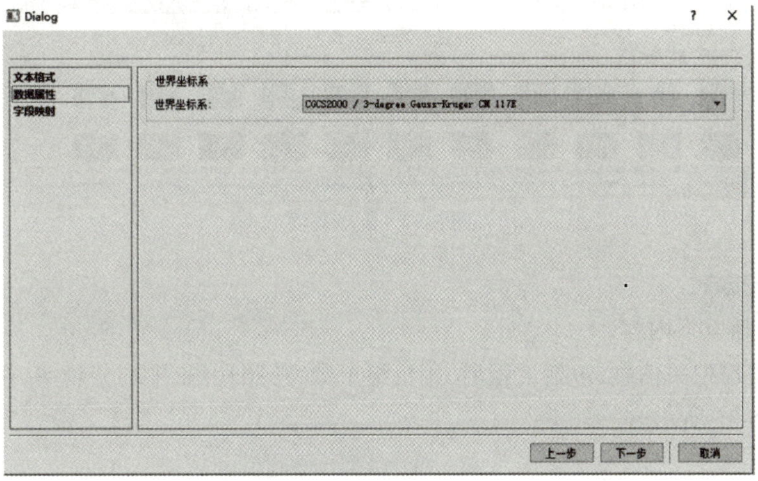

图 5-32　选择控制点坐标系

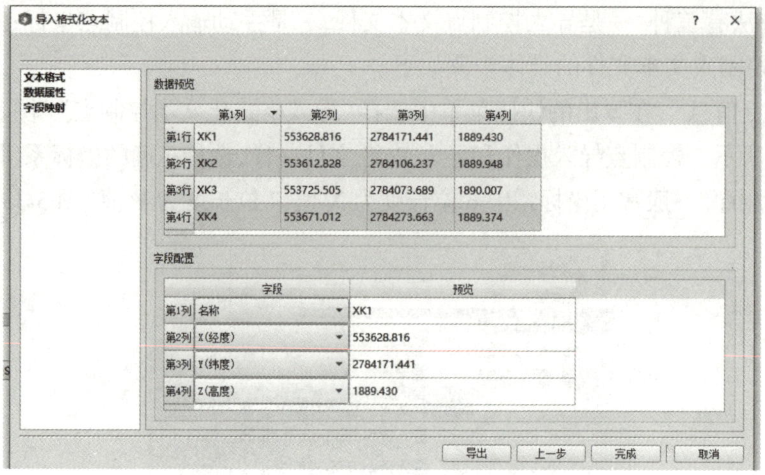

图 5-33　控制点字段分配

3）控制点转刺

在刺点界面（图 5-34），用鼠标滚轮进行放大和缩小，鼠标左键可以拖动影像，当图上显示，黄色光标表示该点未记录，按住 Shift 键点击左键，添加后控制点显示，同时右侧信息栏中出现已完成刺点的影像名称。刺点时，照片用不同颜色进行标识，红色表示预测点位在照片边缘，绿色表示预测点位在照片中央，黄色则表示介于两者之间。按照同样的方法对其他照片进行刺点，每个镜头组都要加，且每个镜头至少三张，至少刺加 4 个控制点后方能提交平差。

图 5-34　刺点界面

4）查看空三运算报告

空三运算报告包括以下内容。

（1）工程概述：工程相关信息，包括工程名、相机组个数、总照片量、平均分辨率、相机型号、场景大小及三运行时间等，如图 5-35 所示。

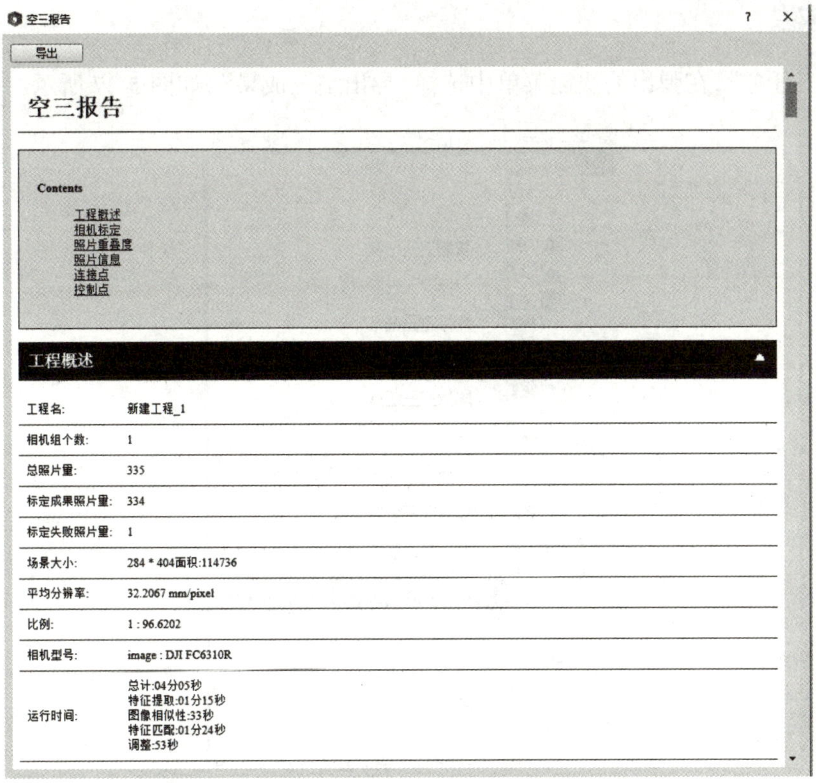

图 5-35　空三报告

（2）质量简报：查看标定数据量及同名连接点数量，以及数据反投影误差的中误差，且中误差需小于 1 个像素。

（3）控制点/检查点误差：控制点列表中可查看控制点或检查点残差及中误差，控制点 RMS 一般小于 1 个像素，检查点小于 2~3 个像素即可，如图 5-36 所示。

控制点

控制点误差								
名称	类型	照片数	精度(米)	RMS (像素)	RMS (米)	三维误差(米)	水平误差(米)	高程误差(米)
7	水平+垂直	22	水平:0.01 高程:0.01	0.0935368	0.0530065	0.00350991	0.00277949	0.00214334
6	水平+垂直	21	水平:0.01 高程:0.01	0.0567166	0.0483548	0.00165892	0.00157693	-0.000515067
5	水平+垂直	20	水平:0.01 高程:0.01	0.070075	0.0365915	0.0022958	0.00229393	-9.26231e-05
4	水平+垂直	21	水平:0.01 高程:0.01	0.202338	0.0347622	0.0061943	0.00586864	-0.00198202
3	水平+垂直	18	水平:0.01 高程:0.01	0.087282	0.0395733	0.0027435	0.00243455	0.00126482
1	水平+垂直	17	水平:0.01 高程:0.01	0.0637754	0.0345655	0.00196693	0.00173142	-0.000933276
RMS				0.107628	0.0417453	0.00341826	0.00313157	0.00137034
中位数				0.087282	0.0395733	0.0027435	0.00243455	-9.26231e-05

图 5-36　控制点误差

对于自由网平差中阈值限定的要求，传统的数字摄影测量，按《数字航空摄影测量 空中三角测量规范》（GB/T 23236—2009）中的规定，数码影像最大残差应不超过 2/3 个像素，数码影像连接点的中误差应不超过 2/3 个像素。

对于无人机低空摄影测量系统的特点，自由网平差中阈值的限定要求也相应扩大，参照《低空数字航空摄影测量内业规范》（CH/Z 3003—2010）的要求，最大残差应不超过 4/3 个像素，中误差为 2/3 个像素。

6. 导出空三成果

右键单击“空三任务”,在弹出的快捷菜单中选择“导出空三成果”,如图 5-37 所示。

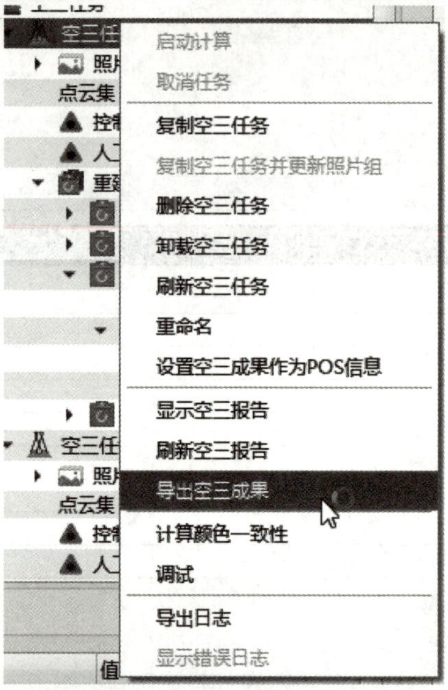

图 5-37　选择导出空三成果

导出的空三成果支持多种格式,常用.at 格式和.xml 格式。其中，.xml 格式为第三方软件通用的空三成果格式。

选择输出数据格式，Smart3D binary format 为瞰景 Smart3D 的空三成果格式,导出时默认输出连接点,点击“确认”,如图 5-38 所示。

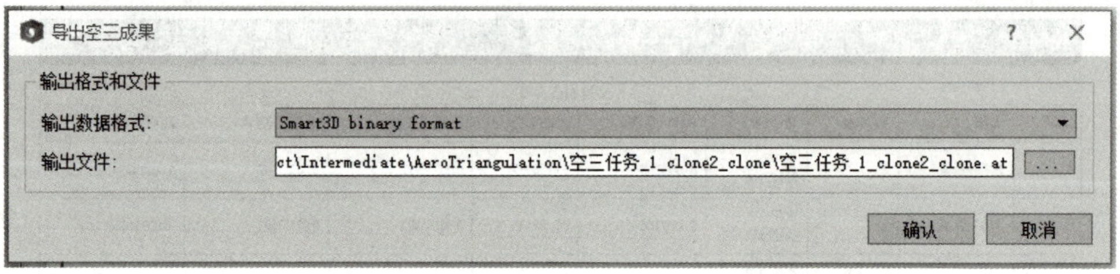

图 5-38　导出空三成果

任务四　空中三角测量成果质量检验

【任务导入】

空中三角测量是倾斜摄影测量内业数据生产的关键环节，空三的精度决定了 4D 产品的精度。因此，必须对空三成果的精度进行质量检验，只有符合限差才可以开展后续生产。

本任务主要介绍无人机倾斜摄影测量空中三角测量质量检验的基本要求、工作流程、检验内容及方法、质量评定、报告编制和资料整理。通过学习，掌握空中三角测量成果质量检查的主要内容，会分析空三成果的精度，能利用附件进行精度查验。

【任务准备】

1. 空三成果质量检验工作流程

空三成果质量检验工作流程如图 5-39 所示，包括检验前准备、样本资料提取、成果检验、质量评定、报告编制和资料整理，具体内容如下：

（1）检验前应收集项目技术设计书、相关技术资料及标准，核查最终检查完成情况，明确检查内容及方法，准备检验物资，制定工作计划，必要时可根据需要编制检验方案并组织培训；

（2）提取全部成果资料及数据；

（3）对区域网成果进行详查；

（4）质量评定、报告编制、资料整理按《测绘成果质量检查与验收》（GB/T 24356—2023）的规定执行。

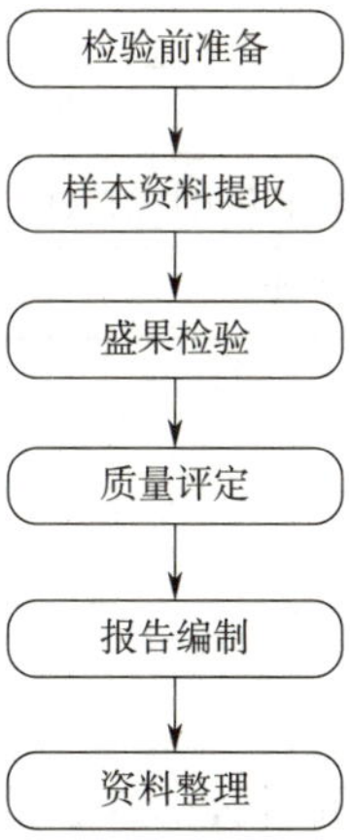

图 5-39　空三成果质量检查工作流程

2. 检查内容

空三成果检验内容见表 5-3。

表 5-3　空三成果检验内容

<table>
<tr><th>质量元素</th><th>质量子元素</th><th colspan="2">检验内容</th></tr>
<tr><td rowspan="16">数据质量</td><td>数学基础</td><td colspan="2">大地坐标系、高程基准、地图投影等</td></tr>
<tr><td rowspan="4">平面位置精度和高程精度</td><td colspan="2">像控点精度符合性</td></tr>
<tr><td colspan="2">基本定向点残差符合性</td></tr>
<tr><td colspan="2">多余控制点不符值符合性</td></tr>
<tr><td colspan="2">连接点平面位置、高程中误差符合性</td></tr>
<tr><td rowspan="2">接边精度</td><td colspan="2">区域间公共点较差符合性</td></tr>
<tr><td colspan="2">公共点使用值符合性</td></tr>
<tr><td rowspan="9">计算质量</td><td rowspan="2">内定向</td><td>框标坐标计算方法正确性</td></tr>
<tr><td>焦距改正正确性、完整性</td></tr>
<tr><td rowspan="2">相对定向</td><td>像点量测准确性</td></tr>
<tr><td>连接点上下视差中误差、上下视差最大残差符合性</td></tr>
<tr><td rowspan="5">绝对定向</td><td>区域网划分合理性</td></tr>
<tr><td>控制点转刺正确性</td></tr>
<tr><td>粗差点数量符合性</td></tr>
<tr><td>利用 GNSS 辅助空三的摄站点坐标和外方位元素的正确性</td></tr>
<tr><td>大面积高程处理的合理性</td></tr>
<tr><td rowspan="8">布点质量</td><td colspan="3">像控点布设符合性</td></tr>
<tr><td colspan="3">每个像对连接点数量符合性</td></tr>
<tr><td colspan="3">标准点位连接点布设符合性</td></tr>
<tr><td colspan="3">连接点处影像重叠符合性</td></tr>
<tr><td colspan="3">连接点与像片边缘关系合理性</td></tr>
<tr><td colspan="3">自由图边连接点布设合理性</td></tr>
<tr><td colspan="3">航线间连接点布设合理性</td></tr>
<tr><td colspan="3">连接点分布合理性及编号符合性</td></tr>
<tr><td rowspan="3">附件质量</td><td colspan="3">成果资料完整性</td></tr>
<tr><td colspan="3">数据格式和存储组织的符合性，资料装帧的规整性</td></tr>
<tr><td colspan="3">记录手簿和检查记录的正确性、齐全性</td></tr>
</table>

3. 检查方法

1）数据质量

Ⅰ. 数学基础

检查像控资料，分析对比录入数据与原始资料数学基础的一致性。

Ⅱ. 平面位置精度和高程精度

平面位置精度和高程精度按以下方式检查：

（1）核查像控资料，分析控制点、多余控制点（检查点）精度符合性；

（2）核查区域网平差报告或进行比对计算，分析基本定向点残差、检查点不符值的正确性；

（3）利用实地采集的检查点数据或高精度成果数据中内业采集的检查点数据计算检查点平面、高程不符值，并计算平面位置和高程中误差，即连接点平面位置和高程中误差，分析其是否符合相关规定。

Ⅲ.接边精度

接边精度按以下方式检查：

(1)核查平差报告，比对相邻区域网间公共点的较差，分析公共点较差、中误差是否符合相关规定；

(2)核查连接点成果表，分析公共点使用值是否符合相关规定。

Ⅳ.计算质量

Ⅰ)内定向

内定向符合性按以下方式检查：

(1)核查内定向软件的参数设置，分析相机数、分辨率等录入是否正确和齐全；

(2)利用内定向软件，核查框标位置是否正确；

(3)核查内定报告，以及框标坐标残差符合性。

Ⅱ)相对定向

相对定向符合性按以下方式检查：

(1)利用设备核查像控点测量是否准确，同时核查一定数量连接点量测情况；

(2)核查相对定向报告，分析连接点上下视差中误差；

(3)核查上下视差是否超限；

(4)核查模型连接平面位置、高程较差，分析是否超限。

Ⅲ)绝对定向

绝对定向符合性按以下方式检查：

(1)分析区域网内航摄分区、像控点分布地形条件等情况，核查区域网划分是否合理；

(2)核查像控点成果录入及转刺的正确性；

(3)核查平差结果，分析是否存在粗差点；

(4)对于GNSS(IMU/GNSS)辅助空三测量，核查摄站点坐标和外方位元素使用的正确性，核查GNSS天线分量和IMU偏心角系统改正值是否正确；

(5)在较大江河湖泊水网地段，核查水位控制定向点的赋值；

(6)利用量测设备核查平差后成果，分析水位点加减正数的合理性。

2)布点质量

布点质量按以下方式检查：

(1)将像控点展绘在像片接合图上，核查像控点布设是否符合相关规定；

(2)核查每个像对的连接点是否符合相关规定；

(3)分析相对定向成果，核查标准点位连接点的布设情况，核查连接点处影像的重叠度情况，核查连接点与像片边缘关系的合理性，核查自由图边连接点的布设情况，核查航线间连接点的布设情况等；

(4)核查连接点分布是否有原则性错误，检查编号是否符合技术设计要求。

3)附件质量

附件质量按以下方式检查：

(1)按照生产任务(合同书)、技术设计书核查上交成果资料的完整性；

(2)核查成果数据格式和存储组织的符合性，以及资料装帧的规整性；

(3)核查记录手簿和检查记录的正确性、齐全性。

【任务实施】

使用 Smart3D 软件，利用控制点完成某地区空中三角测量，说明完成空中三角测量成果精度检验的操作步骤。

【项目小结】

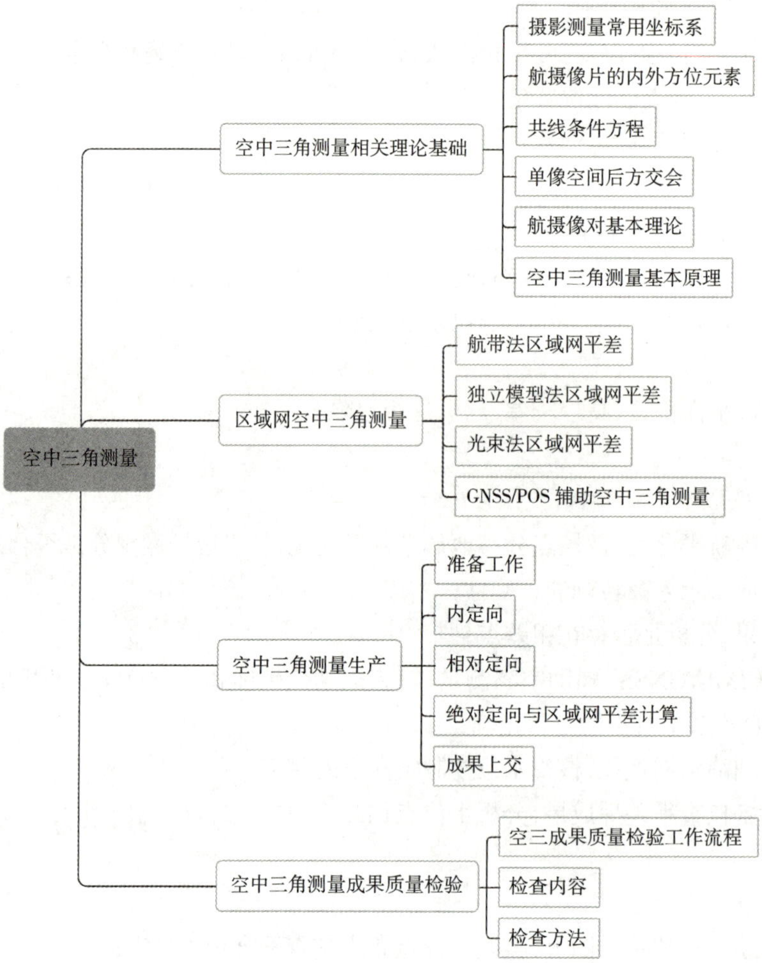

【思考与练习】

1. 简述区域网空中三角测量的基本概念。
2. 简述光束法区域网空中三角测量的基本思想。
3. 简述光束法平差区域网平差的主要类型。
4. 空中三角测量的基本定义、分类和作业流程。
5. 空中三角测量的生产步骤。
6. 空中三角测量自由网平差与控制网平差的主要区别。
7. 空中三角测量成果检查的基本工作流程是什么。
8. 请利用 Smart 3D 软件，利用已知控制点，完成空中三角测量成果精度检查。

【思政故事】

贴近摄影测量：第三种摄影测量方式的诞生

近年来，我国滑坡、泥石流等地质灾害频发，给人民生命财产造成了巨大的损失，习近平总书记已多次对滑坡灾害做出重要指示，要求做好灾害的监测和防范工作，这就对相关的监测技术提出了要求，地质行业也在迫切地寻找一种可以提高地质灾害监测精度和效果的技术。

多年来一直专注于摄影测量领域的张祖勋院士敏锐地察觉到：一种能获取滑坡高精度影像的摄影方式在滑坡调查、监测预警方面具有极大的应用前景。同时，他也开始重新审视现阶段倾斜摄影测量技术的应用能力与摄影效率问题。无论是单相机的正直摄影测量，还是五相机的倾斜摄影测量，这种"对地观测"的摄影测量系统都不能满足"岩崩、滑坡"地质工作者的要求，必须"独辟蹊径"寻找新的影像信息获取途径，进而提出了"贴近摄影测量（nap-of-the-object photo grammetry）"这一概念，并陆续采用该技术进行了不仅仅局限于地质灾害调查的精细化摄影测量初步应用实验，获取了多方面宝贵的案例经验。三峡库区巫峡箭穿洞危岩地质调查"蜘蛛人"工作照如图 1-18 所示。

图 1-18　三峡库区巫峡箭穿洞危岩地质调查"蜘蛛人"工作照

贴近摄影测量是面向对象（object）的摄影测量（object-oriented photo grammetry），它以物体的"面"为摄影对象，利用旋翼无人机贴近摄影获取超高分辨率影像，进行精细化地理信息提取，因此可高度还原地表和物体的精细结构。而它之所以能担纲起"第三种测量方式"的名号，是因为相比较现有的垂直航空摄影测量、倾斜摄影测量对三维空间（或称 2.5 维——三维空间的表面）进行摄影，贴近摄影测量是针对"面"（三维空间任意坡度、坡向的面）进行摄影，这是它们之间存在的根本差别，贴近摄影测量创造了一种全新的摄影测量方式。对武汉大学测绘学院教学实验大楼顶面和东、南、西、北共五个面的贴近摄影测量结果如图 1-19 所示。

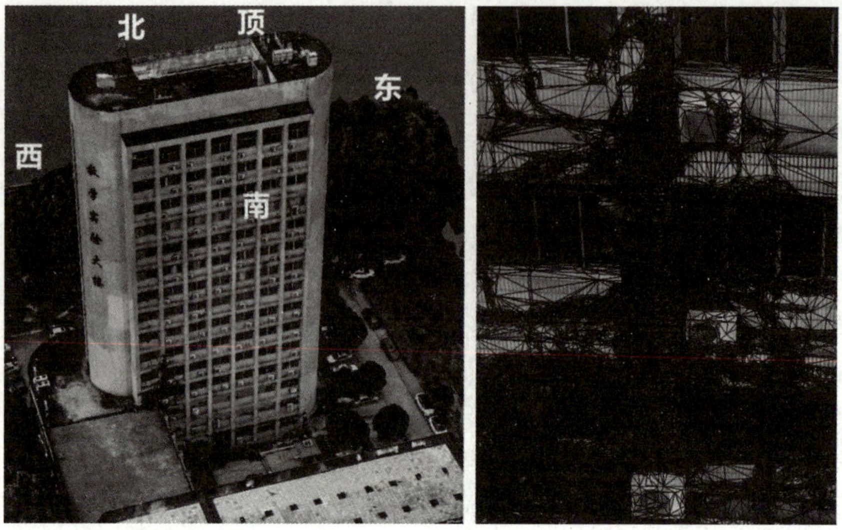

图 1-19　对武汉大学测绘学院教学实验大楼顶面和东、南、西、北共五个面的贴近摄影测量结果

贴近摄影测量不仅可以对建筑物实现精细建模（可精细到建筑物上的窗台、空调外挂机、爬墙虎等），还可以根据贴近摄影测量的 3D 绘制“立面线划图”。由此可见，贴近摄影测量给我们带来的不仅是摄影方式的改变，在它乘着时代的东风、裹挟着与以往不同的新鲜气息向我们款款走来时，手里还握着新的产品形态。

资料来源：《中国测绘》原创文章——《专访｜贴近摄影测量：第三种摄影测量方式的诞生——专访武汉大学遥感信息工程学院张祖勋院士》

项目六

倾斜摄影测量建模及修模

项目描述

无人机倾斜摄影测量技术是测绘领域近些年发展起来的一项高新技术，通过在同一飞行平台上搭载多台传感器（常用的是五镜头相机），同时从垂直、倾斜等不同角度采集影像，获取地面物体更为完整准确的信息。倾斜摄影测量建模流程可分为外业和内业两部分，外业主要包括测区踏勘、已有资料收集、像控点采集、航线规划和影像数据采集，内业主要包括空中三角测量解算、控制点转刺平差和实景三维模型生产。在完成前序空中三角测量环节基础上，进行模型生产及成果提交。

本项目主要学习无人机倾斜摄影测量建模的基本知识、模型生产流程、实施质量控制、整理与提交成果等。

项目目标

- （1）掌握实景三维模型生产基本知识。
- （2）掌握实景三维模型数据生产流程。
- （3）熟悉质量控制要求。
- （4）掌握三维模型精细化修模的基本方法。
- （5）掌握三维模型单体化建模的基本内容。

任务一　实景三维建模

【任务导入】

由倾斜影像建立实景三维模型的基本流程，主要包括原始影像数据导入、影像特征提取和匹配、光束法区域网平差、多视角影像密集匹配、密集点云生成、三角网模型构建与优化、自动纹理映射等步骤，如图 6-1 所示。

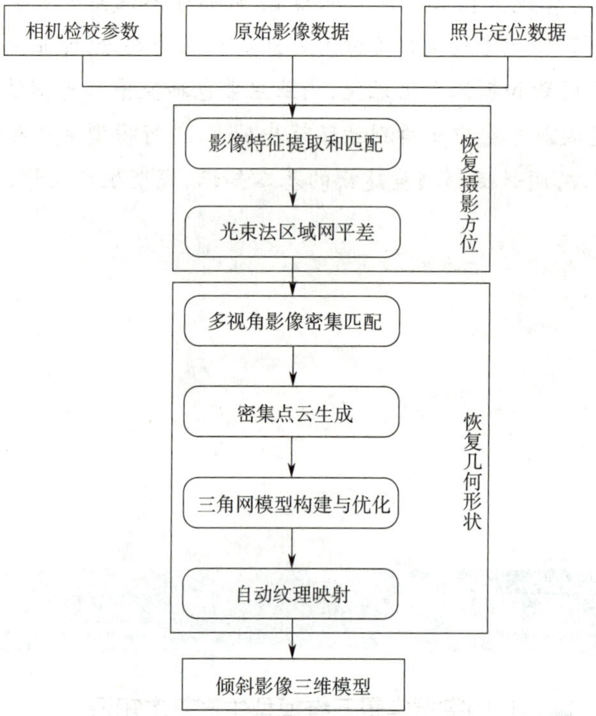

图 6-1　倾斜影像实景三维建模的基本流程

目前，实景三维模型已经成为一种新型的基础地理信息数据产品，了解倾斜摄影测量的相关理论知识，掌握实景三维模型的制作方法是从事测绘工作的必要技能。本任务学习倾斜摄影实景三维建模、修模的相关理论知识和数据生产流程。

【任务准备】

1. 倾斜摄影测量原理

倾斜摄影测量是指在飞行平台上搭载一台或多台影像传感器，从多个不同视角同步采集像片，通过丰富的地表信息制作测绘产品的过程。

通过在同一飞行平台上搭载一台或多台传感器，同时从垂直、倾斜等不同角度采集得到高分辨率的像片，结合无人机飞行平台搭载的 GNSS/IMU 系统获取 POS 数据，经数据处理软件制作得到实景三维模型等成果。

2. 倾斜摄影测量处理软件

影像数据处理软件是倾斜摄影实景三维建模的重要组成部分，它利用倾斜航摄的像片，通过空三加密、控制网平差、多视角影像密集匹配、三角网模型构建、纹理映射等步骤生产实景三维模型、TDOM、DSM 等成果。

目前，用于生产实景三维模型的软件很多，如瞰景 Smart3D、DP-Smart、Pix4DMapper、Bentley ContextCapture、PhotoMesh、PhotoScan、Virtuoso3D、Mirauge3D、DJI Terra、Inpho 等。

3. 倾斜摄影测量作业流程

1）航线规划

目前，倾斜摄影测量主要有多镜头相机的航线规划和单镜头相机的航线规划。

对于目前常规的五镜头相机、三镜头相机和双镜头相机，主要采用普通航线飞行即可完成像片采集任务。单镜头相机主要采用井字飞行或者五向飞行，以弥补镜头数量不足的缺点。

2）资料准备

像片数据、POS 数据、相机参数。

3）数据处理工程创建

新建工程，并导入影像和 POS 数据，设置任务路径，完善相机参数。

4）空三加密

Ⅰ. 控制点转刺

由于 POS 精度无法满足项目需求，因此需要通过控制点来对空三成果进行平差调整。首先整理外业提供的控制点成果，并在空三软件中将控制点转刺到航摄像片对应的位置上，这一过程称为控制点转刺。

Ⅱ. 平差

平差可分为无约束平差和约束平差。平差方式主要有自由网平差、POS 辅助光束法区域网平差、GNSS 控制网平差、GNSS 控制网+控制点平差、控制点平差、控制点刚体配准平差。

Ⅲ. 平差结果分析

可采用以下几种方法进行平差结果分析：

（1）通过查看空三报告查看平差结果；

（2）导入检核点进行空三精度检核；

（3）结合恢复立体像对，检测空三精度。

5）模型制作

Ⅰ. 多视角影像密集匹配

在生产 DSM/DEM 时，为了计算测区每个物方点的三维坐标，需要重建整个测区地形，并进行同名点匹配。

倾斜摄影测量的特点是通过多个不同角度对待测地物进行拍摄，采用多视角影像匹配，通过大量冗余影像信息，来解决影像匹配中存在的匹配错误问题，可在一定程度上解决被测物体存在遮挡的问题。

Ⅱ.TIN 构建

TIN 构建是通过匹配得到的特征点，把实际的地形表面连接成互不交叉、互不重叠的三角形，构建区域 TIN 模型，也称为白模。

Ⅲ. 纹理映射

纹理映射是将地物实际的二维图像纹理映射至三维 TIN 模型，提升三维模型的真实感。

6）成果检验整理

无人机倾斜摄影测量技术能够提供三维点云、三维模型、真正射影像（TDOM）、数字表面模型（DSM）等多种成果形式，其中三维模型具备真实、细致、具体的特点，通常称为真三维模型。可以将这种实景三维模型当作一种新的基础地理数据来进行精度评定，包括位置精度、几何精度和纹理精度 3 个方面。

Ⅰ. 位置精度

三维模型的位置精度评定跟空三的物方精度评定有类似之处，通过比对加密点和检查点的精度进行衡量。在控制点周边比较平坦的区域，精度比对容易进行；在房角、墙线、陡坎等几何特征变化大的地方，模型上的采点误差比较大，精度衡量可靠性降低，可以联合影像作业，得到最终的成果矢量或模型数据再进行比对。

Ⅱ. 几何精度

传统手工建模可以自由设计地物的几何形状，而真三维自动化建模，影像重叠度越大的地方地物要素信息越全，三维模型的几何特征就越完整。反之，影像重叠度不够可能出现破面、漏面、漏缝、悬空、楼底和房檐拉花等情况，影响地物几何信息的完整表达。这种属于原理性问题，无法完全避免，可以按照下面的方法进行评定。在三维模型浏览软件中参照航拍角度固定浏览视角，同时拉伸到与实际分辨率相符的高度去查看模型，看不出明显的变形、拉花即可判定为合格，反之为不合格。

Ⅲ. 纹理精度

真三维建模完全依靠计算机来自动匹配地物的纹理信息，由于原始影像质量不同，导致匹配结果可能存在色彩不一致、明暗度不一致、纹理不清晰等情况。要提高纹理精度就必须提高参加匹配的影像质量，剔除存在云雾遮挡覆盖、镜头反光、地物阴影、大面积相似纹理、分辨率变化异常等问题像片，提高匹配计算的准确度。

4. 倾斜摄影实景三维模型常用格式

OSGB：常用的一种三维模型存储格式，以二进制存储，带有嵌入式链接纹理的数据，其数据量比较大且碎、文件数量多、金字塔级别高、浏览较顺畅，平台展示和裸眼采集常采用这种格式。

3ds：3ds Max 建模软件的衍生文件格式，可与其他建模软件兼容，也可用于渲染。

OBJ：一般包括三个子文件，分别是.obj、.mtl、.jpg，除模型文件外，还需要.jpg 纹理文件。

DAE：图新地球模型采用这种格式。

【任务实施】

倾斜摄影测量实景三维模型生产流程如图 6-2 所示，本任务基于已完成的空中三角测量环节，进行实三维模型重建工作。实景三维模型重建的主要内容包括任务名称重建、瓦片划分、重建数据发布和设置等。

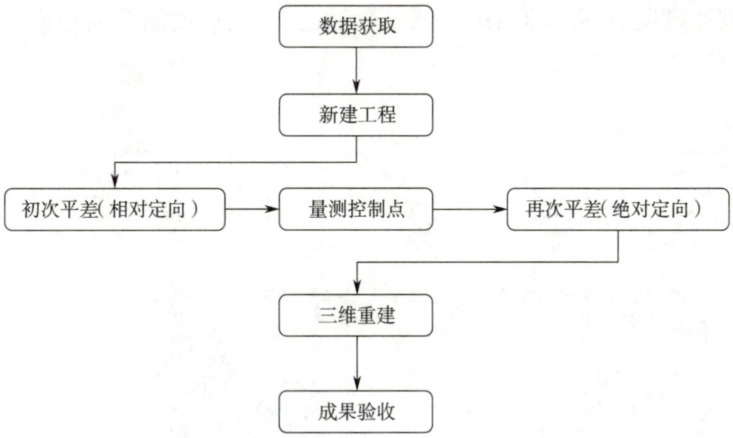

图 6-2　倾斜摄影测量实景三维模型生产流程

1. 创建重建任务

1)任务名称重建

确认空三无误后,进行三维模型重建工作。在工程树下,右键单击“重建任务集”,在弹出的快捷菜单中选择“创建重建任务”,如图 6-3 所示;在弹出的对话框中输入重建任务名称,点击“下一步”,如图 6-4 所示。

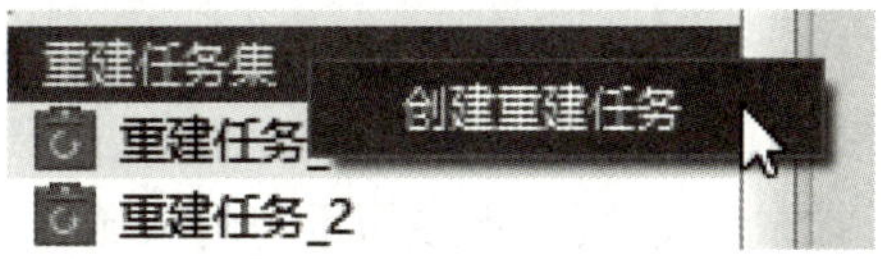

图 6-3　选择创建重建任务

其中,瓦片坐标系只有具有地理参考属性的工程可用,其定义了建模区域和瓦片所在空间框架中的坐标系统,与最终输出的三维模型坐标系无关。

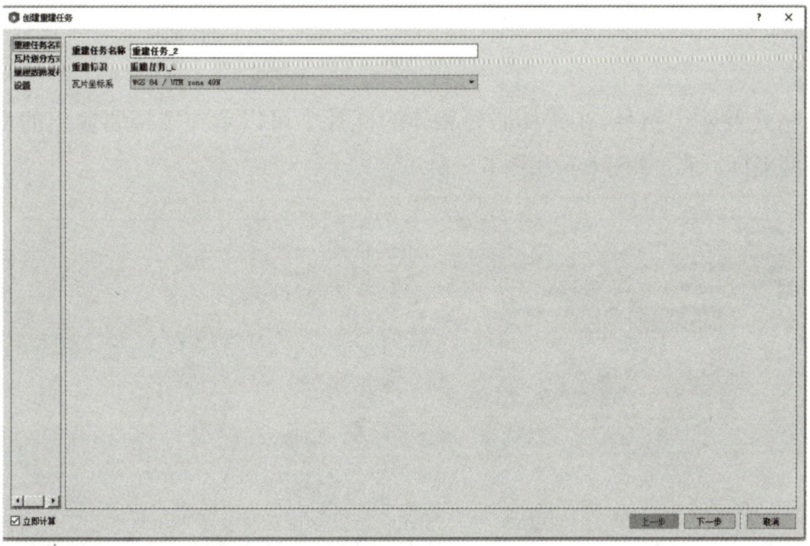

图 6-4　输入重建任务名称

2)瓦片划分

由于模型整体输出需大量内存,一般的计算机内存不够,所以需要对模型进行分块处理,使其占用合理内存。从而需要选择模型分块模式,确定分块大小。分块大小由计算机内存决定,为了保证每个分块得以运行,分块所占内存应不大于内存的 1/2。确定分块大小后,可勾选“编辑包围盒”,在下方三维视图中调整模型生成范围，通过鼠标拖曳包围盒的四边来调整模型范围，也可使用范围约束限制模型范围，如图 6-5 所示。

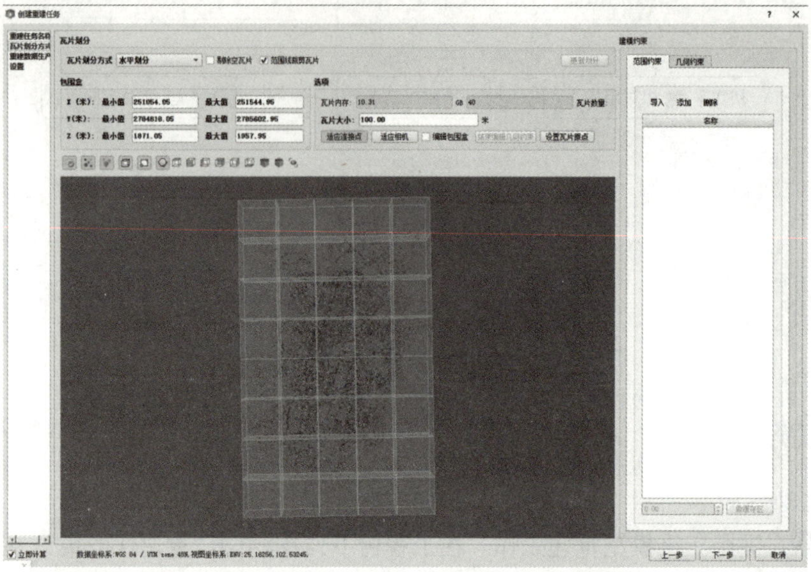

图 6-5　调整模型生成范围

Ⅰ. 区域划分

定义三维模型输出范围，显示为一个半透明范围框。默认情况下，该范围会包括所有连接点，可以通过手动编辑范围框范围或约束重建范围的方式，去除不参与重建的区域。

Ⅱ. 剔除空瓦块

无连接点区域不构成瓦块，进行重建时此处表现为空白。

Ⅲ. 范围线裁剪瓦片

进行范围约束时，若勾选此项，则严格按照范围线边界切割瓦片；若不勾选此项，则保留范围线边缘的完整瓦片。

3）重建数据发布

选择模型输出格式及输出路径，在选择需要重建的瓦片中可以单独选择要输出的瓦片，发布模型坐标系原点可自定义模型坐标原点，如图 6-6 和图 6-7 所示。

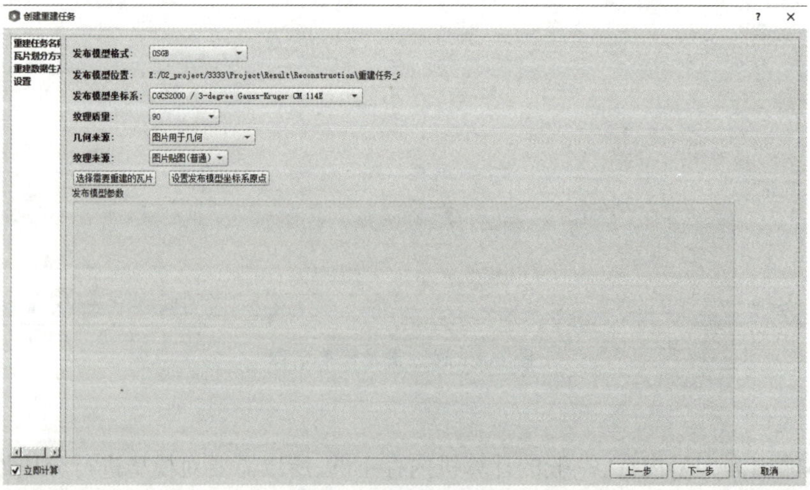

图 6-6　设置重建数据 1

（1）发布模型格式：选择生产数据的类型及格式。瞰景 Smart3D 目前支持转换的数据格式包括 OSGB、OBJ、DAE、3DTiles、3MX、LAS、Esri i3S、SuperMap S3M、Fast OrthoMosaic、Fbx、Google earth 3DKML。

（2）发布模型坐标系：选择合适的重建成果坐标系，一般与控制点坐标系一致。

（3）纹理质量：选择纹理的质量级别，数值 100 代表原始影像质量的 100%。

（4）选择需要重建的瓦片：支持单独勾选单个或多个瓦片进行生产。

（5）设置发布模型坐标系原点：设定模型成果原点坐标，默认即可。若需要合并模型，需要将多个重建结果设置相同的发布模型坐标系和坐标原点。

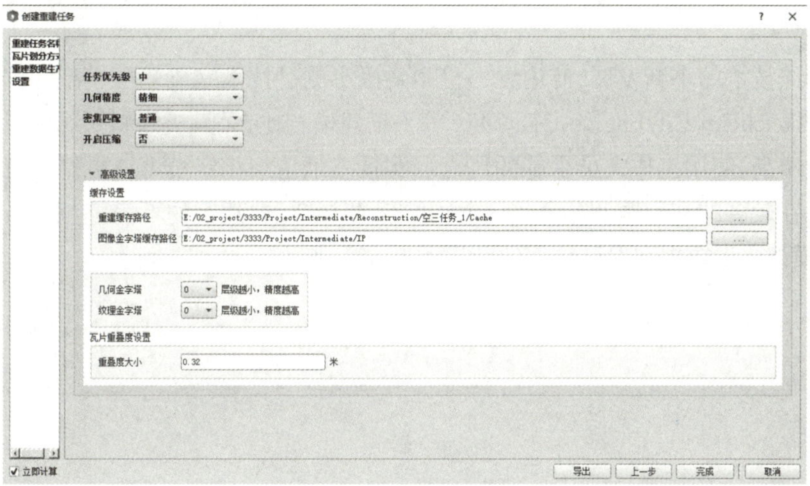

图 6-7　设置重建数据 2

（6）任务优先级：分为高、中、低三个级别，用于设定任务处理优先级别，高为最优先处理。

（7）几何精度。

快速：适用于正射影像（建模精确到 2 个原始影像像素）。

普通：普通精度，生成文件较小（建模精确到 1 个原始影像像素）。

精细：默认设置，高精度，生成文件较大（建模精确到 0.5 个原始影像像素）。

超精细：超高精度，该设置占据大量内存和计算时间，不适用于大面积区域。

（8）密集匹配：普通模式下，低内存下提高百万张照片重建任务的生成速度；增强模式下，提升局部模型质量。

（9）几何金字塔、纹理金字塔：模型几何结构和纹理精细度参数设置，默认为 0 级，即最高精度，层级越小，精度越高，用于快速建模，满足应急处理需要。

（10）瓦片重叠度设置：可自定义瓦块与瓦块之间重叠度大小。

重建设置完成后，点击“完成”，即可提交重建任务。

2. 成果验收

（1）检查绝对精度。

（2）检查相对精度。

（3）检查纹理映射。

（4）检查数据完整性。

任务二　精细化修模

【任务导入】

随着无人机测绘技术的不断发展，使用无人机倾斜摄影测量技术完成三维模型的创建越来越受到关注和认可，与传统的 SketchUp、CityEngine、3Ds Max 等手工建模相比，无人机倾斜摄影测量技术建立的实景三维模型具有工作效率高、使用工作人员少等的优点。实景三维精细化修模可以更好的解决软件自动化生成的实景三维模型存在较多的如道路凹凸不平、树木拉花、存在空洞、建筑物不完整、贴图错位、场景存在悬浮物等问题，从而使模型成果数据在保证精度的前提下增加美观度。

【任务准备】

1. 编辑对象

倾斜摄影测量实景三维模型是在 TIN 模型上通过纹理映射生成的地表模型。模型修饰编辑的实质是对 TIN 模型及其对应纹理的编辑。

2. 编辑内容

实景三维模型修饰包括结构修饰和纹理修饰。其中，结构修饰主要针对模型的悬浮物、扭曲、拉花、变形、粘连、孔洞等问题；纹理修饰主要针对模型的色彩、亮度、对比度及纹理的模糊、错位、扭曲、变形等问题。

模型修饰分为Ⅰ、Ⅱ、Ⅲ级，各级处理要求见表 6-1。

表 6-1　模型修饰分级及要求

类别	Ⅲ级	Ⅱ级	Ⅰ级
整体美观	地面上下不应存在悬浮物； 外边缘应裁切整齐； 整体色彩真实，无明显色差	同Ⅲ级要求一致	同Ⅲ级要求一致
水域	无明显孔洞； 静止水面结构平整，流动水域水面高程自上而下平缓过渡，且与周围地形地物高程之间的关系正确、合理； 水岸分界明显，过渡自然，无纹理映射错误	同Ⅲ级要求一致	同Ⅲ级要求一致

续表

类别	Ⅲ级	Ⅱ级	Ⅰ级
植被	保留古树名木等重要植被，去除直径<20 m 的悬浮植被，瓦块内部植被孔洞<0.2 m； 瓦块接边处植被缝隙宽度<0.2 m，植被无底灰纹理； 植被纹理映射错误<2 m（电线纹理不处理）	同Ⅲ级要求一致	基于Ⅲ级要求增加： 删除不完整树干
道路	处理快速路、主干路、次干路，不处理内部道路和城市辅路； 路面无重叠三角面； 路面不应出现不合理的高程突变； 应去除路面破损车辆并抹去纹理； 路面孔洞<0.2 m； 道路纹理错位<0.2 m； 不应出现纹理映射错误，如路灯、信号灯、标志牌等	基于Ⅲ级要求增加： 去除道路沿线破损度>50%的残缺模型，如残缺不全的路灯、路名牌、交通标志牌等	基于Ⅱ级要求增加： 去除道路内车辆，去除无实物阴影； 交通标志牌结构完整，用倾斜航摄原片中对应的标牌角度照片提取纹理并贴图，与实地的标牌信息保持一致
建筑	重点建筑主体外立面无穿透性孔洞； 间距大于 1 m 的重点建筑，其结构无粘连	基于Ⅲ级要求增加： 建筑主体外立面无穿透性孔洞，重点区域间距大于 1 m 的高层建筑结构无粘连； 重点建筑楼顶招牌、广告牌匾无破损； 建筑纹理无明显扭曲、错位、模糊，无映射错误； 院落围墙孔洞<0.2 m，施工临时性围挡不处理	基于Ⅱ级要求增加： 间距大于 1 m 的高层建筑结构无粘连； 重点建筑底商用补拍影像重贴纹理； 重点区域（如公共广场）内无车辆、人影

（1）删除处理：删除对象模型底部的碎片、测区范围外多余的数据、悬浮的植被以及道路上明显的飘浮物，如残留的指示牌、路灯、树干等。

（2）重构生成：模型是点云构成的三角面，由于特殊原因的存在，会出现不符合现状的面，需要对其进行编辑重构。

（3）桥接补洞：对两个单独的物体，通过搭建线（面）将其连接在一起。软件自动生成的实景三维模型，会因像点匹配不当等因素造成空洞，瓦片裁切有时会将空洞分到两个瓦片上，被裁切到两个瓦片上的空洞需要进行桥接处理，桥接时只能逐个瓦片进行，不能跨瓦片操作，桥接完成后再进行补洞。

（4）外部模型植入：自动生成的三维数据场景中，有些小物品（如垃圾桶、路灯、运动器材、电线杆等）或者植物会出现变形等不易处理的问题，对这些不易处理的数据进行编辑删除后，将模型库中结构相似的模型数据植入场景中，使整个场景更加真实美观。

（5）纹理映射：模型编辑、修补之后，要对编辑区域内的纹理进行贴图，可通过纹理映射的方法实现。采用倾斜空三导出的去畸变像片，用软件自动技术实现自动映射，若匹配的影像角度有偏移或纹理有瑕疵，所选最优像片或对已匹配好的像片进行编辑和修饰，提升倾斜三维模型的整体感官效果。

3. 编辑软件

由于软件侧重点不同，故处理的模型存在较大差异，对不同项目模型采用不同软件进行处理来满足项目需求，目前常用软件有 DP-Modeler、SVSMeshEditor、ModelFun，以及国外 Bentley 公司的几款软件。

倾斜摄影三维建模软件 DP-Modeler 是武汉天际航自主研发的一款集精细化单体建模及 Mesh 网格模型修饰于一体的新型软件，通过特有的摄影测量算法，支持航测影像、无人机影像、地面影像、车载影像、激光点云等多数据源集成，实现空地一体化作业模式，有效提高三维建模的精度及质量。

【任务实施】

1. 数据准备

准备的实景三维模型成果一般有 OBJ、OSGB 两种数据格式。除此以外，还要准备三维建模软件导出的空三加密成果文件和导出的去畸变照片。

2. OBJ 数据格式修饰

1）建筑单体化精编

首先制作单体化模型（具体步骤见本项目任务四单体化建模的任务实施），在制作好的单体化模型基础上使用道路置平功能，将建筑对应的粗模踏平，此方式只适用于建筑四周无植被粘连的情况。

（1）加载需修改的瓦片到 Mesh 视图，如图 6-8 所示。

图 6-8　加载需修改的瓦片

（2）激活道路置平工具，左键捕捉 Mesh 绘制范围线，将建筑包裹在内，如图 6-9 所示。

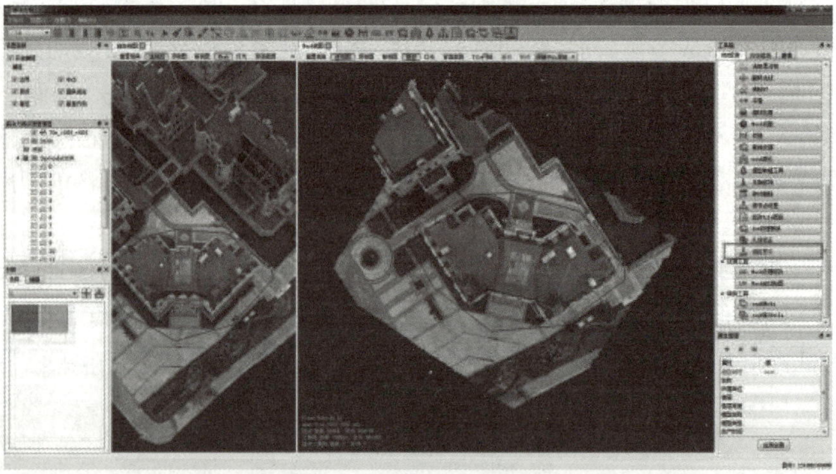

图 6-9　绘制置平范围线

（3）右键结束，即置平。

2）建筑物周围有植被情况单体化，使用水面修饰方式处理

（1）使用线工具，绘制范围线，绘制的线要将总建筑包裹在内。

（2）选择要素，选择线。

（3）激活水面修饰工具，设置 box 高度、纹理方式等参数。

（4）确定，如图 6-10 所示。

图 6-10　修饰建筑物周围植被

3）建筑局部修饰

Ⅰ. 墙线拉直

选择墙线拉直工具，在模型上选取两点，点击产生样条线，最后点击“确定”。

墙线拉直前后效果分别如图 6-11 和图 6-12 所示。

图 6-11　墙线拉直前效果

图 6-12　墙线拉直后效果

Ⅱ. 墙面平整

将要修饰的 Tile 瓦片加载到 Mesh 视图中(图 6-13),使用墙面处理工具,绘制需处理区域(图 6-14),最后点击“确定”。墙面平整后效果如图 6-15 所示。

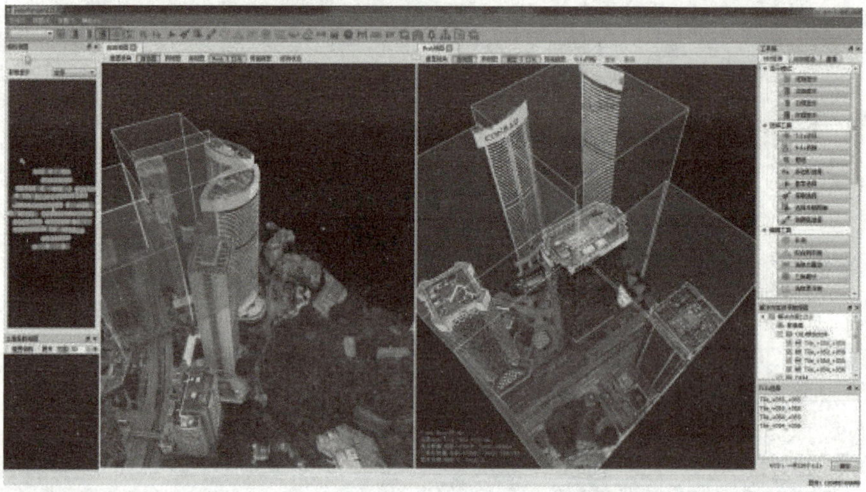

图 6-13　加载瓦片

图 6-14　选择整平区域

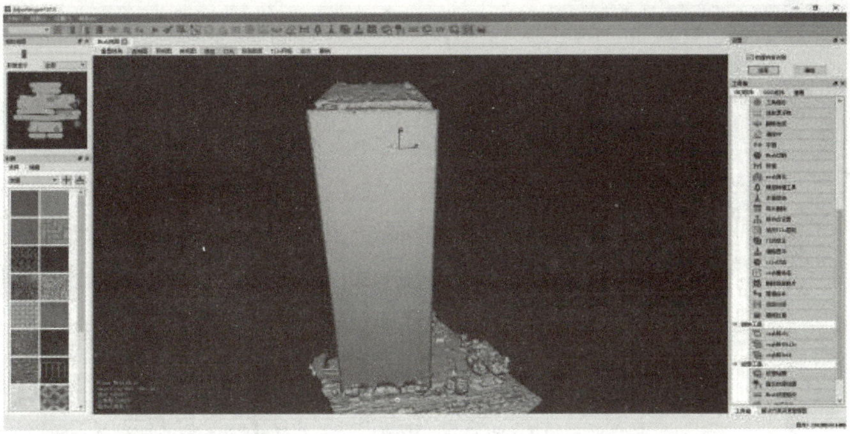

图 6-15　墙面平整后效果

Ⅲ. 环形孔修补

将要处理数据加载到 Mesh 视图中（图 6-16），使用墙面处理工具，选择纹理识别，选中要补洞的区域（图 6-17），点击“确定”，软件自动进行补洞。补洞后效果如图 6-18 所示。

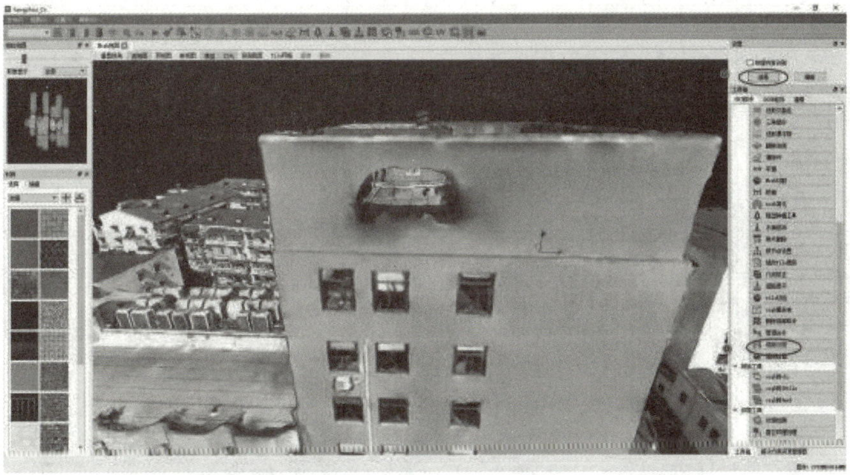

图 6-16　加载要修补数据

图 6-17　选择修补区域

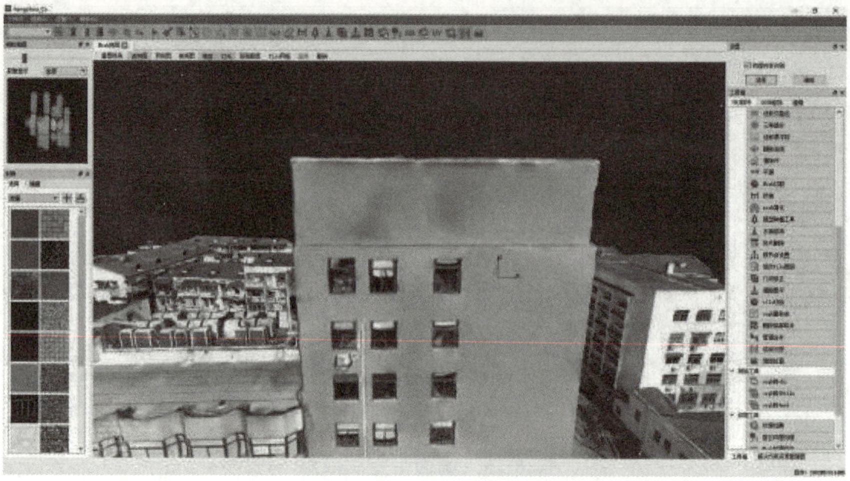

图 6-18　补洞后效果

4）水域修饰

传统处理方式如下。

（1）使用线功能，沿水域范围勾勒范围线，如图 6-19 所示。

图 6-19　勾勒范围线

（2）使用 Tile 选择工具，选择范围内 Tile 瓦片，如图 6-20 所示。

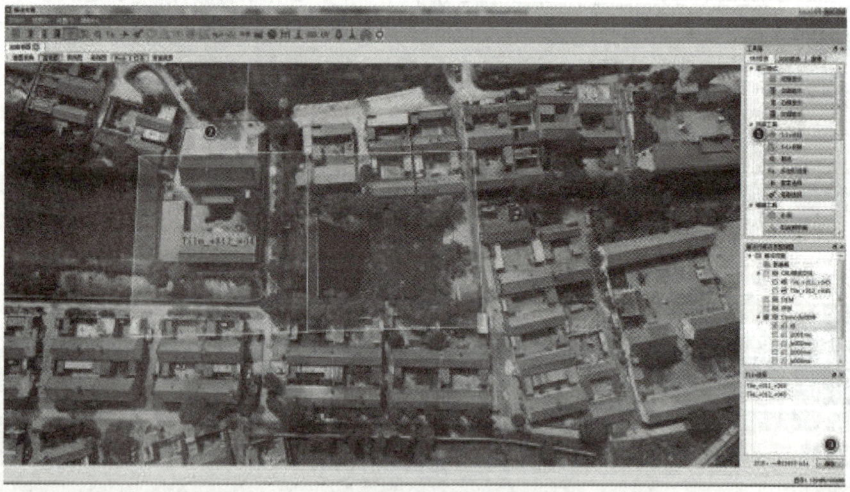

图 6-20　选择 Tile 瓦片

（3）选择视图，打开 Mesh 视图，如图 6-21 所示。

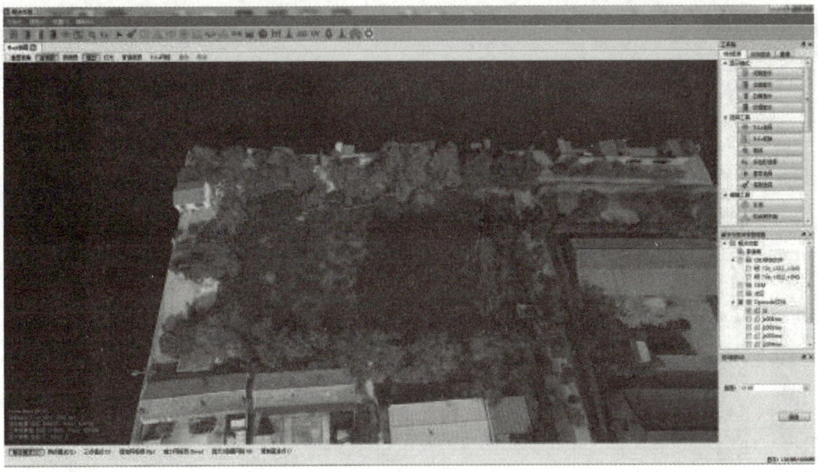

图 6-21 打开 mesh 视图

（4）选择范围线，使用 OBJ 水面修饰功能，调整范围空间参数，在四周有树的情况下，向上指数尽量调整到合适值，如图 6-22 所示。

图 6-22 调整范围空间参数

（5）更改纹理方式，现有离屏渲染（可以解译纹理图片，破洞处自动填充水面自然纹理）、自定义填充色或影像等方式，无影像时默认将前两个都勾选，填充色自定义为当前水面颜色，如图 6-23 所示。

图 6-23 更改纹理方式

（6）勾选超出水面优化，自动创建缺失 Tile 及只处理已加载 Tile，如图 6-24 所示。

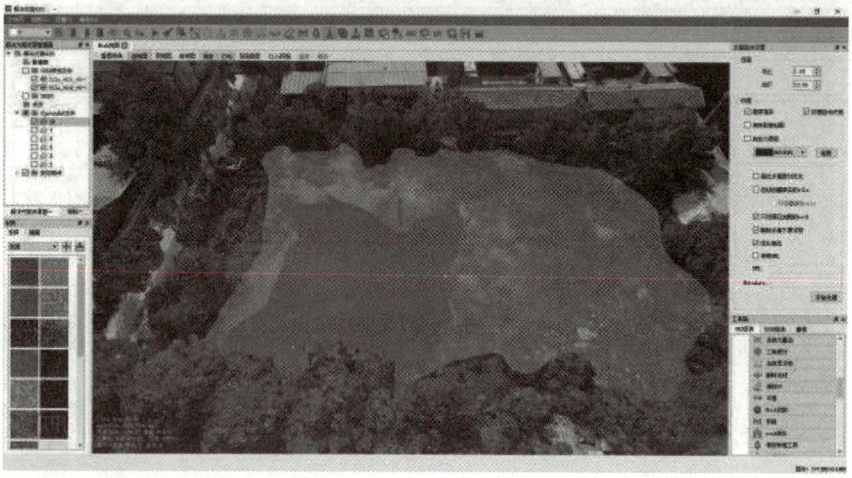

图 6-24　勾选超出水面优化

（7）点击“开始”，进行处理，如图 6-25 所示。

图 6-25　开始处理

（8）点击使用三维画刷功能修改，使用图章工具，调整笔刷大小、强度，在三维模型上进行纹理修改，类似 PS 的图章工具，如图 6-26 所示。

图 6-26　纹理修改

（9）完成修改，如图 6-27 所示。

图 6-27　修改完成

修饰水面时，也可以与 PS 联动处理：

（1）纹理修改可用 Mesh 纹理修改，联动 PS 修改，也可以利用纹理绘画功能在 Mesh 上直接修改；

（2）批量水面修饰时，可在自由视图将水域范围线都勾勒出来，点击水面修饰，设置参数，取消勾选“只处理已加载 Tile”，点击“开始”进行处理，处理完成后，将修改的 Tile 加载到 Mesh 视图进行局部精修，如图 6-28 所示。

图 6-28　水面修饰与 PS 联动处理

5）道路修饰

将要处理数据加载到 Mesh 视图，使用道路置平工具，绘制范围线，右键结束；可与 PS 联动处理，修饰纹理，如图 6-29 所示。

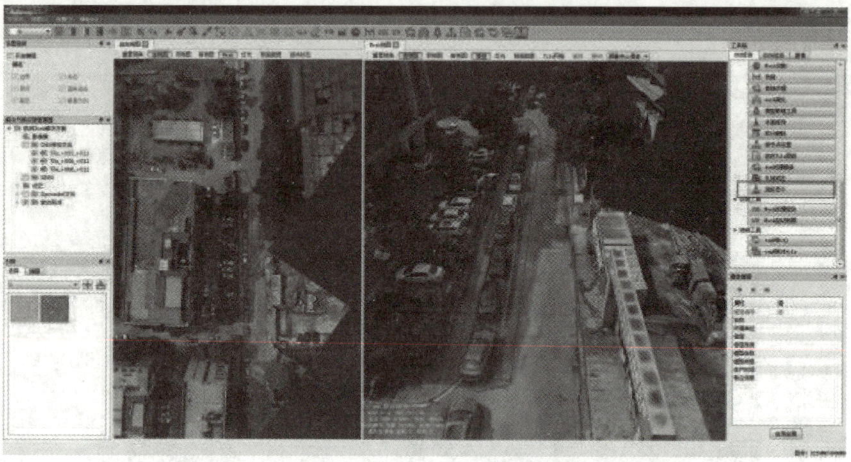

图 6-29　道路修饰效果

6）悬浮物删除修饰

在实景三维模型生产中，如电线塔、电线杆、电线、塔吊等细小且有镂空的地物，无法构成连续的三角网，会出现部分地物悬浮、镂空现象，应对其进行删除处理，如图 6-30 所示。不同的数据格式，删除处理的操作方法不同。

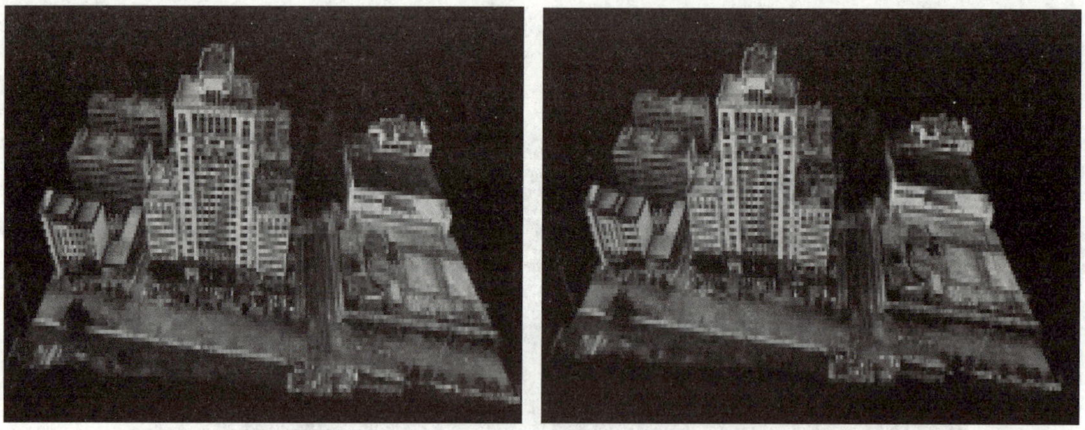

图 6-30　悬浮物删除前后效果

任务三　单体化建模

【任务导入】

倾斜摄影测量技术创建的大范围、全要素、精细纹理的三维模型场景，在其内三维模型可量测、可获得任意地物的空间坐标。但是，整个三维场景是“一张皮”的状态，使用者无法对独立的地物进行单独操作，使得三维场景仅可以进行场景浏览，无法实现其更深入的用途。所以，为了使倾斜摄影测量技术创建的三维模型成为真正意义上的 GIS 数据，需要对其进行单体化的操作，从而如何完成三维模型单体化是倾斜摄影测量技术创建的三维模型作用最大化的关键因素。完成单体化的三维模型具有独立的矢量数据的特性，模型处于单个分离状态，单独的模型处于三维场景内，不再是“一张皮”的状态。单体化后的三维模型在数字城市建设、电力工程、军事领域和灾害预防等方面发挥着巨大作用，使三维模型在真实美观的基础上，实现了其实用的功效。所以，完成三维场景独立地物要素的单体化具有重要意义。

【任务准备】

单体化是国内摄影测量界的一个名词，在国外将其称为“Building Reconstruction”。倾斜摄影测量三维单体化的意思为采用无人机倾斜摄影测量技术进行三维模型的建立，将需要进行管理和使用的独立建筑物模型从众多的三维场景中单独分离出来，分离出来的三维模型可以单独进行属性信息注解、管理和分析等，而不是仅供浏览查看。

对倾斜摄影模型进行单体化，根据其原理和方法不同，可分为切割和非切割两种不同的单体化方法。这两种方法均在感官上实现了单体化分离的效果。但是，切割式的单体化在本质上对建筑模型的三角网进行了切割，使倾斜摄影模型在物理层次实现了分割；而非切割式的单体化仅在视觉感官上实现了分离。

使用无人机倾斜摄影测量的方法建立实景三维模型具有工作效率高、使用工作人员少的优点，使用切割单体化的方法对三维模型的三角面元进行切割实现了单体化操作，克服了因非切割式方法实现的仅在视觉上产生模型分离效果的不足，达到了真正意义上的单体化，并使三维模型的精细化程度得到进一步的提高。

实景三维单体模型生产作业流程如图 6-31 所示。

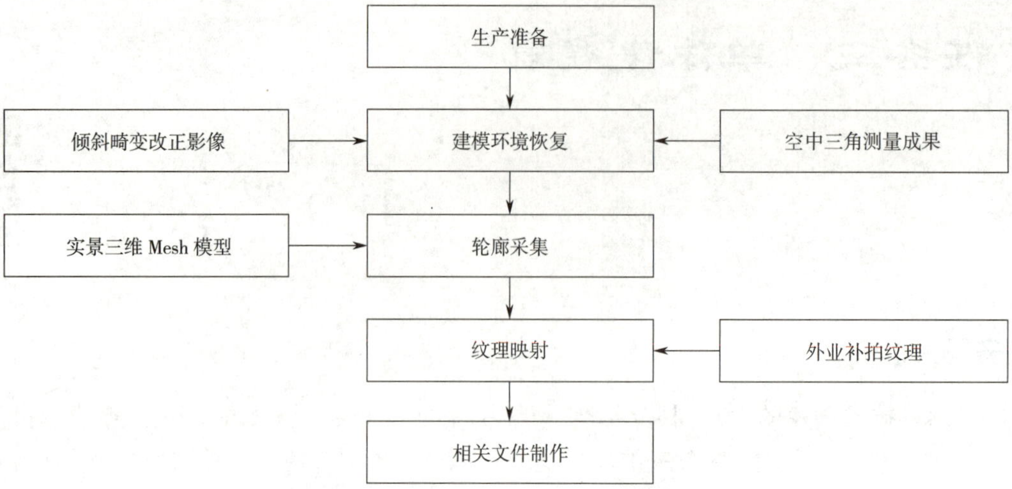

图 6-31　实景三维单体模型生产作业流程

1. 生产准备

1)资料收集

Ⅰ. 倾斜影像资料

收集的倾斜影像资料包括:

(1)经影像预处理、空中三角测量后的倾斜影像数据;

(2)倾斜畸变改正后的影像数据;

(3)倾斜影像参数数据;

(4)倾斜影像资料说明文件;

(5)相机技术参数等。

Ⅱ. 控制资料

收集的控制资料包括:

(1)已有的外业控制点成果;

(2)已有的空中三角测量成果;

(3)满足控制精度要求的数字高程模型、正射影像和地形图成果;

(4)可准确读取点位、满足控制点精度要求的其他资料。

Ⅲ. 地图资料

收集的地图资料包括:

(1)测区及周边各种比例尺的地形图及相关成果;

(2)行政区划图、交通图、水利图;

(3)其他有关资料。

2)资料分析

对所收集的资料,结合测图踏勘情况进行如下整理和分析,对于影响后续生产的问题应及时处理:

(1)分析倾斜影像资料的航摄时间、地面分辨率、重叠度、覆盖范围等是否满足生产要求;

(2)分析数据生产用影像数据的色调、灰度、纹理、反差等是否满足生产要求;

(3)核查控制点资料的情况,包括控制点的数量、分布、精度等级和可利用情况等是否满足生产要求;

(4)查看地图资料的现势性、时空基准、比例尺、成果精度和成果质量等;

(5)根据需要查看其他辅助资料,包括测区周边成图情况、接边数据、属性录入资料完整性等。

2. 建模环境恢复

建模环境恢复的步骤和要求如下。

（1）根据设计和资料情况采用区域网平差方式进行定向。

（2）恢复建模环境时，对于实景三维 Mesh 模型，需基于倾斜预处理影像和倾斜影像区域网平差成果，根据倾斜摄影测量系统功能设定按步骤恢复建模环境；对于实景三维单体模型，需基于倾斜畸变改正影像和倾斜影像区域网平差成果，根据倾斜摄影测量建模软件功能设定按步骤恢复建模环境。

（3）恢复建模环境后，应对建模环境进行相对和绝对精度检核。相对精度检核应确认同名像点投影差满足模型构建要求，存在投影差影像模型构建时，应核查倾斜畸变改正影像、空中三角测量成果相关精度指标，必要时需重新处理消除投影差；绝对精度检核应使用测区范围内控制测量成果进行，平面和高程误差最大不应超过相应比例尺成果精度要求。

3. 轮廓采集

实景三维单体模型轮廓采集的重点是基于实景三维 Mesh 模型和倾斜多视角影像，进行地物要素准确轮廓线的采集。轮廓采集的内容和要求如下。

（1）根据建模范围内的实景三维 Mesh 模型、倾斜多视角影像，采用人机交互方式进行地物要素轮廓线采集。

（2）实景三维单体模型建模单元划分、建模区域的级别划分、模型命名、采集方法，应按《三维地理信息模型生产规范》（CH/T 9016—2012）执行。

（3）实景三维 Mesh 模型应为通用数据格式，模型整体结构完整、纹理清晰、信息丰富、颜色真实、反差适中；模型成果精度应符合《三维地理信息模型数据产品规范》（CH/T 9015—2012）的规定；模型成果应与实际环境保持一致，各地理要素之间应无缝衔接，模型块与块之间应满足接边要求。

（4）无遮蔽的建筑要素模型、交通要素模型、场地模型、水系要素模型应主体结构完整、轮廓清晰。

（5）对于电线杆、灯柱、塔吊、电线塔、树木等支架细小的地物或女儿墙、栏杆、单独站牌等边缘地区像素少的地物，允许三维模型成果表达不完整。

（6）对于实景三维 Mesh 模型精度不能满足采集要求（地物遮蔽区、建筑物拐角、细小地物等）区域，宜参照倾斜多视角影像进行采集。

（7）轮廓采集后，需要对模型轮廓采集精度进行检查。

4. 纹理映射

纹理映射的内容和要求如下。

（1）轮廓采集完成后，基于倾斜影像，采用纹理自动映射技术进行纹理贴图，对于模型纹理与实际地物不符的区域需要进行人工编辑处理。

（2）对于近地面建筑物底商等遮挡严重、模糊区域，采用外业拍照的方式获取纹理，纹理处理后，进行贴图。

（3）实景三维单体模型纹理处理要求应按《三维地理信息模型生产规范》（CH/T 9016—2012）执行。

5. 相关文件制作

相关文件包括元数据和技术总结等，其制作要求如下。

（1）元数据按分区制作，填写内容应符合《基础地理信息数字成果元数据》（GB/T 39608—2020）的要求。

（2）技术总结的编写应符合《测绘技术总结编写规定》（CH/T 1001—2005）的要求。

【任务实施】

下面利用 DP-Modeler 软件进行单体化建模，具体任务流程如下。

1. 数据准备

利用 DP-Modeler 软件进行单体化建模需要前期做好以下准备。

（1）原始影像：将原始影像拷贝并备份，查看影像前、后、左、右、下五个镜头的照片，删除无效影像，并将文件批量重命名，如图 6-32 和图 6-33 所示。

（2）像控点文件：将像片控制点数据进行导出、整理、格式编辑，以及坐标系的换算，数据精度筛查，控制点点之记整理以及范围线的确定，如图 6-34 所示。

（3）POS 点文件：检查 POS 数据的完备性，编辑 POS 点文件格式，整理筛查 GPS 文件数据和 IMU 数据，删除无关字段，导入相机参数，如图 6-35 所示。

使用瞰景 Smart3D 软件生产模型时，选择生产 OSGB 和 OBJ 两种类型的模型数据，由于瞰景 Smart3D 生产的倾斜模型仅对影像数据做了畸变校正，因此在单体化建模前，需要对影像数据进行坐标偏移值的设置（坐标的偏移值可以通过生产的 xml 文件进行读取），如图 6-36 所示。

图 6-32　原始影像照片整理

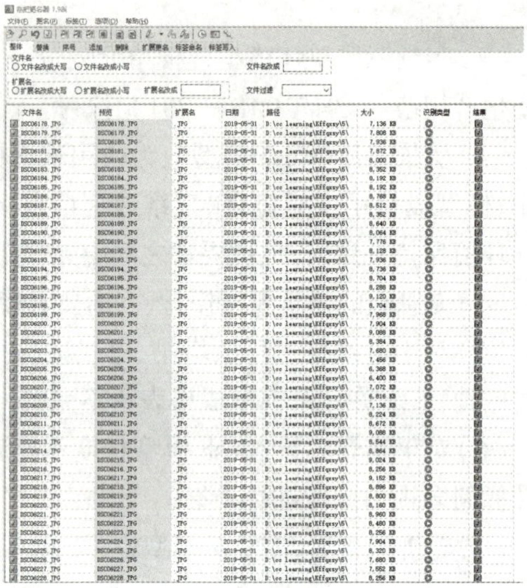

图 6-33　文件批量重命名

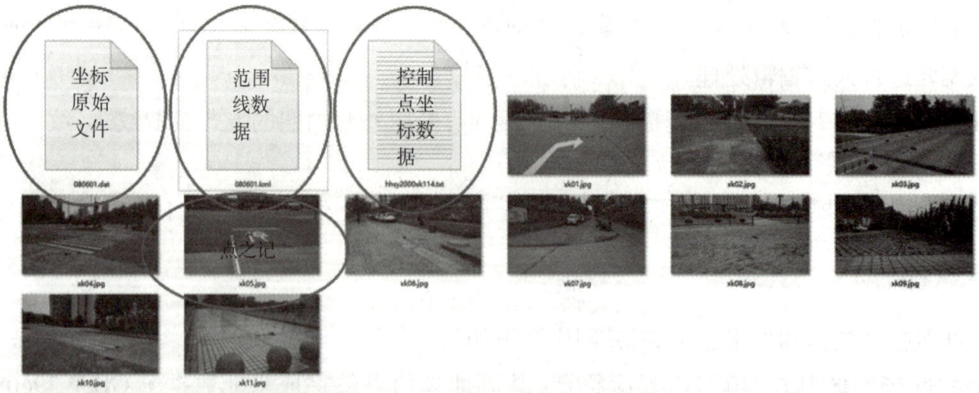

图 6-34　像控点文件编辑整理

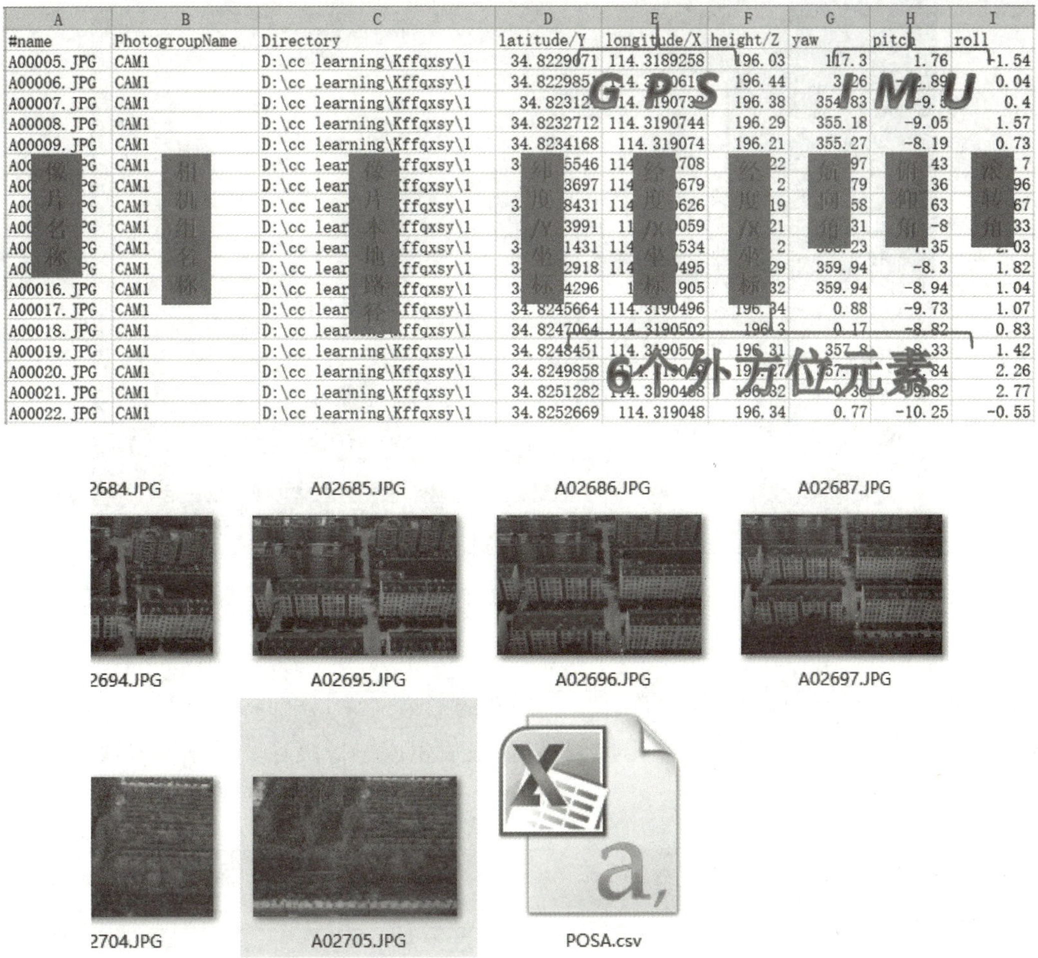

图 6-35　POS 点文件编辑整理

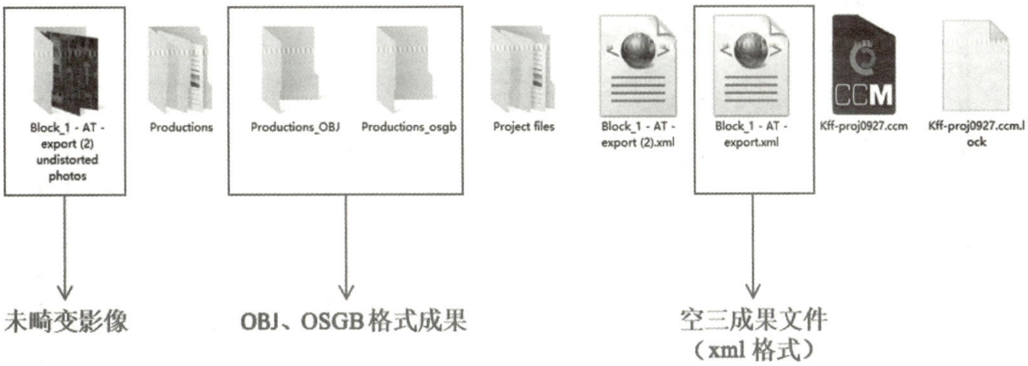

图 6-36　DP-Modeler 软件单体化建模前需要准备的数据材料

2. 导入数据

打开 DP-Modeler 和 DPSlnManager 软件进行操作，分别将未畸变影像数据、空三文件（xml）、OSGB 格式的模型数据导入软件后，设置坐标偏移值，最后生成影像缓存。（注意：影像数据类型有两种：一种是.xml 格式；另一种是.csv 格式。其中，.xml 格式是瞰景 Smart3D 输出空三报告格式，.csv 是 PhotoMesh 输出空三报告格式）。将数据导入后，建立工程项目，进行单体化建模操作，具体操作流程如下。

（1）打开“DPSlnManager”工程配置，新建 Jas 解决方案，选择工程存放路径，如图 6-37 所示。

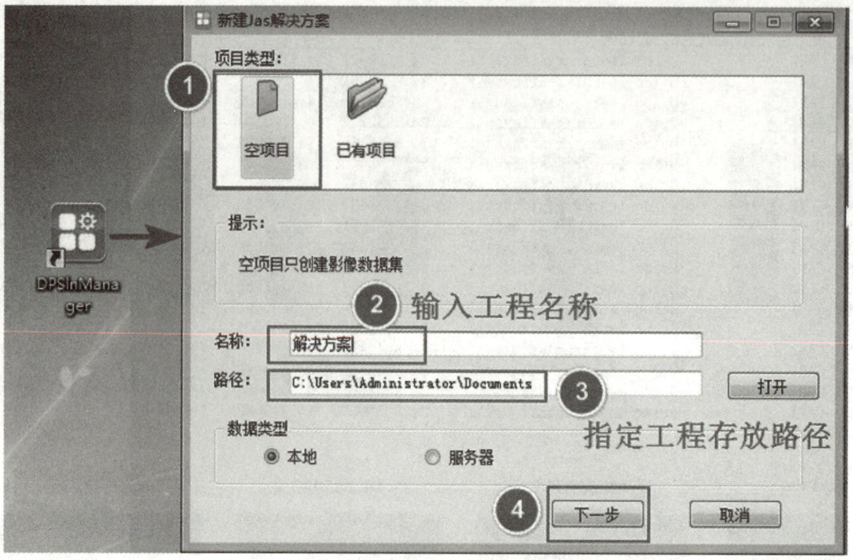

图 6-37　新建 Jas 解决方案

(2)导入数据。

进入导入数据界面,点击影像,导入符合生产条件的影像文件,分别将影像数据、空三文件(xml)、OSGB 格式的模型数据导入软件后,设置坐标偏移值,最后生成影像缓存。具体导入数据流程如图 6-38 所示。

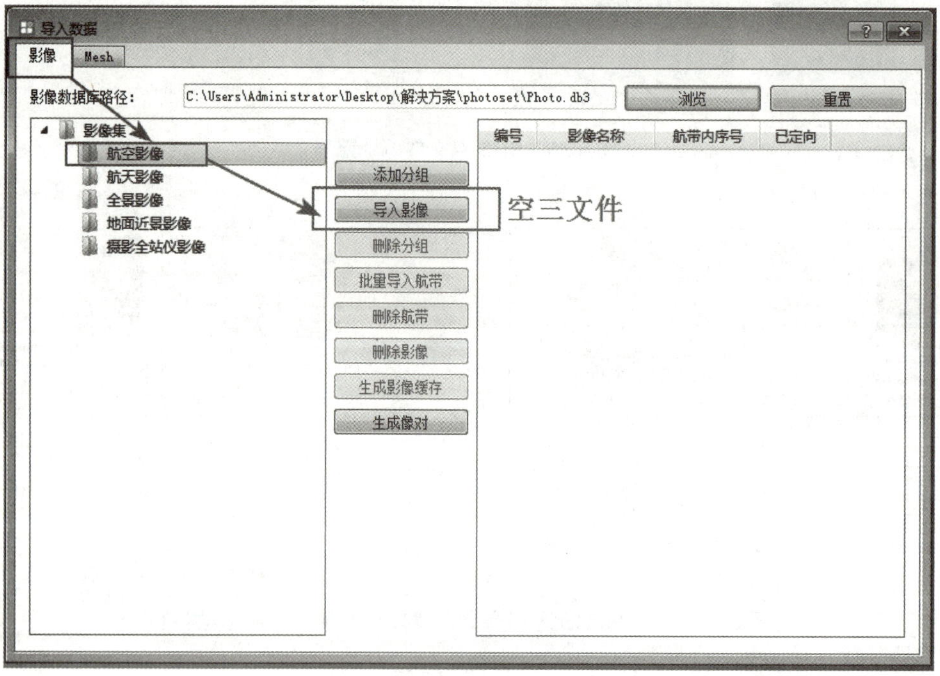

图 6-38　导入数据流程

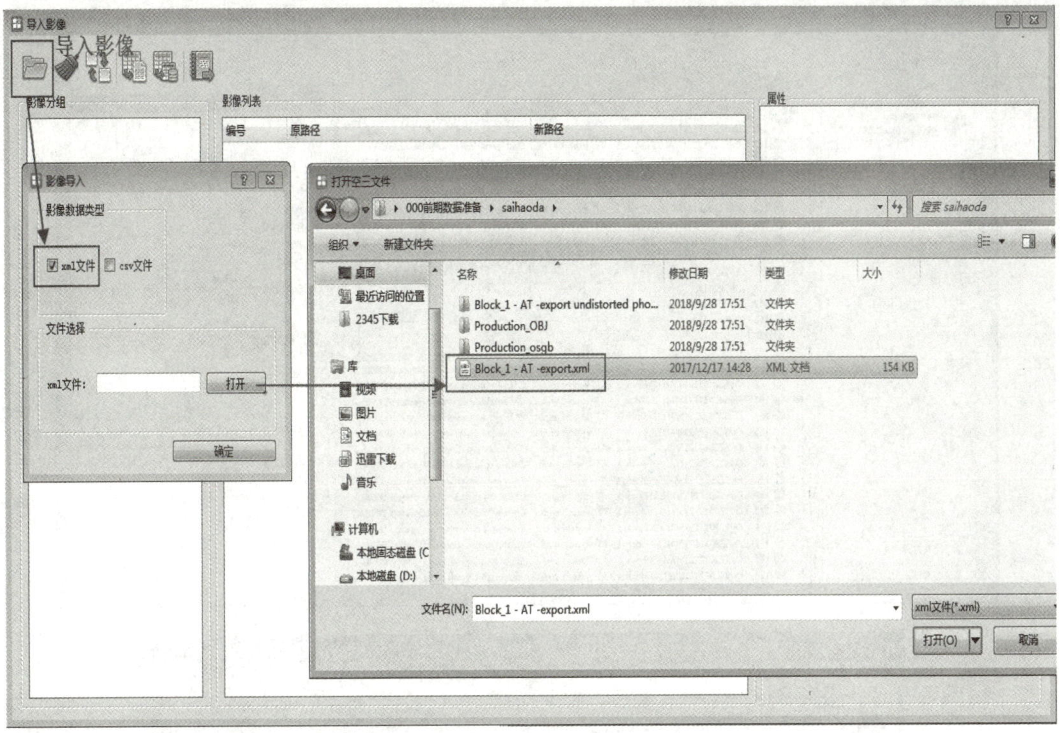

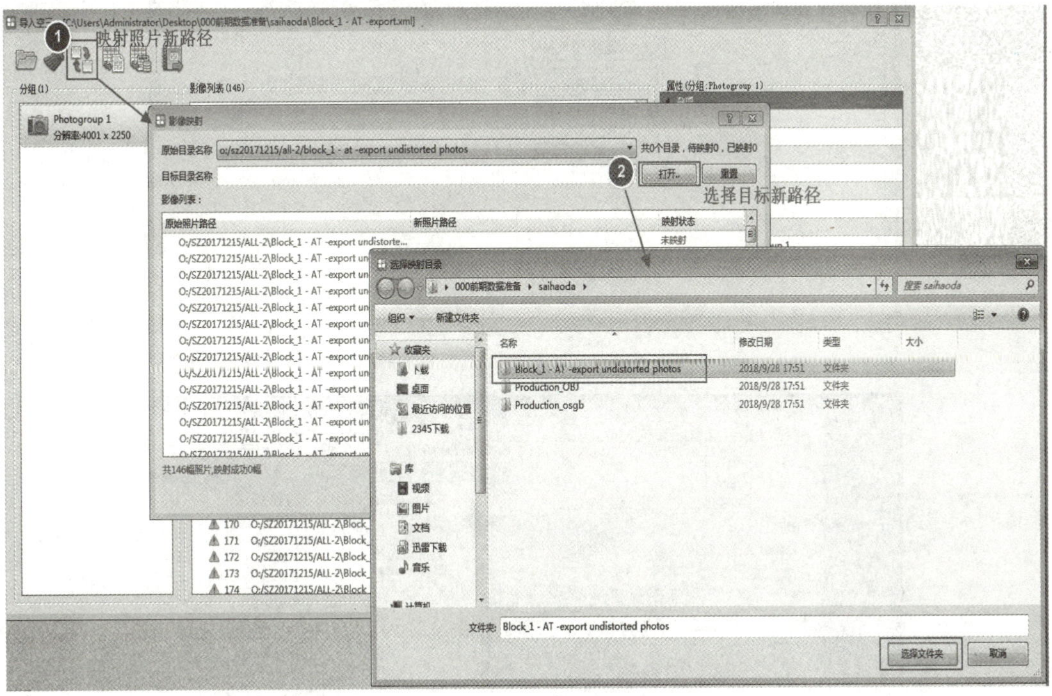

图 6-38　导入数据流程(续)

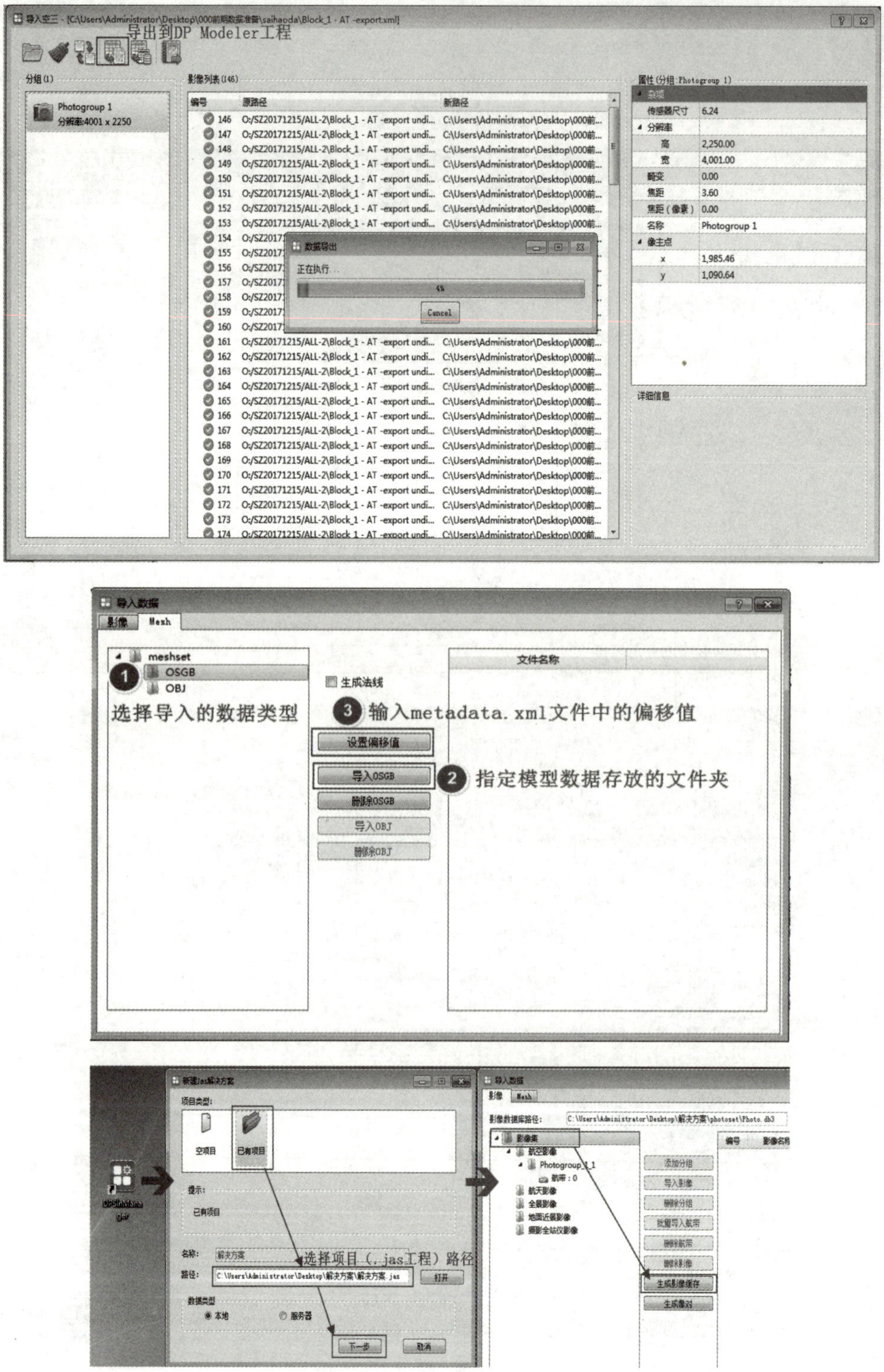

图 6-38　导入数据流程（续）

3. 单体化操作

1）确立“基准面”

首先保证建筑物之间的相互独立关系，确定“基准面”。确定基准面可分为一点定面和三点定面，前者适用于建筑物面较平整，单点确定的基准面比较准确；后者适用于建筑物面不平整，在整个建筑物面上选取三个点进行基准面的确定。基准面的作用是确定模型轮廓线采集的高程基准面，将基准面定位在模型的一个点上便可获取该点的高程基准。将作业模式调整为下视影像视角进行单体化作业，设置完毕以后，在相机视图中挑选一张下视影像视图，点击左上角显示为灰色的影像球，由灰色变为橘黄色后，选择相关联的下视影像图即可。根据生成的模型结构，在创建过程中，为方便三维模型的单体化创建，对建筑模型的透明度进行设置，将显示模型切换至线框模式或者调整模型的“不透明度”为 0%。根据生产的三维模型影像数据，使用“内偏移和外扩”和“挤出柱体”等功能，完成建筑物主体的创建工作；使用“平移”和“旋转”等功能，完成建筑物凹凸结构的制作；使用“切割面”和“切割平面”等功能，完成建筑物窗户、柱体、台阶等部件的创建；完成单个建筑物单体制作后，生成制作的白模。

（1）在建筑顶部设置基准点，点击软件工具箱，选择默认工具，点击激活“设置基准面”，并在属性栏激活“单点模式”，在 Mesh 视图上点击建筑顶部角点即可，如图 6-39 所示。

图 6-39　设置基准点

（2）在相机视图中挑选一张下视影像视图，点击左上角显示为灰色的影像球，由灰色变为橘黄色后，选择出相关联的下视影像图即可，如图 6-40 所示。

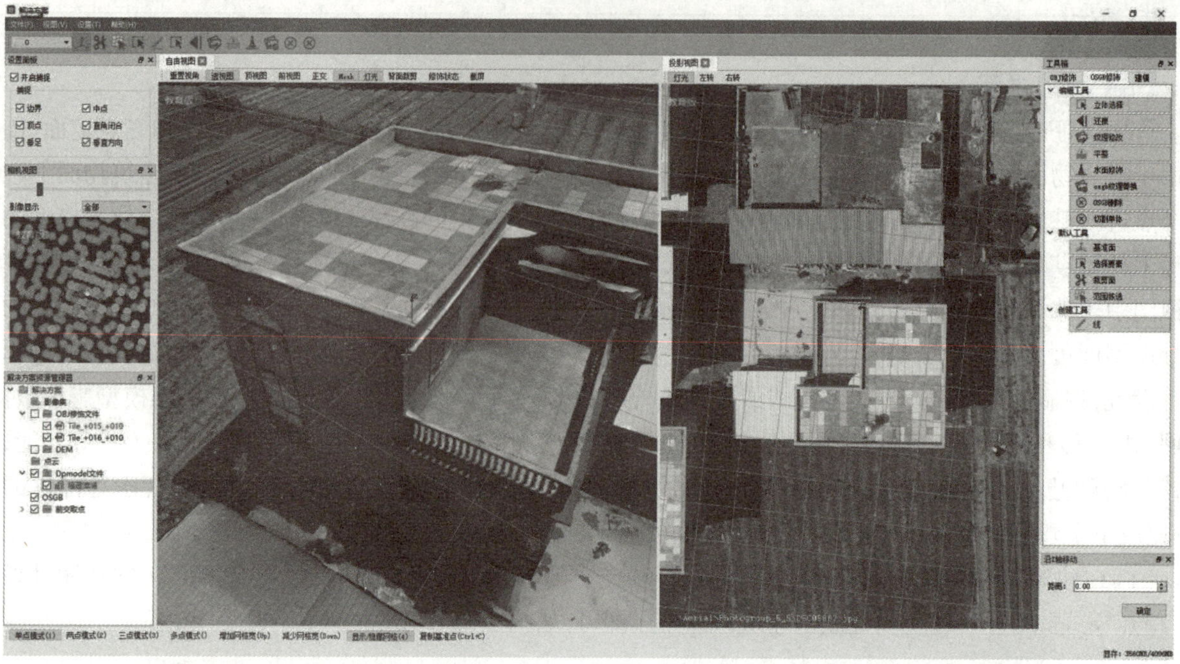

图 6-40　转换下视影像视图

（3）在下视影像上采集建筑顶部轮廓，点击软件工具箱，选择“建模”，点击“创建”，选择创建“多边形”中的“普通多边形”，然后依次点击建筑顶部角点，直至单击右键闭合，如图 6-41 所示。

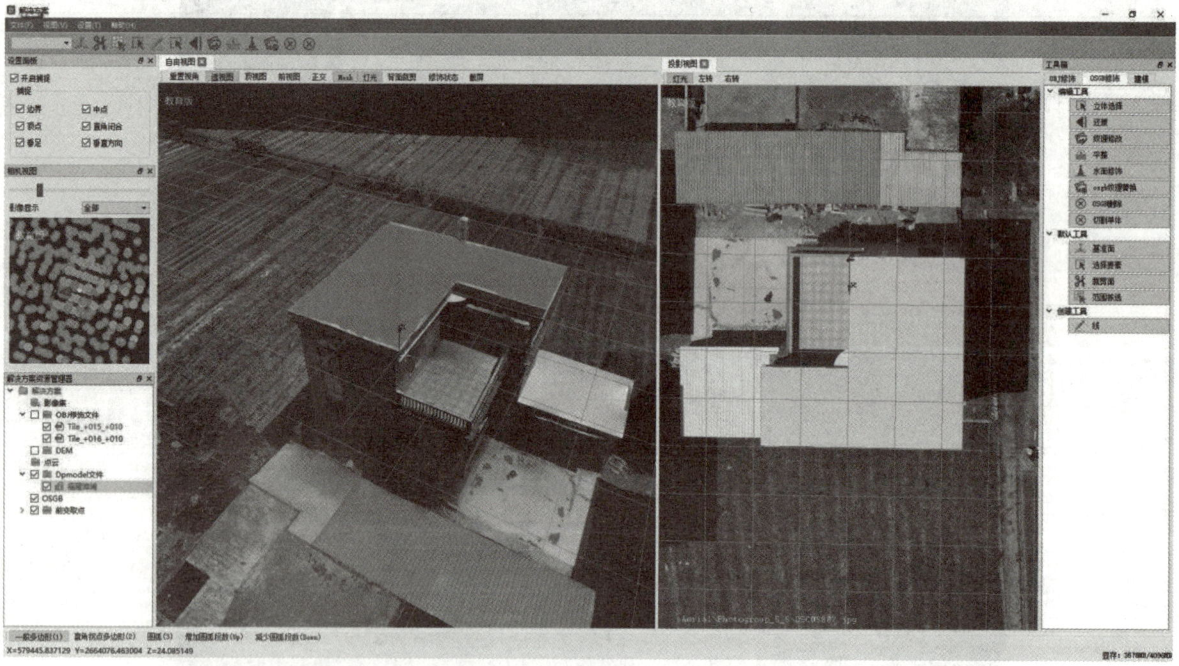

图 6-41　采集建筑顶部轮廓

（4）创建屋檐结构，在工具栏中选择“挤出柱体”，点击“柱”，根据倾斜影像挤出屋顶柱体，如图 6-42 所示。

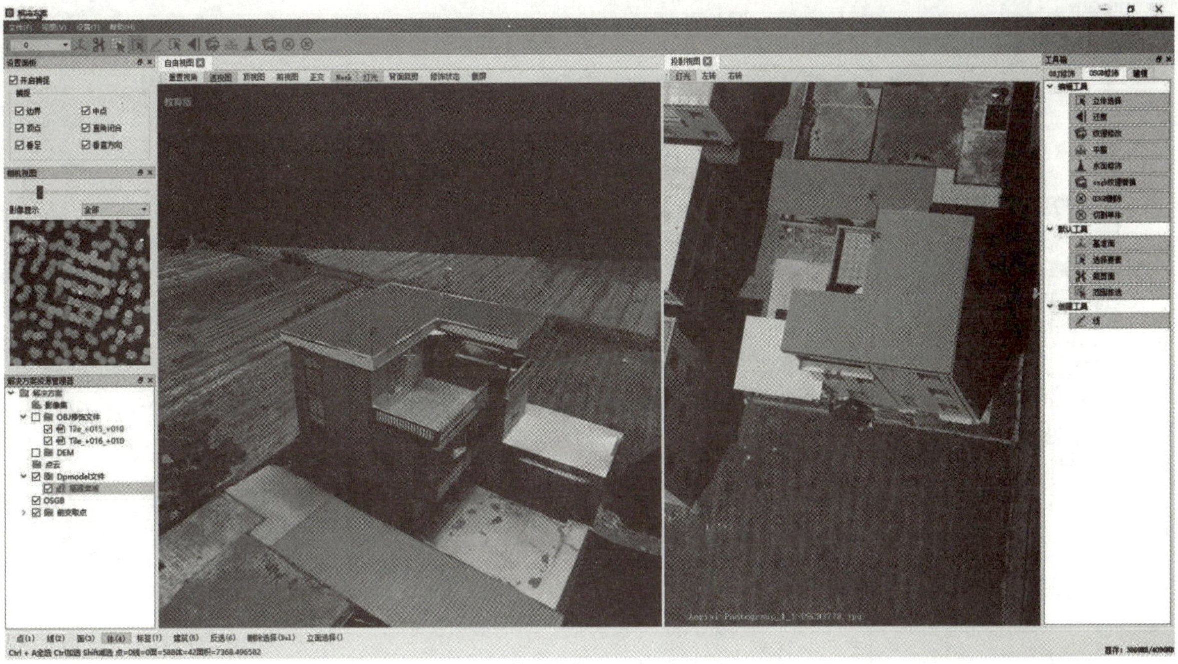

图 6-42　挤出屋顶柱体

（5）屋檐纠正，点击“选择要素”，选择激活“面”，再点击建筑顶部面，点击激活“平移”，激活“Z”轴的同时按住 Ctrl 键拖动“Z”轴复制面，选择“平移”，将复制面捕捉到底面，选择“翻转法线”和“内偏移外扩”，完成屋檐纠正，如图 6-43 所示。

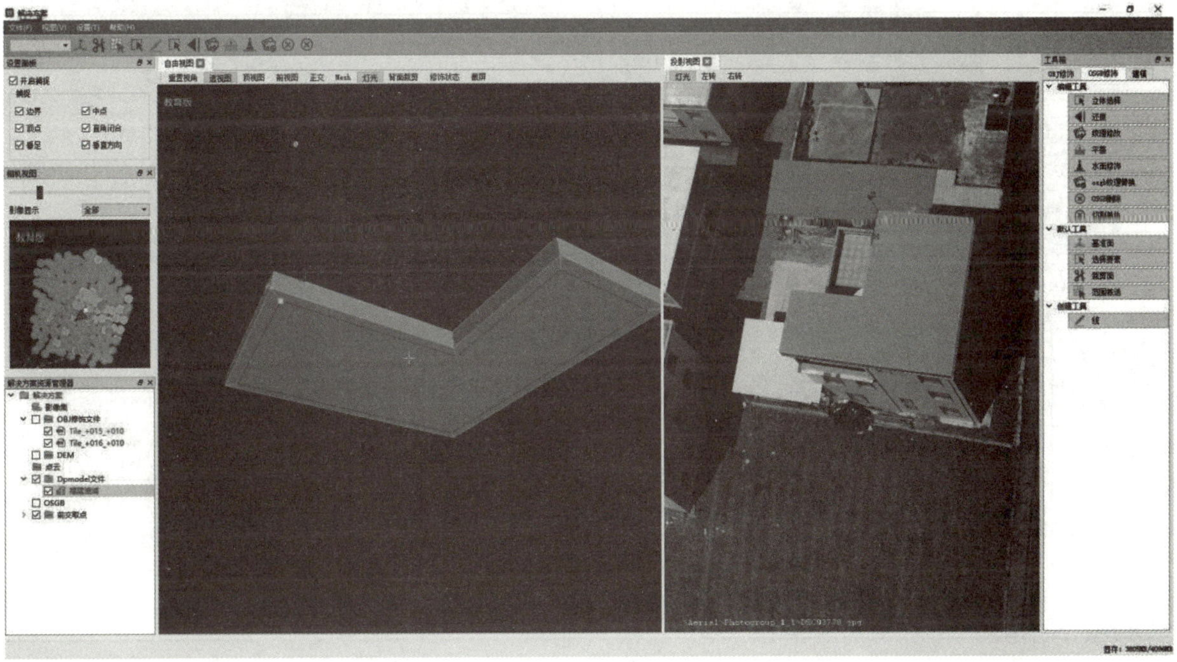

图 6-43　屋檐纠正

（6）挤出柱体结构，选择“挤出柱体”，根据刚纠正的房檐向下拉，挤出房屋柱体结构，如图 6-44 所示。

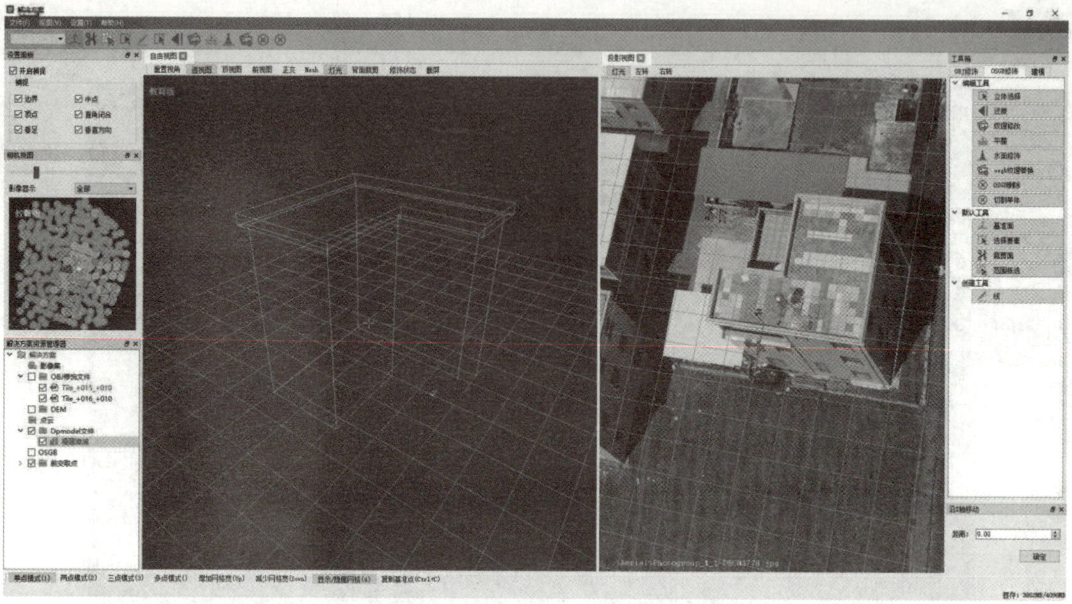

图 6-44　挤出建筑柱体结构

（7）女儿墙制作、栏杆制作，选择“相机视图”，切换下视影像，在工具栏中选择“内偏移外扩”，根据影像向内偏移，制作女儿墙厚度，再选择“挤出柱体”，选择“柱”，切换倾斜影像向下拉出，制作女儿墙高度。栏杆制作与女儿墙制作方法一致，如图 6-45 所示。

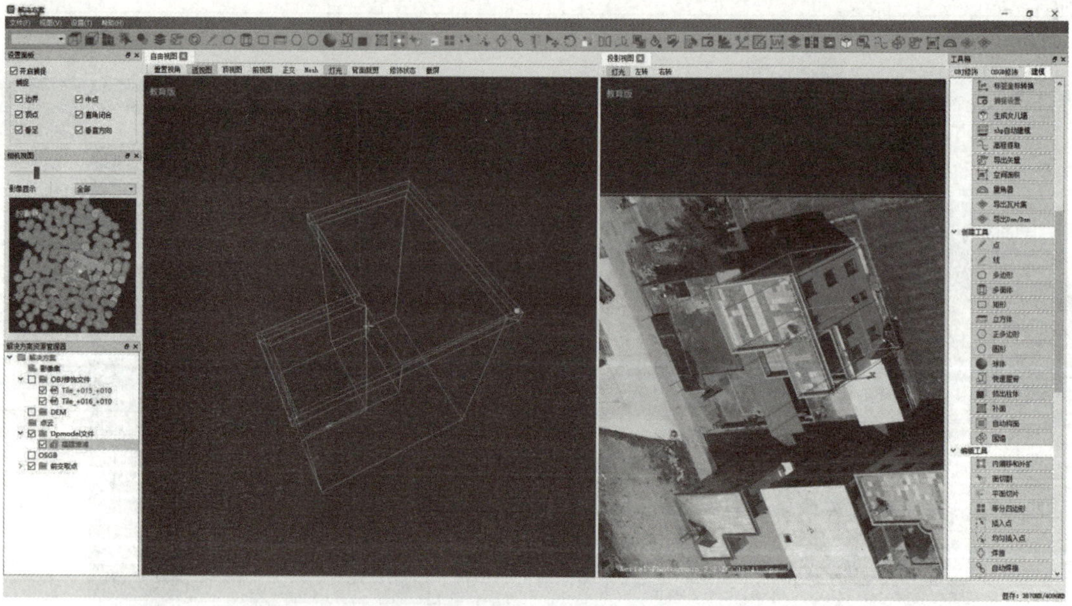

图 6-45　女儿墙、栏杆制作

（8）屋脊制作。

①选择“相机视图”，切换下视影像，用“内偏移外扩”制作出水槽宽度，选择“切割面”将顶部骨架线采集出来，应用“选择要素”选择顶部角点，切换倾斜影像，最后平移顶点，如图 6-46 所示。

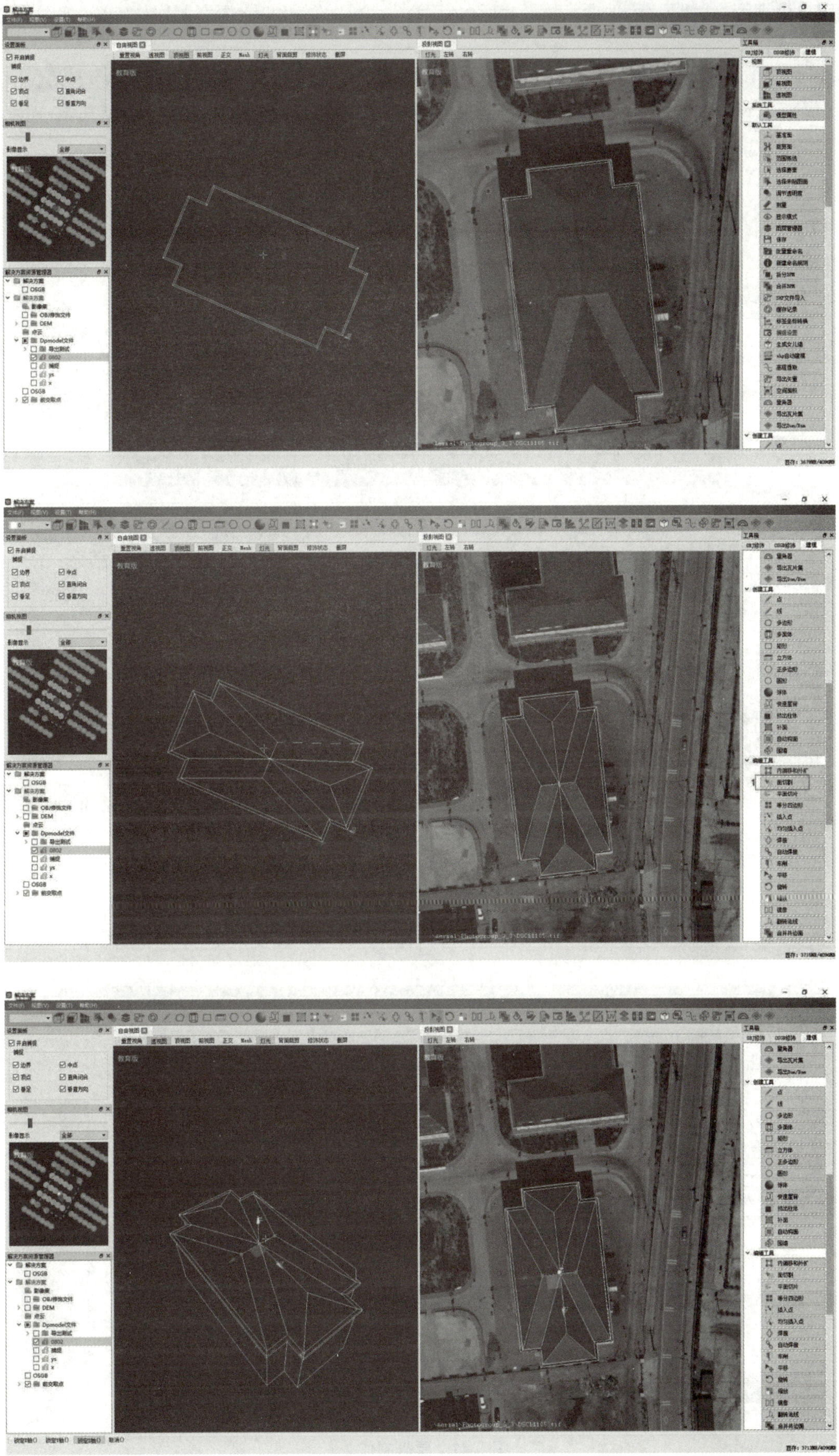

图 6-46　屋脊制作 1

②利用自由视图“快速屋脊”选项，只需勾勒红色屋脊线，单击右键结束，屋脊制作作完成，如图6-47所示。

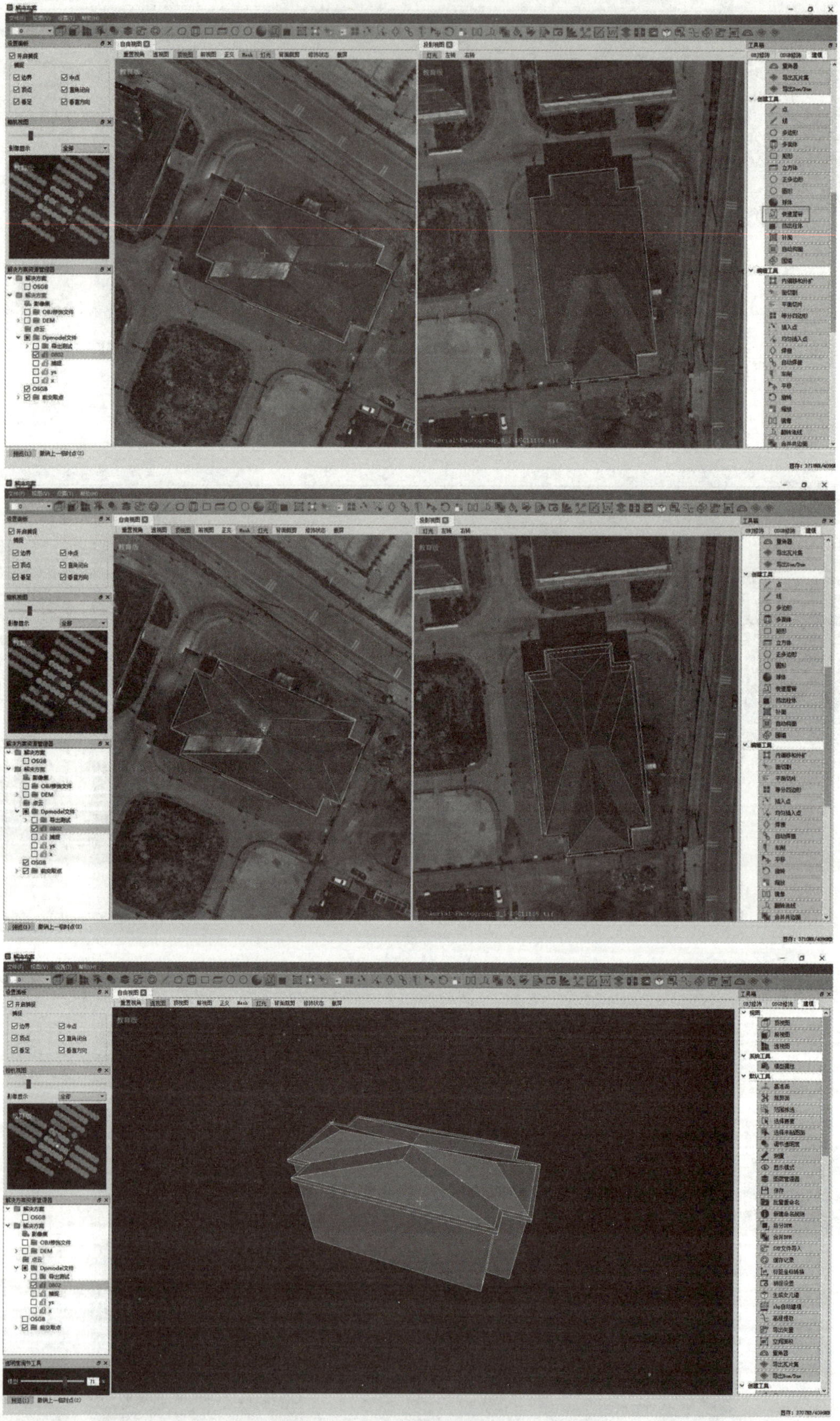

图6-47　屋脊制作2

2)纹理贴图

纹理贴图时,以建筑物的外立面清晰、整洁和真实为原则进行贴图处理。纹理贴图可分为两部分,即纹理自动映射和手动贴图。为了提高工作效率和质量,先进行纹理自动映射,再使用手动贴图进行修饰。前者多用于照片质量好、建筑物结构单一、四周无遮挡的情况;后者适用于任何情况,只是操作费时费力,但质量较好。自动贴图时,选择“多面体纹理自动映射”工具,对图片的参数、所占面积和角度的比重进行设置,一般情况下选择为 50%较合适,贴图的外扩像素选择 20 左右,贴图尺寸一般为 1 024×1 024;手动贴图时,先在相机视图中选择最佳的照片视角,对弹出的矩形框部分存在遮挡的修饰,矩形框内一般用“其余建筑物”“路灯和标语牌”“树木”等进行移除,在相邻的影像数据中选择真实无遮拦的数据进行纹理置换,达到模型纹理精化的目的。若影像数据无遮拦,由于数据获取产生的质量问题,此时需使用“编辑照片”功能,联动 Photoshop 软件,对获取的影像数据在保证视觉真实性的前提下,最大限度地以自然和美观为原则进行修饰。对不符合要求的照片,进行相应的修改和置换,使用“重新加载”功能,完成照片的更替,最终完成纹理贴图。

Ⅰ.一键式纹理自动映射

点击“选择要素”,选择需附材质面,选择“自动纹理映射”,软件自动从影像中选择与附材质面相符合的纹理进行映射,如图 6-48 所示。

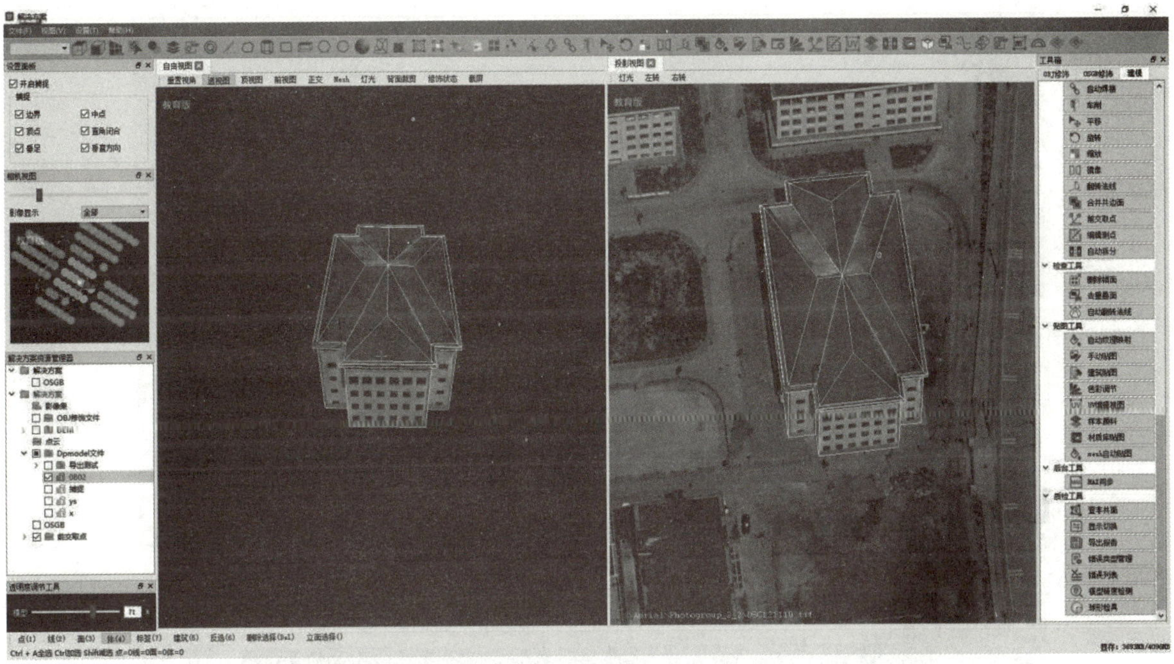

图 6-48　纹理自动映射

Ⅱ.手动纹理修改

(1)链接 Photoshop 路径,点击“设置”,选择“全局设置”,选择图片编辑器路径,与 Photoshop 进行链接,如图 6-49 所示。

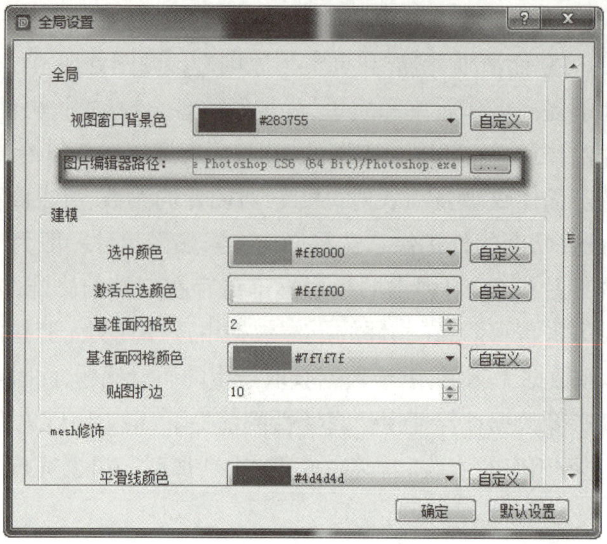

图 6-49　链接 Photoshop 路径

（2）点击“选择要素”，并点击“面”，选择需要的面，点击“手动贴图”，然后选择“编辑图片”，与 Photoshop 联动，在 Photoshop 中完成所选面纹理修改，点击“修改”并保存，在 DP-Modeler 中点击“重新加载”，贴图完成。

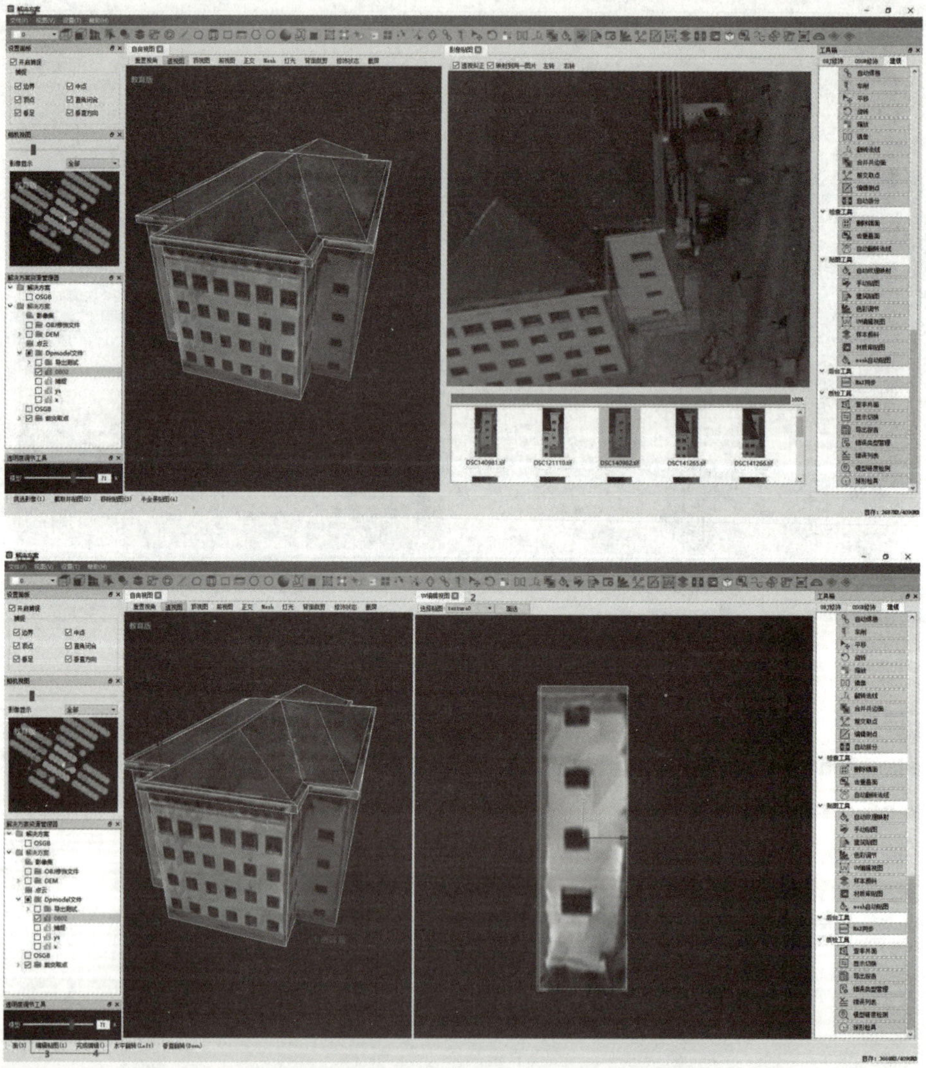

图 6-50　手动贴图

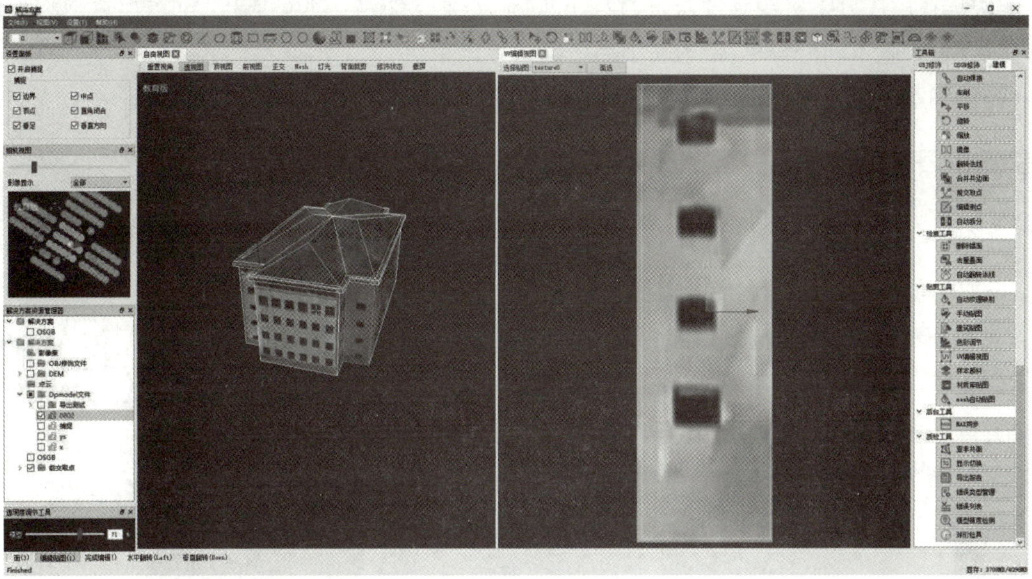

图 6-50　手动贴图(续)

3)场景融合

对单独的建筑物进行单体化后,需实现单体化建筑物和整个场景的融合。使用“区域踏平”“立体删除”和“批量重建”等功能,在 DP-Modeler 软件中选中需要踏平的建筑物并删除,对删除的地面进行缝补和贴图处理,将单体化后的建筑物与地面部分进行融合;选中建筑物场景中的树木、标语牌和电线杆等多余的悬浮建筑物等,对其进行删除,最终达到融合的目的。

4)成果导出

Ⅰ. 导出 OBJ 格式成果

(1)依次选择“建模工具箱”→“后台工具”→“批量重命名”→“设置命名规则”。

(2)依次选择解决方案资源管理器→ DP-Modeler 文件→右键→批量导出,并设置参数,如贴图存放路径、贴图重命名、合并最小贴图、尺寸限制、贴图格式等。

(3)点击“确定”,选择 OBJ 成果数据存放路径,如图 6-51 所示。

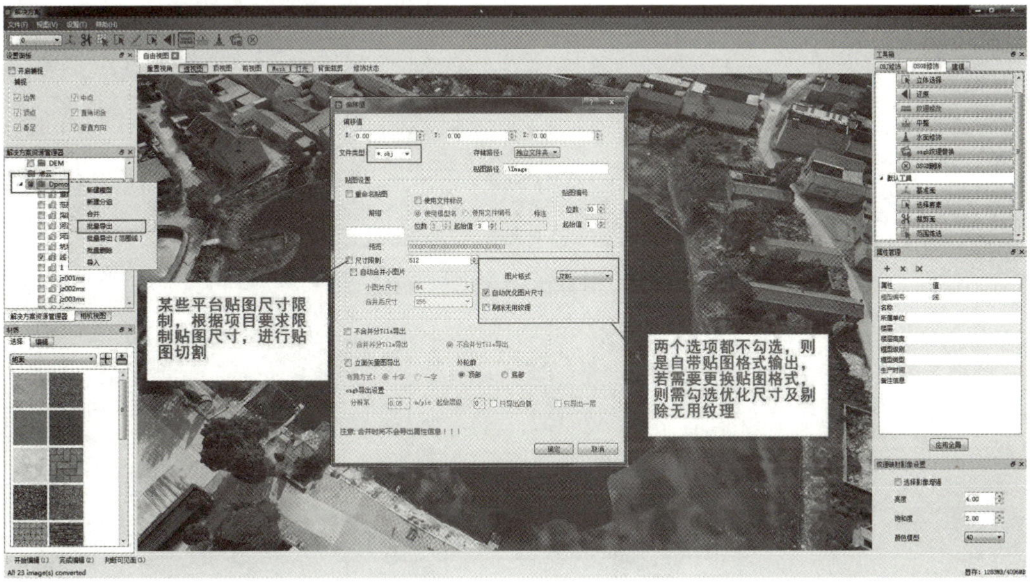

图 6-51　导出 OBJ 格式成果

Ⅱ. 导出 OSGB 成果格式

（1）依次选择解决方案资源管理器→ DP-Modeler 文件→右键→批量导出，设置文件类型为.osgb，根据不同单体化类型，设置不同分辨率，带透贴小品一般只导出单层。

（2）点击“确定”，选择 OSGB 成果数据存放路径，如，图 6-52 所示。

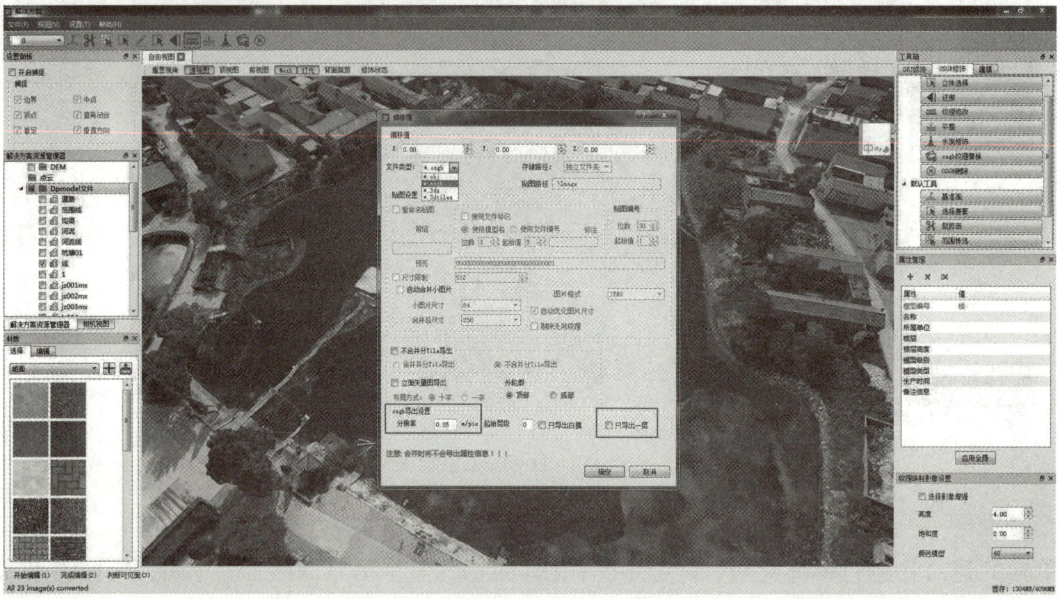

图 6-52　导出 OSGB 格式成果

【项目小结】

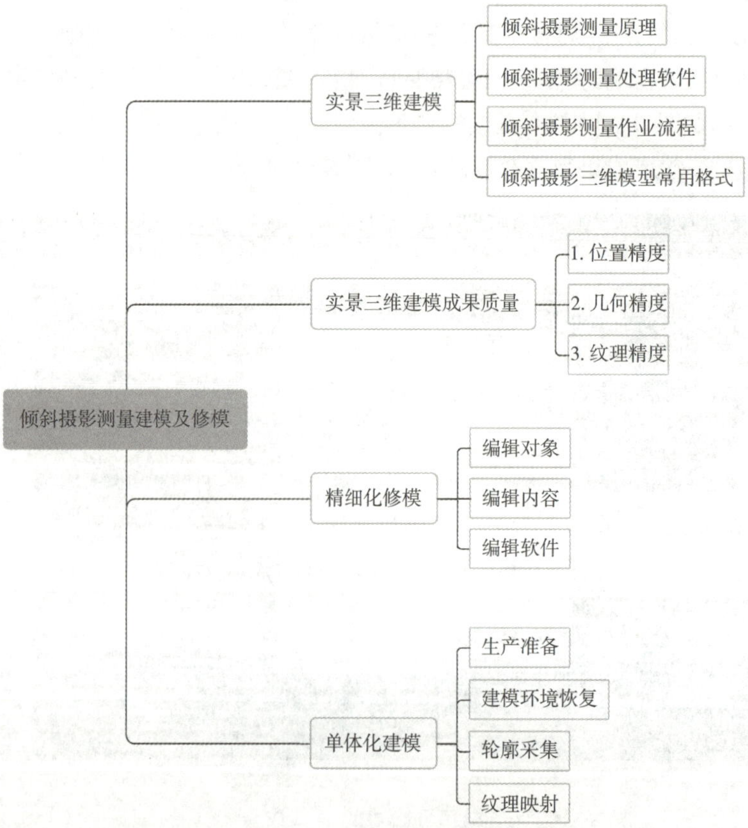

【思考与练习】

1. 倾斜摄影测量实景三维建模的基本流程。
2. 实景三维模型编辑的内容有哪些?
3. 什么是水面补洞处理?
4. 简述用 DP-Modeler 软件对倾斜三维模型修模的作业步骤。
5. 简述用 DP-Modeler 软件单体化建模的作业步骤。

【技能训练】

应用 DP-Modeler 软件对校园倾斜三维模型成果进行修饰,并单体化建模其中一栋建筑。

【思政故事】

认识测绘精神

一、什么是测绘精神

测绘精神是指热爱祖国、忠诚事业、艰苦奋斗、无私奉献。

测绘精神是测绘地理信息行业独有的文化内涵,是测绘人在日复一日的辛勤工作中践行的行为准则,并提炼的精神成果。

二、测绘精神的再认识

“测绘精神”自 1991 年被提出,经过了 30 多年的丰富发展及不断充实,已不仅仅是一种口号和象征,而是逐步形成了测绘行业独有的具有强烈行业特色和文化特征的思想体系。

测绘精神是测绘文化的精神内核,集中体现了测绘人的精神层面和中国测绘事业发展的历史。

1. 热爱祖国——对测绘精神最高度的政治概括

追根溯源,我国真正科学意义上的测绘事业是在新中国建立后才从无到有地发展起来的,是在中国共产党的直接领导下得以产生、发展、壮大的。新中国成立初期,除经济发达的少数地区有少量测绘资料外,大部分国土都属于未被开垦的处女地,更不要说新疆、西藏、青海等大部分的荒漠地区。我国没有自己的坐标系统,没有真正科学意义上的测绘学科。社会主义制度无可比拟的优越性与测绘业一穷二白的现状,激发了测绘人的使命感、责任感。几十年来,测绘人从拉着架子车,怀揣五十万分之一的概略地图走进西域、走进荒漠,直到现如今我国建立起自己独立的坐标系统,完成了全国各种比例尺的全覆盖地图,发展成为位于世界前列、拥有现代最先进的测绘科学技术的测绘大国。党的坚强领导始终是我国测绘事业发展的政治保证。党的“全心全意为人民服务”的根本宗旨,从国家测绘局建局开始,就成为历代测绘人坚定的理想信念;“国家利益高于一切”的爱国情结,始终是测绘工作者孜孜以求的最高境界。

2. 忠诚事业——对测绘人精神世界高度的思想概括

测绘事业是相对艰苦的事业,面对的是恶劣的自然环境。然而,在测绘这杆大旗之下,测绘人乐此不疲,甚至驱而不散。究其原因,最根本的就在于测绘人独特的文化现象和崇高的价值观念,主要表现如下。

(1)对测绘事业的深层理解,形成了独有的价值观。把一生奉献给自己从事的事业是人生最大的价值体现。测绘人对测绘事业饱含着对祖国的忠诚和对祖国强大的追求。一旦从事了测绘业,便终生依托、荣辱与共。这是测绘人共有的思想内核。

(2)一丝不苟的业务特色,成就了严谨、细致的行业作风,形成了测绘人独有的思想体系。这种思想体系一旦形成,就具有强大的向心力和排他性。测绘事业就成为他们唯一的归宿。

（3）长年累月与祖国的大好河山为伴，形成了测绘人以天下为家的宽阔胸怀和直爽、奔放、大度的性格特点，形成了测绘人健康向上的团队精神。

3. 艰苦奋斗——测绘行业自身的行为要求

艰苦奋斗是中国共产党的优良作风之一，随着测绘行业的组建，党的艰苦奋斗的优良作风必然地成为这支队伍的立身之本。几十年来，艰苦奋斗的作风在测绘行业内不断得到发扬充实，并被赋予新的含义。即使在我国国力不断强大的今天，艰苦奋斗依然是测绘地理信息事业发展的行为要求。

4. 无私奉献——测绘人最高的道德要求

中国共产党的宗旨是践行“全心全意为人民服务”的最高目标。这也始终是测绘人追求的价值目标。国家测绘局建局以来，党组织从来没有离开过基层。在攀登珠穆朗玛峰的过程中，在海拔接近 7 000 m 的雪山上，党组织依然在发挥着中流砥柱的作用。在党组织的教育下，为社会主义事业奋斗、为祖国强大而英勇献身的品德，成为测绘人潜移默化而成的精神支柱。

三、弘扬测绘精神，推动测绘事业发展

新时代测绘工作者秉持“特别能吃苦，特别能战斗，特别能奉献”的理念，用热血和汗水，甚至生命铸就了“热爱祖国、忠诚事业、艰苦奋斗、无私奉献”的测绘精神，并与以爱国主义为核心的民族精神、时代精神紧密融合，逐步形成了具有鲜明特色的测绘文化，成为推动测绘事业发展的重要力量源泉。

项目七

基于倾斜摄影的 4D 产品生产

项目描述

DEM、DSM、DOM、DLG 等数据是建设“实景三维中国”的核心数据，它们与多源地理空间数据，如矢量数据、BIM、倾斜摄影、雷达激光点云等，以及物联网动态时空数据，汇聚、融合、构建实景三维数据库，通过时空数据索引快速查询、组织、管理，与各级政企单位共享，形成支撑智慧城市治理、业务数字化的全息数字空间。

相较于常规的 4D 产品生产方法，如摄影测量立体测图和全野外测图，倾斜摄影测量能够建立精细的地表三维模型，具有精细度高、准确度高、全要素建模、可全方位浏览等诸多优点，提供了更好的基础数据源，并且可以生产更多类型的数字测绘产品，是一种全新的测绘产品生产方法。倾斜摄影测量技术在测绘领域的主要用途是快速地建立精细的地表三维模型，其成果在多数情况下可以替代手工建模、“倾斜影像+激光扫描”、地面激光扫描等传统的建模方法。优秀的倾斜影像三维建模软件可以在只有倾斜影像而没有其他参数(如相机检校数据、飞行数据等)的情况下，依然能够自动高效地完成三维建模的计算，完整地恢复全部地表形态，包括自然地貌景观、人工构筑物的三维形状和色彩，如地形、房屋、道路、树木、植被、田块等，并且不需要人工观测。基于倾斜摄影测量实现的三维测图流程，可更快速便捷地生产 4D 产品，缩短工期，提高效费比。

项目目标

- (1)掌握 4D 产品的总体生产流程及技术要求
- (2)掌握 DSM/DEM 的表示方法
- (3)掌握 DOM 的质量检查内容及方法
- (4)能够灵活运用各类软件进行 4D 数据产品的生成、编辑、镶嵌、裁切等操作

任务一　DSM 生产

【任务导入】

DSM 涵盖了地面及地表信息所有高程值的数据，表示最真实的地表起伏情况，在一些对建筑物高度有需求的领域有广泛的应用，如在森林地区可用于检测森林的生长情况，在城区可用于检查城市的发展情况。本任务主要介绍 DSM 的生成、编辑、镶嵌与裁切以及接边等环节的操作步骤及技术要求。通过学习，理解 DSM 的表示方式，掌握 DSM 数据生成、编辑与拼接的技术要求和操作方法。

【任务准备】

1. DSM 表示

数字表面模型（DSM）与数字高程模型（DEM）的数据结构类似，都有两种格式：一种是基于三角网模型的数字表面模型产品；另一种是基于规则格网点的数字表面模型产品。由于倾斜摄影测量技术建立的三维模型是全要素、真三维模型，不同于传统意义上平滑连续、每一个格网点上有且只有一个高程值的 2.5 维数字表面模型，基于倾斜摄影三维模型生产的数字表面模型产品一般采用三角网模型格式存储。

1）基于规则格网的 DSM

规则格网 DSM 是利用一系列在 X、Y 轴方向上都等间隔排列的地形点的高程 Z 来表示地形，从而形成一个矩形格网 DSM，如图 7-1 所示。其中，任意点 P_{ij} 的平面坐标可根据该点在 DSM 中的行列号 i、j 及存放在该 DSM 头部文件的基本信息推算出来。这些基本信息文件应包括 DSM 起始点坐标 X_0 和 Y_0，DSM 格网在 X 与 Y 轴方向的间隔 D_x 和 D_y 以及 DSM 的行列数 N_x 和 N_y 等。点 P_{ij} 的平面坐标（X_i，Y_j）为

$$X_i=X_0+i\cdot D_x\ (i=0,1,\cdots,N_x)$$

$$Y_i=Y_0+i\cdot D_y\ (i=0,1,\cdots,N_y)$$

规则格网 DSM 表达的高程细节丰富，数据格式简单，便于存取与处理，同时建模方法比较简单，它是目前运用最广泛的一种存储方式。但规则格网 DSM 也存在以下缺点：地形简单的地区存在大量的冗余数据；若不改变格网大小，则无法用于起伏程度不同的地区；由于栅格过于粗略，难以描述地形的结构特征，如山峰、洼坑、山脊、山谷等地貌特征区域。

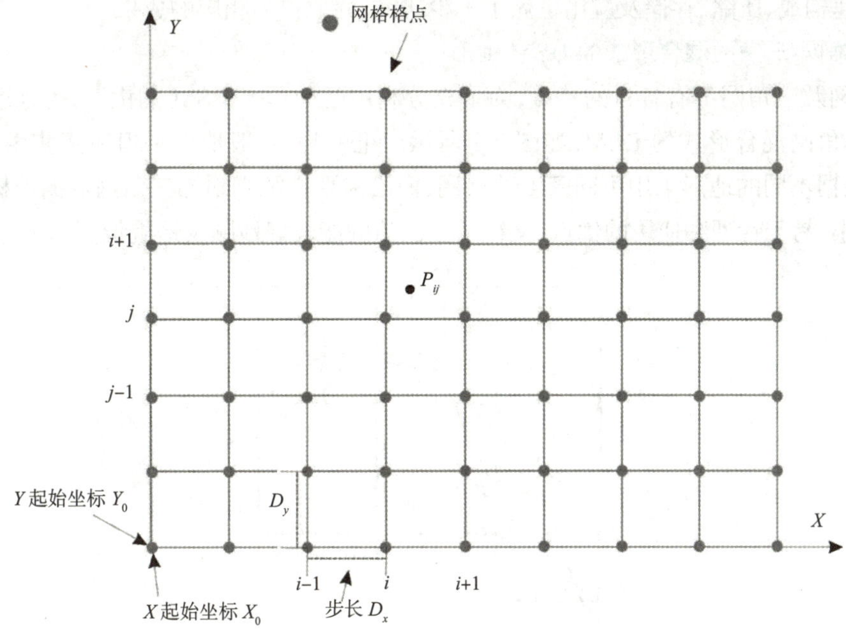

图 7-1　规则格网 DSM

2)基于三角网的 DSM

对于非规则离散分布的特征点数据，为了能较好地顾及地貌特征点、线，从而真实地表示复杂的地形表面，可以建立各种非规则的数字地面模型，如三角网、四边形网或其他多边形网，其中最简单的是三角网。不规则三角网(Triangulated Irregular Network，TIN)是按一定的规则将离散点连接成覆盖整个区域且互不重叠、结构最佳的三角形，从而建立离散点之间的空间关系，如图 7-2 所示。其中，每个三角网点都包含该点的平面位置和高程信息。

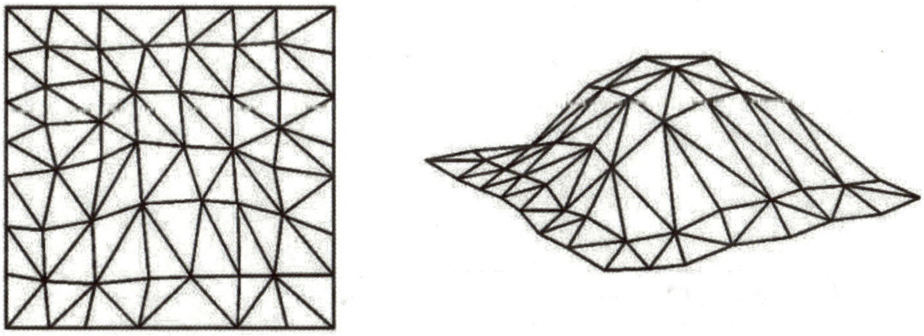

图 7-2　不规则三角网 DSM

常见的三角网建模的构网法则主要有“三角形三边和最小”法则、“三角形边的对应角最大”法则、“最大-最小角”法则和 Delaunay 法则等。所有的构网法则都必须满足一个基本的必要条件，即所构成的三角网中任何一个三角形内不包含其他的点。

三角网 DSM 的存储方式和矩形格网 DSM 的存储方式大不相同，它不仅要存储每个网点的高程，还要存储其平面坐标、网点连接的拓扑关系、三角形及邻接三角形等信息。其常用的存储结构有三种形式，即直接表示网点邻接关系、直接表示三角形及邻接关系、混合表示网点及三角形邻接关系。

三角网 DSM 能够简单地表达地形的结构特征，充分反映点的分布密度和地形的复杂度；且其建模的复杂度与地形的复杂度一致，能以较少的点表达一定精度要求的地形模型。但不规则三角网的三角面元以及三角形的点、边之间的拓扑关系比较复杂，且数据量大、数据结构复杂，使用与管理不方便。因此，近年来人们对三角网的快速构成、压缩、存储及应用也做了不少研究，并取得了相应的成果。

3）基于矩形格网-三角网混合形式的 DSM 地形

由于矩形格网及三角网都有各自的特点，为了充分利用两种形式 DSM 的优点，可采取两者的结合，即基于矩形格网-三角网混合形式的 DSM，如图 7-3 所示。也就是，一般地形平坦地区使用矩形格网数据结构，而且还可以根据不同的地形采用不同密度的格网，而沿地形特征则附加三角网数据结构，这样既保持了矩形格网存储量小、易于管理和使用的优点，又继承了三角网能较好地顾及地貌特征的优点。

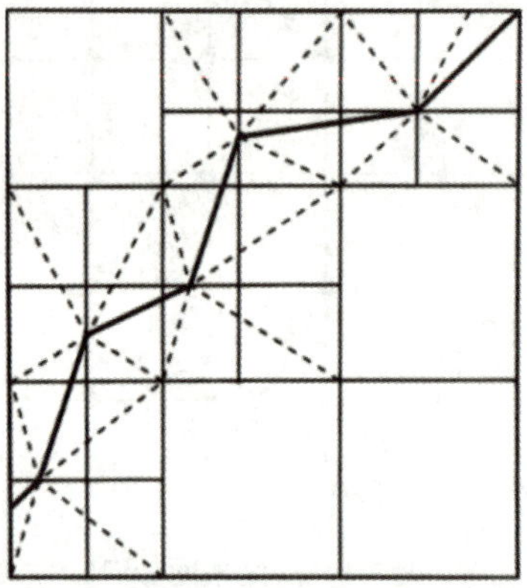

图 7-3　矩形格网-三角网混合形式 DSM

2. DSM 生产流程

倾斜影像经三维建模软件处理后，可直接得到表达地表形态特征的 DSM，而无须人工观测，再经简单编辑和绝对定向处理后，即可得到符合产品标准的 DSM 产品。DSM 生产流程如图 7-4 所示。

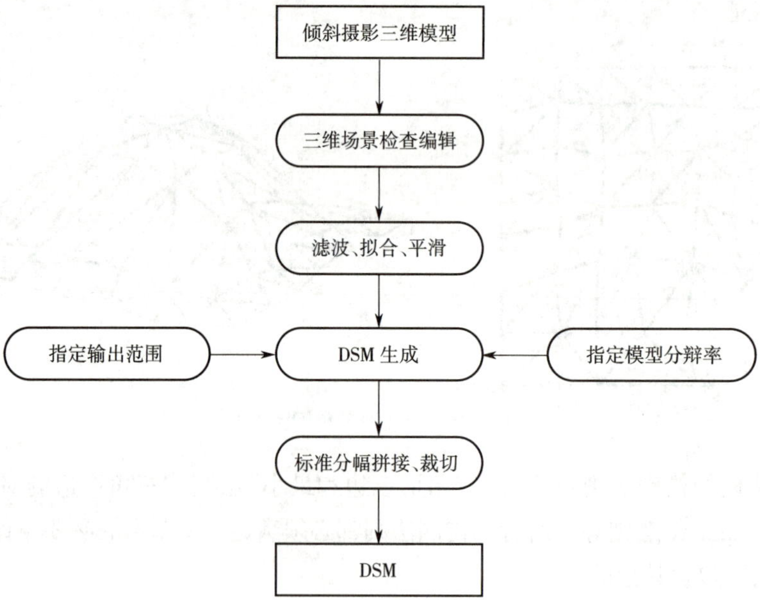

图 7-4　DSM 生产流程

3. DSM 数据编辑与拼接总体要求

DSM 数据编辑的重点区域包括树木、房屋建筑区、道路、水体（如主要湖泊、水库、河流）及匹配错误的区域。DSM 数据编辑与拼接内容和要求如下：

a）根据需要采用平面环境或立体环境进行人工交互编辑。将 DSM 数据结果叠加到相应的正射影像上

（平面编辑环境）或叠加到相应的立体模型上（立体环境）进行编辑检查，改正不能满足成果精度要求的高程数据。

b）DSM 数据拼接以模型为单元进行，拼接完成后应对拼接效果进行核查，必要时反复编辑或拼接。

【任务实施】

1. DSM 生成

1）技术要求

在空中三角测量成果基础上，进行三维点云 DSM 数据的生成。三维点云 DSM 数据生成的步骤和要求如下：

（1）基于倾斜摄影测量技术进行实景三维 Mesh 模型构建，对模型漏洞区域、细小地物区域进行处理，设置适合的抽稀比例，输出密集点云；

（2）基于倾斜下视影像，采用全自动影像匹配技术进行密集点云匹配，匹配过程中可借助冗余数据提高匹配成功率和匹配质量，必要时可进行匹配验证；

（3）基于倾斜影像，采用逐像素密集匹配技术，得到每个三维点的坐标及纹理信息，输出密集点云，对阴影遮蔽区应进行检测，通过多视角影像密集匹配，进行像素补偿处理，保证点云数据质量。

2）生成步骤

DSM 既可在建模后通过数据格式转换的方式生成，也可在修模完成后生成。这里以在瞰景 Smart3D 软件中为，三维模型建立后生成 DSM 的操作步骤如下。

（1）三维模型成功生成后，在重建区块再次提交生成产品，如图 7-5 所示。

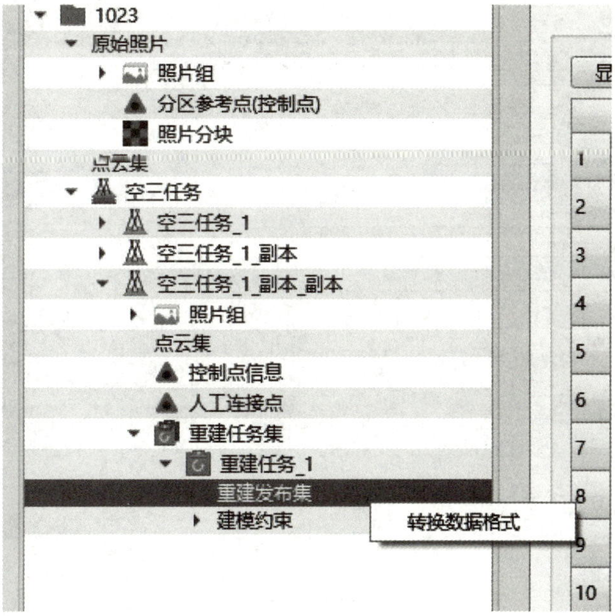

图 7-5　重建发布集

（2）发布模型格式选择 DOM/DSM，如图 7-6 所示。

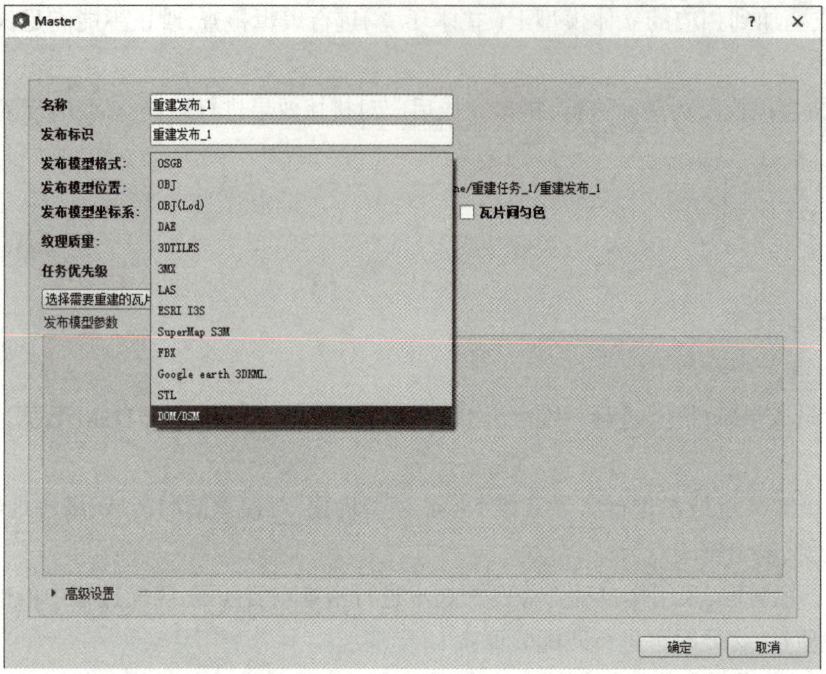

图 7-6　发布模型格式选择

（3）其他的参考坐标系、生成范围及保存路径都按默认参数设置，如图 7-7 所示。

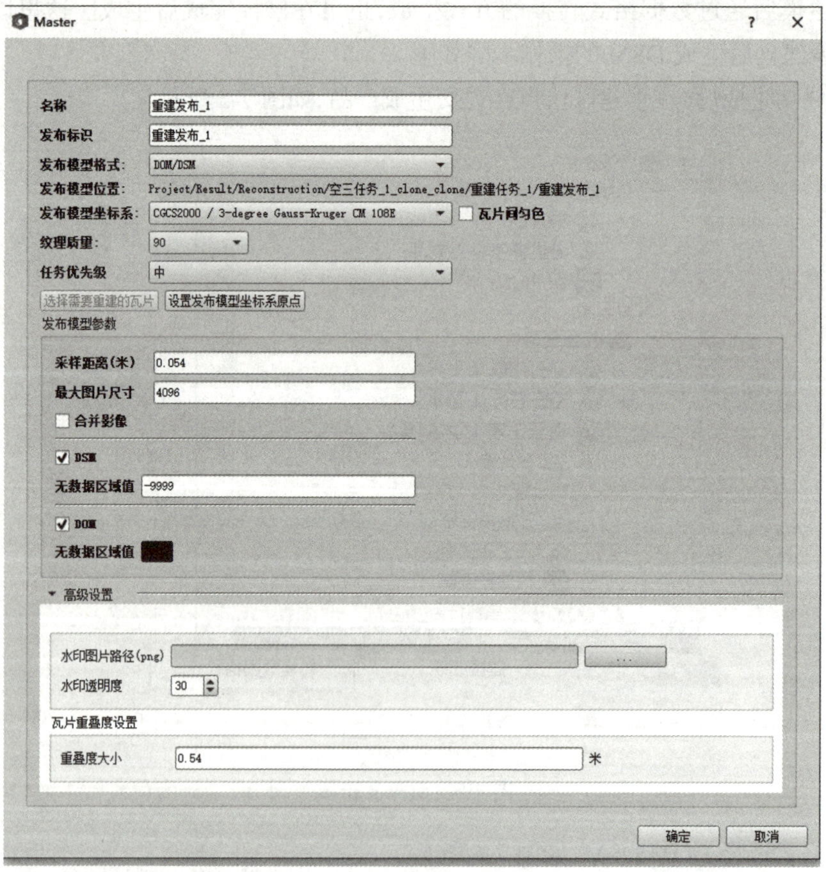

图 7-7　参数设置

（4）在如图 7-8 所示菜单栏中打开 Engine，一段时间后处理完毕，DSM 生成，如图 7-9 所示。

图 7-8　开启引擎

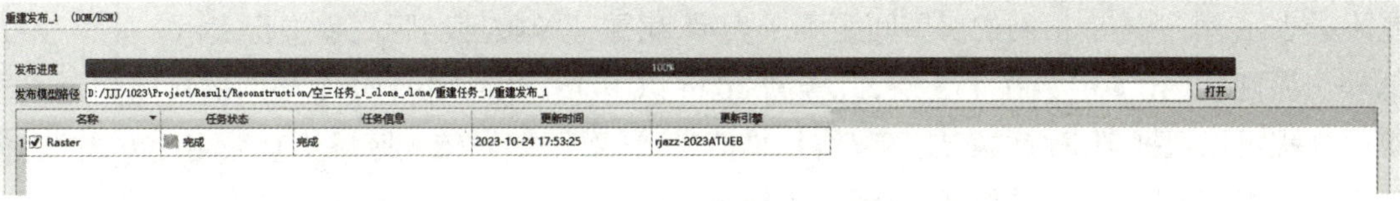

图 7-9　DSM 生成

（5）在存储路径中找到“重建发布_1”，看到处理完的成果，如图 7-10 所示。

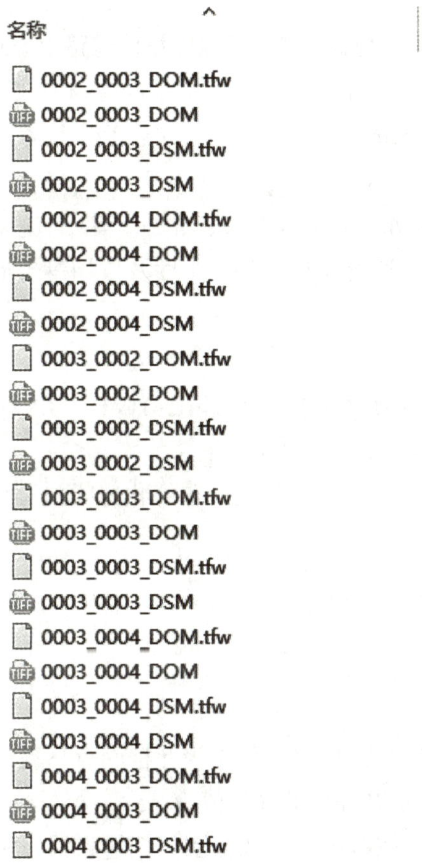

图 7-10　DSM 成果列表

2. DSM 编辑

对典型地物细节的 DSM 数据进行编辑，如树木、房屋建筑区、道路、水体及其他地物，具体的编辑要求如下。

Ⅰ. 树木（林）区域

树木（林）区域主要可分为疏林和密林两种，郁闭度在 0.20 及以上为密林，郁闭度在 0.20 以下为疏林。对疏林编辑时，应切准每棵树的树冠外围进行特征线量测，内插得到格网点高程；对密林编辑时，只需要针对连在一起的树冠顶端进行编辑，编辑时切准每棵树的树冠外围进行特征线量测，树木间地面空地不予表示。

Ⅱ.房屋建筑区

对房屋建筑区编辑时，应切准房屋顶部外围，按照房屋建筑的形状，特别是明显的拐点及顶点要素精确编辑。

对多层及以上房屋建筑区（即层数在4层或以上，或楼高10 m及以上）编辑时，楼顶上高度小于4个格网的小屋不予表示，小于4个格网的房屋间距不予表示，房屋建筑按照实际高程进行表示。

对低矮房屋建筑区（即层数在1~3层，或楼高10 m以下）编辑时，小于4个格网的房屋间距不予表示，房屋建筑区高程可以根据各房屋的实地高程取平均值表示（对于差异较大区域不宜采用此方式）。

对独立房屋建筑，按照实际的形状、高程精确编辑。

对废弃房屋建筑区（即人口整体迁移、无人居住、废弃的农村地区连片房屋建筑区）编辑时，除房屋建筑区的外围线需要准确编辑外，房屋建筑区的形状以及实地高程只需大致编辑，没有明显的错误即可。

Ⅲ.道路区域

应保持路面的平坦，即保持道路两侧高程基本一致，并且道路上邻近地方不应有太大的高程跳跃；编辑公路、铁路、城市道路时，在1∶500比例尺DSM中，宽度小于4个格网的路面不予表示，在1∶1 000和1∶2 000比例尺DSM中，宽度小于3 m的路面不予表示，宽度小于4个格网的乡村道路不予表示。

Ⅳ.水体区域

水体区域根据流动性可分为流动水域和静止水域两种。其中，流动水域（河流、水渠等）的高程依据上下游水位点高程进行分段内插赋值；静止水域（湖泊、水库及坑塘等）应将区域范围内所有格网点设置为同一高程。

Ⅴ.其他地物

对车辆编辑时，停车场静止的车辆予以表示，道路上行驶的车辆不予表示；对桥梁编辑时，桥梁交叉地方的最高点予以表示，桥梁下面遮盖的地方不予表示。

基于倾斜摄影测量的DSM编辑一般在三维模型精细化修模过程中已基本完成，具体操作步骤可参考项目六任务三。

3. DSM镶嵌与裁切

1)技术要求

DSM镶嵌与裁切要求如下：

(1)相邻DSM重叠区内同名格网点，取其均值作为此格网点高程；

(2)镶嵌后不应出现错位现象，重叠部分的高程值应一致；

(3)DSM镶嵌完成后，裁切时以图幅内图廓线范围向四边扩展（图上约10 mm）进行裁切，或者根据设计要求进行裁切。

2)镶嵌步骤

DSM的镶嵌与裁切流程与DEM相同，这里以DPGrid软件为例，介绍其具体操作。

(1)依次点击“文件”→“新建”，如图7-11所示。

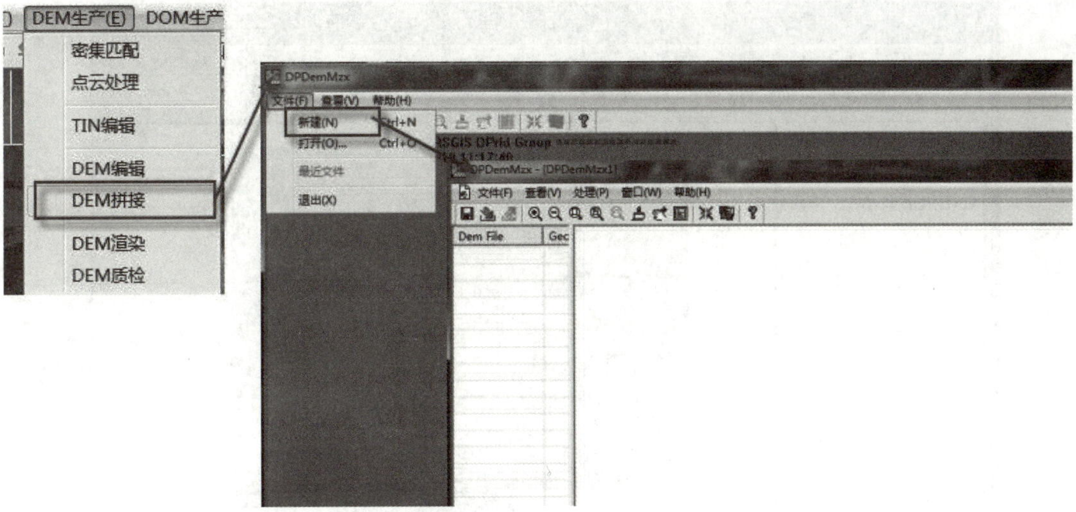

图 7-11　DEM 拼接界面

（2）依次点击菜单栏中的“文件”→“添加 DEM”，弹出图 7-12 所示的对话框，选择需要处理的 DEM，并点击“打开”，支持打开多个测区的 DEM。

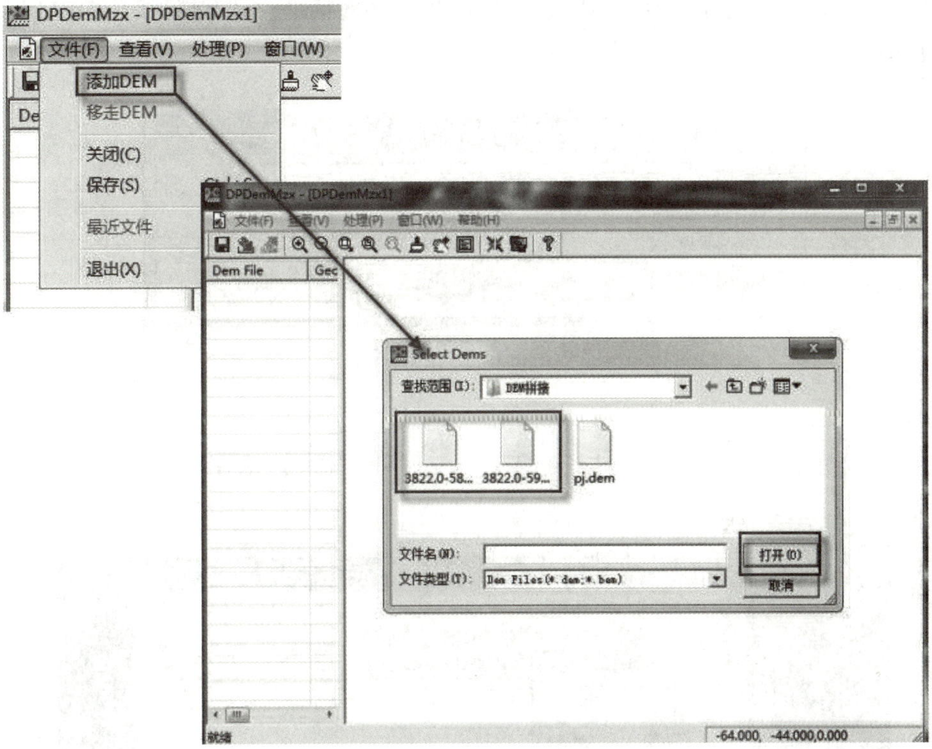

图 7-12　添加 DEM

（3）DEM 添加结束后，界面如图 7-13 所示，其中左侧列表为 DEM 列表。

图 7-13　DEM 列表

（4）依次点击“处理”→“执行拼接”，弹出如图 7-14 所示的对话框，指定结拼接后 DEM 保存路径，设置是否进行边界裁剪，最后点击“确定”，完成拼接。

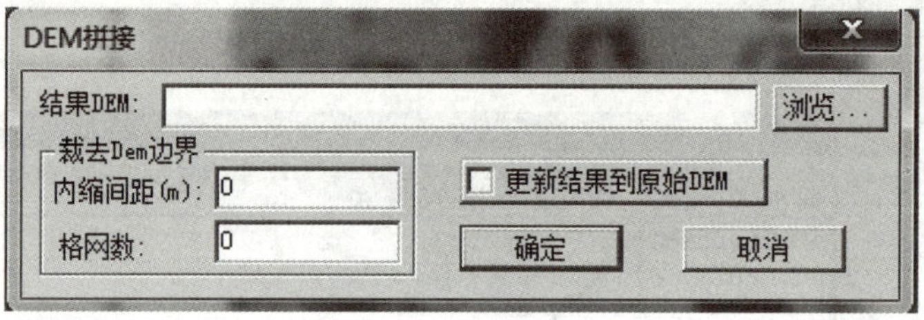

图 7-14　设置 DEM 拼接

3）裁切步骤

（1）在 DEM 拼接分幅窗口中，依次点击“新建”→“文件”→“添加 DEM”，如图 7-15 所示。

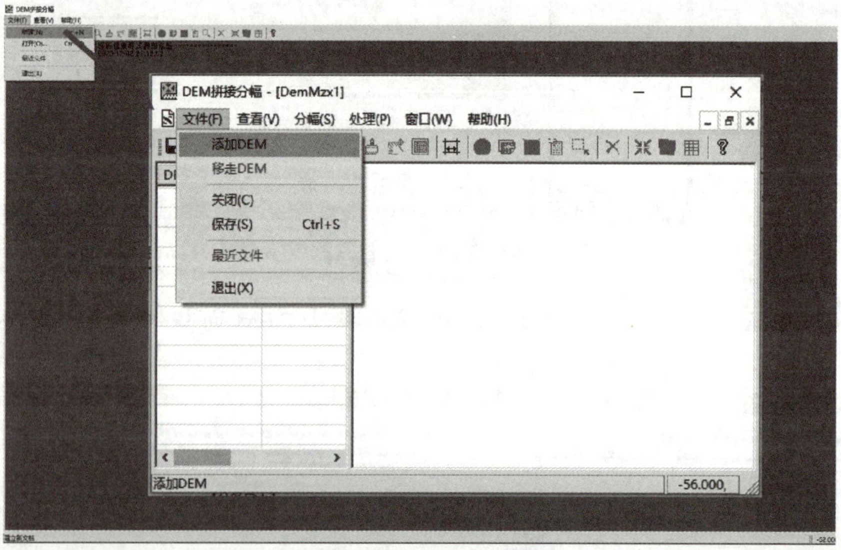

图 7-15　DEM 拼接分幅窗口

(2)在 DEM 选择窗口中添加需要分幅的 DEM 数据,如图 7-16 所示。

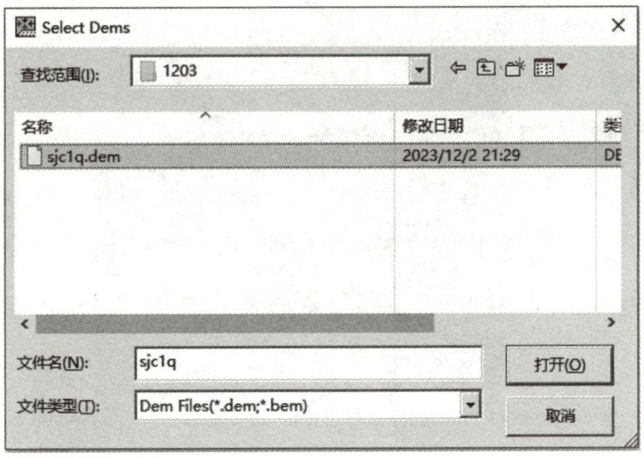

图 7-16　添加 DEM 数据

(3)依次点击“分幅”→“按标准图幅划分”,在弹出的窗口中设置图幅比例尺、图幅名格式及图幅外扩范围,如图 7-17 所示。

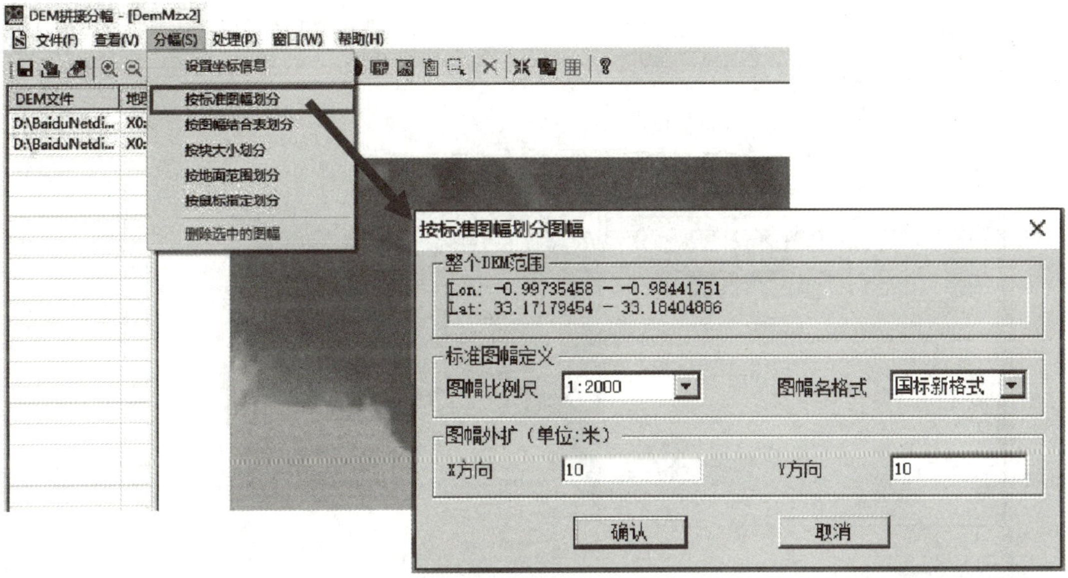

图 7-17　设置分幅参数

(4)点击“确认”,得到如图 7-18 所示的分幅结果。

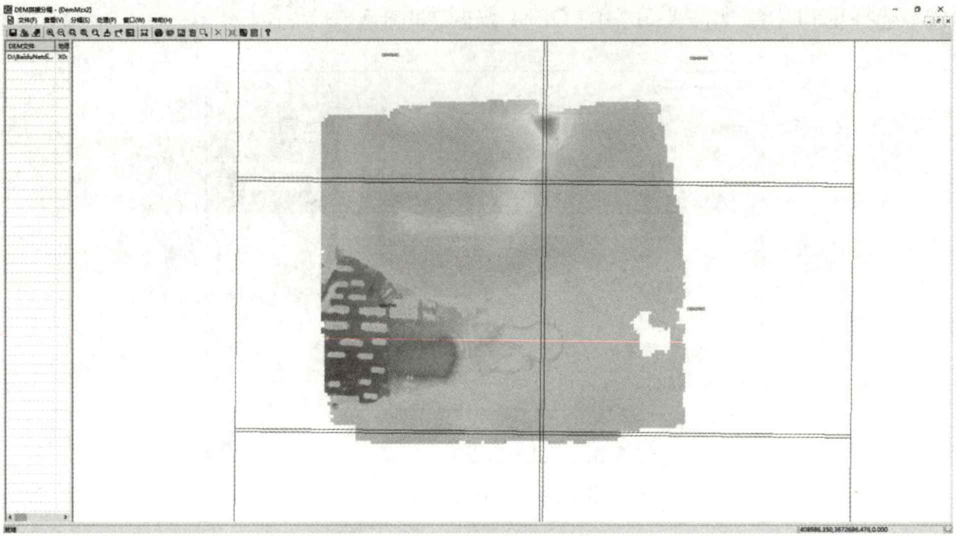

图 7-18　DEM 分幅结果

（5）依次点击“处理”→“执行划分”，设置输出路径，点击“确认”，如图 7-19 所示。

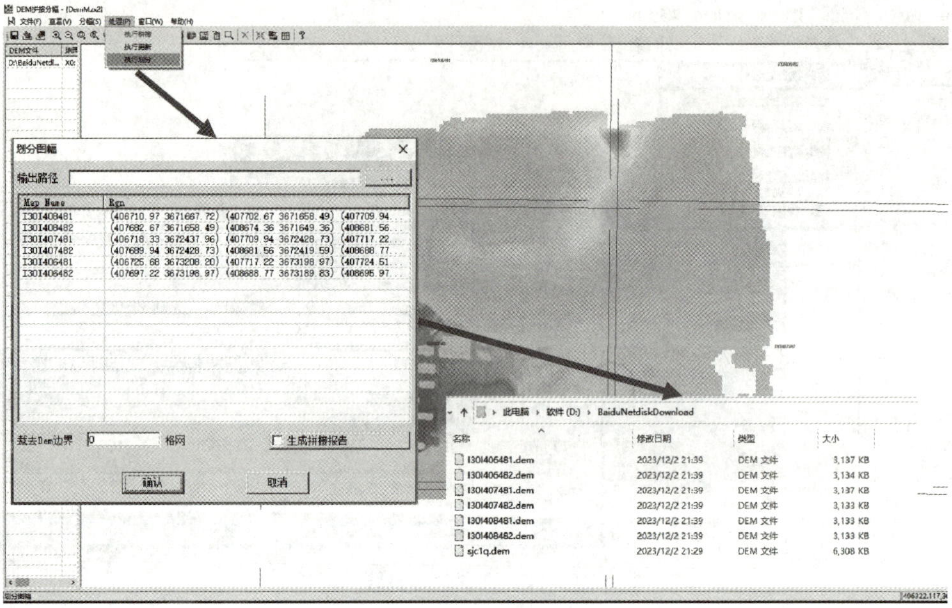

图 7-19　DEM 图幅裁切及结果

4. DSM 接边

DSM 接边需要满足以下要求。

（1）DSM 数据应对相邻和换带图幅、相邻测区以及已有成果进行接边，格网类 DSM 接边处同名点的高程值应保持一致；点云类 DSM 接边处地形应过渡自然，地物应保持其真实性，不应出现明显的错位与变形。

（2）DSM 接边时，同名格网点高程差若小于 2 倍高程中误差，取平均值作为同名格网点最终高程；若大于 2 倍高程中误差，应分析原因，修改或重新生成 DSM，符合要求后重新接边。

（3）DSM 接边时，同一投影带应保证相邻 DSM 数据同名格网点高程一致；不同投影带同名格网点接边精度应符合相应比例尺成果的接边限差要求。

（4）接边后 DSM 数据应无漏洞、无裂缝，接边应合理，且过渡平滑自然。

在镶嵌过程中重叠区高程值已取均值，接边操作过程参考 DSM 镶嵌。

任务二　DEM 生产

【任务导入】

DEM 是表达地表形态的一种主要方式，其是测绘地理信息最基础的数据，也是工程应用的基础数据和摄影测量的主要产品，其质量直接影响正射影像图的质量及其在各类工程中的应用效果。本任务主要介绍 DEM 的特征数据采集、拼接、图幅裁切、接边及质检的要求，并以 DPGrid 软件为例介绍各个环节的具体操作流程。通过学习，掌握 DEM 的特征数据采集。

【任务准备】

1. DEM 生产流程

倾斜影像经三维建模软件处理后，可以直接得到高精细度的 DEM。在 DSM 的基础上进行编辑，去除建筑物、树木、植被等非地形要素，恢复连续的地面形状，再经过滤波、平滑等处理后，可以得到准确表达地面高程信息的 DEM。DEM 采集与编辑作业流程如图 7-20 所示。

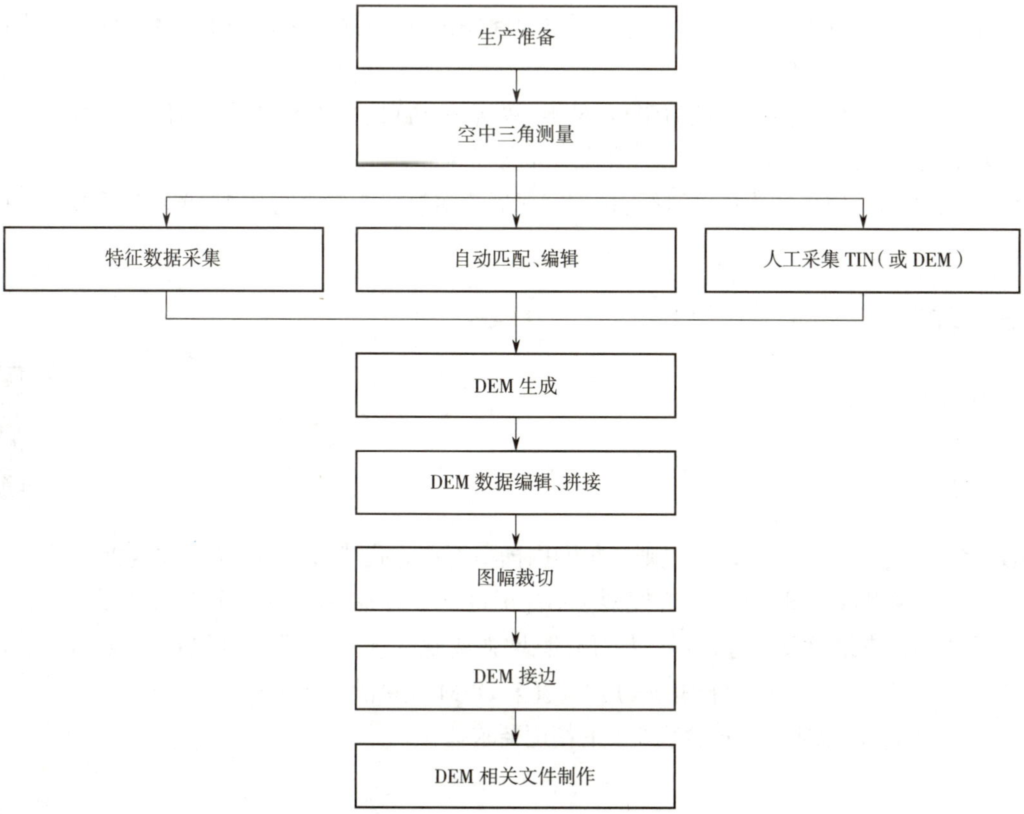

图 7-20　DEM 采集与编辑作业流程

2. DEM 特征数据采集要求

基于立体模型或实景三维 Mesh 模型采集地形特征点、地形特征线、水系边界线、高程推测区等特征数据时，应按照以下要求进行。

（1）特征数据采集时，测标应切准地面进行三维坐标量测。

（2）特征点（如山头、洼地、鞍部、沟心、谷底等）高程采集精度应符合高程注记点的精度要求。

（3）特征线（如山脊线、山谷线、变坡线、陡坎，以及堤坝、沟渠等的上沿线、下沿线）高程采集精度应符合高程线的精度要求。

（4）特征点、线稀少区域应适当加测规则散点，规则散点采集间距根据实际情况在技术设计中明确规定。

（5）双线河根据实际情况采集河岸上、下沿线，其水涯线的高程应依据上、下游水位高程进行分段内插赋值，在双线河与海域交界处应以瞬时水涯线在河口突然展宽处突出点顺势对河道进行封闭。面状静止水域采集水涯线，赋统一高程值，高程精度应符合等高线的精度要求。海岸瞬时水涯线作为特征线参与构建不规则三角网，高程应在立体模型或实景三维 Mesh 模型上采集，高程推测区应按照推测区域采集范围线。

（6）高程推测区、无要素分类代码的特征点和线应在技术设计书中明确要素的分类代码。

（7）在模型重叠区采集时应兼顾模型接边，在图幅接边处应保证特征线无缝接边。

（8）道路、构筑物等地物要素与周围地形高程差异较大时，宜闭合采集道路、构筑物等地物要素地形突变处的边界线；各边界线应独立封闭，不同边界线不应相交。

3. DEM 数据编辑与拼接一般要求

（1）基于 DSM 数据进行 DEM 生产时，可根据需要在立体环境或非立体环境下进行编辑。

（2）采用非立体环境时，应将 DSM 数据结果叠加到相应的正射影像上；采用立体环境时，应将 DSM 数据结果叠加到相应的立体模型上。

（3）对非地面高程区域，进行滤波编辑，将林地、建筑物、桥梁、水体等地表高程降至地面。

（4）编辑后的区域需与周围合理过渡，消除局部高程异常。

（5）DEM 数据拼接以模型为单元进行，拼接完成后应对拼接效果进行核查，必要时反复编辑或拼接。

【任务实施】

1. DEM 生成

1）技术要求

DEM 的生成需要满足以下要求：

（1）DEM 可采用特征数据构建不规则三角网内插格网点方式或 DSM 滤波方式生成；

（2）基于立体模型或实景三维 Mesh 模型对不能满足要求的 DEM 数据进行过程质量检查；

（3）按照过程检查结果反复进行局部特征信息增强或滤波修正，必要时加测特征点、线，构成不规则三角网的三角形应贴于地面，且无不合理的三角形，直至 DEM 成果满足要求；

（4）生成的 DEM 成果质量应符合表 7-1 的精度要求。

表 7-1　DEM 精度指标　（单位：m）

比例尺	高程中误差		
	一级	二级	三级
1：500	平地 0.20	平地 0.25	平地 0.37
	丘陵地 0.40	丘陵地 0.50	丘陵地 0.75
	山地 0.50	山地 0.70	山地 1.05
	高山地 0.70	高山地 1.00	高山地 1.50
1：1 000	平地 0.20	平地 0.25	平地 0.37
	丘陵地 0.50	丘陵地 0.70	丘陵地 1.05
	山地 0.70	山地 1.00	山地 1.50
	高山地 1.50	高山地 2.00	高山地 3.00
1：2 000	平地 0.40	平地 0.50	平地 0.75
	丘陵地 0.50	丘陵地 0.70	丘陵地 1.05
	山地 1.20	山地 1.50	山地 2.25
	高山地 1.50	高山地 2.70	高山地 3.00

2）生成步骤

DEM 与 DSM 数据同源，其生成步骤可参考本项目任务一 DSM 生产过程。

2. DEM 编辑与拼接

1）典型地物 DEM 编辑要求

针对林地、建筑物、桥梁/高架路、水体及其他区域等 5 类典型地物的 DEM 编辑需要满足以下要求。

Ⅰ. 林地

林地区域 DEM 编辑要求如下：

（1）在 DSM 上特征明显的林地，应结合实际地形特征进行降高处理，去除林地冠层高度；

（2）对于 DSM 数据生产时未达到林冠顶部的情况，不要求按照实际的林冠高度进行降高处理；

（3）对于山地大面积密集森林区域，通过 DSM 数据滤波编辑降低高程，森林高度可根据“林窗”或边缘地带的立体判读获取，经编辑后的 DEM 数据需保持实际山脊、山谷等地形特征，精度指标满足要求；

（4）对于 DSM 成果已基本能够体现总体地形特征的区域，DEM 降高后总体地形与 DSM 大体一致，精度指标满足要求；

（5）对于密集植被覆盖下的地形，DEM 数据无法准确表达，精度符合要求即可，细小地貌不做要求；

（6）对于降高后形成的“钻眼”现象，精度满足要求时可不做处理；

（7）对于低矮、稀疏或平坦地区相间分布的林地，若在 DSM 上特征不明显，可通过整体滤波处理，亦可按照无须降高区域处理，DEM 数据需符合实际地形特征；

（8）对于 DSM 成果上沟谷特征明显，DEM 降高后沟谷特征与 DSM 大体一致，精度指标满足要求；

（9）对于缓坡地形的 DSM 成果存在较浅的沟谷不连续，部分看不见沟谷特征的情况，DEM 基本能够表达沟谷特征，精度指标满足要求；

（10）对于平地地形中 DSM 成果存在较浅沟谷，看不见沟谷特征的情况，DEM 正常降高，精度指标满足要求。

Ⅱ. 建筑物

建筑物区域 DEM 编辑要求如下：

(1)在 DSM 上特征明显的建筑物覆盖区域，应按照实际地形特征进行降高处理，将建筑物非地面高程降至地面高程；

(2)若 DSM 数据生产时未匹配至房屋建筑顶部，则无须降高处理；

(3)对于大型、密集分布的房屋建筑区(如大型楼宇、工厂厂房、体育文化设施等)，以及特征不明显的低矮、零星分布的房屋建筑区，可对数据进行滤波处理，滤波后的 DEM 数据需符合实际地形特征，且满足成果精度要求。

Ⅲ. 桥梁、高架路

桥梁、高架路区域 DEM 编辑要求如下：

(1)将桥梁、高架路上的高程值通过编辑处理，降至桥梁、高架路下的水面或地面高程；

(2)对于 DSM 数据生产时未能体现出桥梁特征的区域，可不做降高处理；

(3)对于 DSM 数据上特征明显的桥梁，可通过编辑将桥梁上的高程值降至桥下水面或地面高程；

(4)对于难以判断其架空部分准确位置的立交桥等，DEM 可不做滤波处理。

Ⅳ. 水体

水体区域 DEM 编辑要求如下：

(1)DSM 数据已进行水体编辑处理，可不再做水体编辑处理，DEM 数据与 DSM 数据高程保持一致；

(2)不够指标的静止水面和流动水体，若进行了滤波处理，DSM、DEM 需分别满足精度要求，且符合实际地形特征。

Ⅴ. 其他区域

若裸露地表等其他区域存在明显的局部高程突变和高程过渡异常，应进行编辑处理，保证合理的地形特征。

2)常用方法举例

Ⅰ. 独立树和独立房屋

由于匹配点都在地物表面上，而不在地面上引起的 DEM 问题，使编辑时显示树或房屋表面覆盖了等高线，看上去像小山包一样。选择该区域，若面积较小，可采用平滑或平面拟合；若范围较大，由于是独立的地物，在周边的 DEM 点正确的情况下，可使用 DEM 点内插的方式进行处理。

Ⅱ. 水田、池塘等小面积水域

由于水面上没有纹理，常常匹配错误，从而引起 DEM 问题。首先应用测标切准水面，读取水面高程(若有外业实地测量得到的高程，应使用外业值)；然后选择该水域，使用定值平面功能直接指定该水域内的 DEM 点的高程值。

Ⅲ. 城区或大片相连房屋

城区或大片相连房屋与独立房屋情况不同，其某栋房屋的周边 DEM 点大都落在相邻房屋的房顶等处，不能简单地使用 DEM 点内插功能；同时，由于该地区面积较大，地面高度一般也有起伏，直接选中整个区域进行置平或内差也是不可取的。此时，应使用 DEM 的量测点内差功能。

注意：使用量测点内差功能时，除在该区域周边加量测点外，还应在区域内部，能看到并切准地面的位置加点，如房屋之间的空地、道路等。

Ⅳ. 植被茂密的地域

植被茂密的地域是指完全无法观测到地面的情况，此时只有先将 DEM 点编辑至树顶，然后选中此区域，整体下降一个树高。通常使用此功能时，应有已知的树高值或控制点坐标作为参考。

Ⅴ.需精确表示的破碎地貌

如果原先的 DEM 表示精度不够,而该地区地貌相对破碎,很难用区域编辑的方法达到编辑要求,此时应使用单点编辑的功能。

3)编辑操作

(1)在达北软件中,依次点击菜单栏中的"DEM 生产"→"DEM 编辑",进入 DEM 编辑界面,如图 7-21 所示。

图 7-21　DEM 编辑界面

(2)在 DEM 编辑界面左下角 Stereo Images Pair 列表空白处单击右键,在弹出的快捷菜单中选择"测区",在弹出的页面中选择工程路径下 dpp 格式文件,点击"打开",即可完成立体像对的加载,如图 7-22 所示。

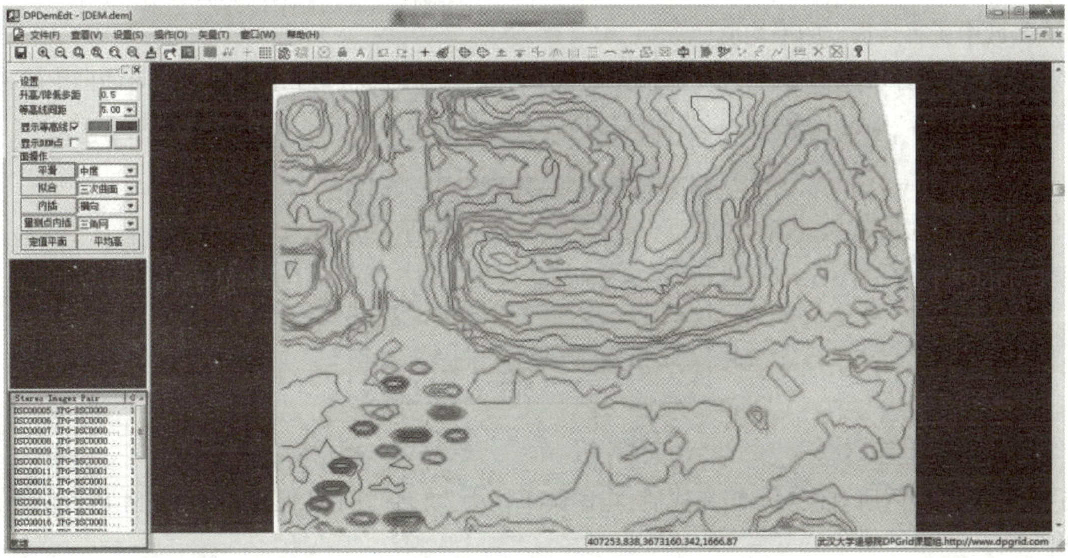

图 7-22　加载立体像对

(3)双击一组像对,即可激活立体像对和 DEM 窗口,如图 7-23 所示。

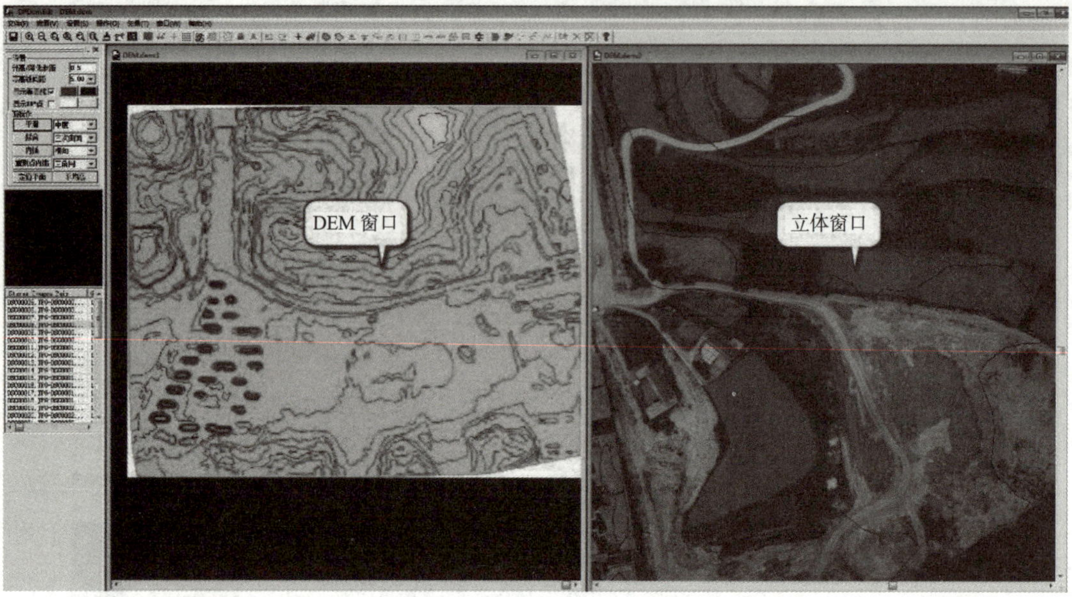

图 7-23　DEM 编辑过程

(4)利用左侧“面操作”中的各命令进行 DEM 编辑。

①平滑:选择区域编辑后,在功能按钮面板上选择合适的平滑程度(有轻度、中度和重度三种选项),再单击“平滑”,系统即对所选区域进行平滑运算。

②拟合:选择区域编辑后,在功能按钮面板上选择合适的拟合算法(有平面、二次曲面和三次曲面三种选项),再单击“拟合”,系统即对所选区域进行拟合运算。

③内插:选择区域编辑后,在功能按钮面板上选择“横向”或“纵向”,再单击“内插”,系统即根据所选区域边缘的高程值对区域内部的点进行相应的插值计算。

④量测点内插:选择区域编辑后,按下工具栏上的添加量测点按钮,量测一些供内插用的量测点(选择区域和量测点时应切准地面,即在立体模式下量测点位时,应使测标的高度和地面高度保持一致),然后在右边的下拉列表中选择合适的插值方式(三角网或二次曲面),再单击“量测点内插”即可。

⑤平均高:选择区域编辑后,在功能按钮面板上单击“平均高”,系统则把所选区域拟合为一水平面,其高程为该区域中所有高程点的平均值。

⑥定值平面:选择区域编辑后,在功能按钮面板上单击“定值平面”,在系统弹出的对话框中输入该高程值(图 7-24),并单击“确定”,系统则将当前区域拟合为与此高程相同的平面。

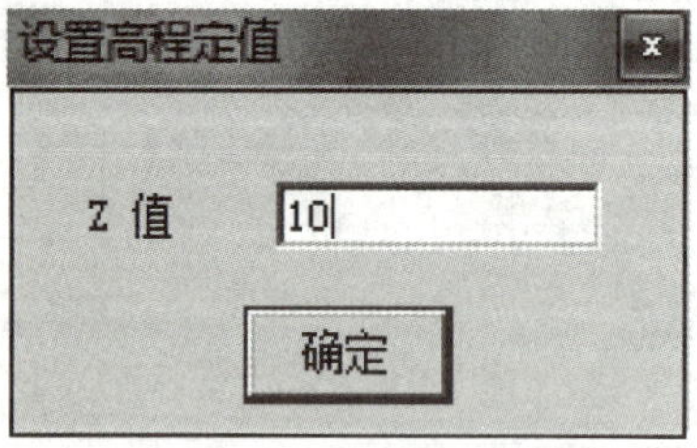

图 7-24　定值平面设置

(5)对任务区域内所有像对编辑完成后,点击菜单栏中“文件”下的“保存”,对 DEM 进行保存,最后点击“退出”。

4)拼接步骤

DEM 拼接步骤参考任务一 DSM 镶嵌部分。

3. DEM 图幅裁切与接边

一般情况下，DEM 的提交格式为标准分幅，需要对 DEM 进行裁切操作。按照相关规定或技术要求规定的起止格网点坐标对 DEM 进行裁切，在裁切过程中依据规范要求，图幅应向四边扩展图上约 10 mm。DEM 的裁切“步骤与 DSM 一致。”DEM 数据以图幅为单位进行接边，接边后数据应连续，接边的 DEM 格网不应出现错位现象，相邻图幅重叠范围内同一格网点的高程值应一致，接边要求和步骤与 DSM 相同。

4. DEM 质检

1)质检内容

由于 DEM 生产手段和方法具有多样性，对于不同数据源生产的 DEM 质检内容稍有差异，但以下几个方面必须检查。

(1)数学基础检查，包括空间参考系的正确性、起始格网点坐标的正确性、DEM 高程值的有效范围的正确性等。

(2)头文件检查，包括文件命名与数据格式检查。

(3)高程精度检查。

(4)接边精度检查。

(5)生产 DEM 的内插模型检查。

(6)元数据文件检查。

上述质检内容中，数学基础检查、头文件检查、元数据文件检查可借助一些已有数字测绘地理信息数据软件的二次开发平台实现。

2)质检方法

Ⅰ. 目视检查

所谓目视检查，就是将原始 DEM 数据通过计算机在屏幕上进行可视化显示，再由人眼来判别有无质量问题。常用的目视检查方法包括基于立体像对的 DEM 数据质量检查方法、对原始 DEM 数据进行分层设色显示目视检查方法、DEM 反演等高线目视检查方法等。

基于立体像对的 DEM 数据质量检查方法，首先需要恢复影像的立体像对，然后将待检查 DEM 反算到该立体像对上并进行叠加显示，目视检查吻合情况。当前该检查方法在全数字摄影测量系统中均已涵盖。

对原始 DEM 数据进行分层设色显示目视检查方法，对于高程明显异常的地方有一定的检查效果。该方法首先要获取原始 DEM 数据高程值的最大值和最小值，然后将高程值按照从大到小的顺序分别进行由深入浅渐变的颜色赋值，这样就可以用可视化的技术检查高程突变。

DEM 反演等高线目视检查方法，就是将待检查 DEM 数据根据一定的等高线间距反生成等高线，再将该等高线与原始等高线叠加显示，目视检查是否存在明显错误现象。

Ⅱ. 人机交互式检查

对于利用矢量数字地图插值生成的 DEM 数据，可采用在计算机监视器上显示矢量地图，同时显示部分或全部格网点位置，利用计算机的放大和检索功能，采用人机交互的方式在计算机监视器上判读出格网点的真实高程值。该方法操作方便、判读准确，但质检结果的可信度依赖于矢量数字地图的精度。

Ⅲ. 程序自动检查

一般情况下，DEM 数据是一组用矩阵形式表示的高程数组，本质上是一组栅格数据，记录方式为明码标识，可以用记事本打开，包括头文件信息和数据体，数据体记录的是栅格数据的高程值。例如，对 DEM 数据进行高程值误差检查时，可以通过野外实测检查点提取所对应栅格单元的像素值进行对比检查，也可以通过影像建立高程值和灰度或者色彩之间的对应关系来对 DEM 数据进行局部区域质量检查，并计算其高程中误差。该方法是未来 DEM 质量检查的一个发展趋势，它具有准确、高效的特点，能够快速地发现数据中存在的问题,并自动标注。

结合以上三种方法的特点,在进行 DEM 质量检查时可以根据不同的检查方案来选择适当的方法。对于数据量大的 DEM 质量检查任务,利用人机交互检查和自动检查的方法可有效提高检查的效率。

3)质检流程

DEM 质量检查是利用 DEM 获取控制点坐标与控制点原始坐标并进行对比,从而来检验 DEM 的精度。下面以 DPGrid 软件为例,介绍 DEM 质量检查的操作步骤。

(1)在主界面中依次点击“DEM 生产”→“DEM 质检”,弹出对话框如图 7-25 所示。

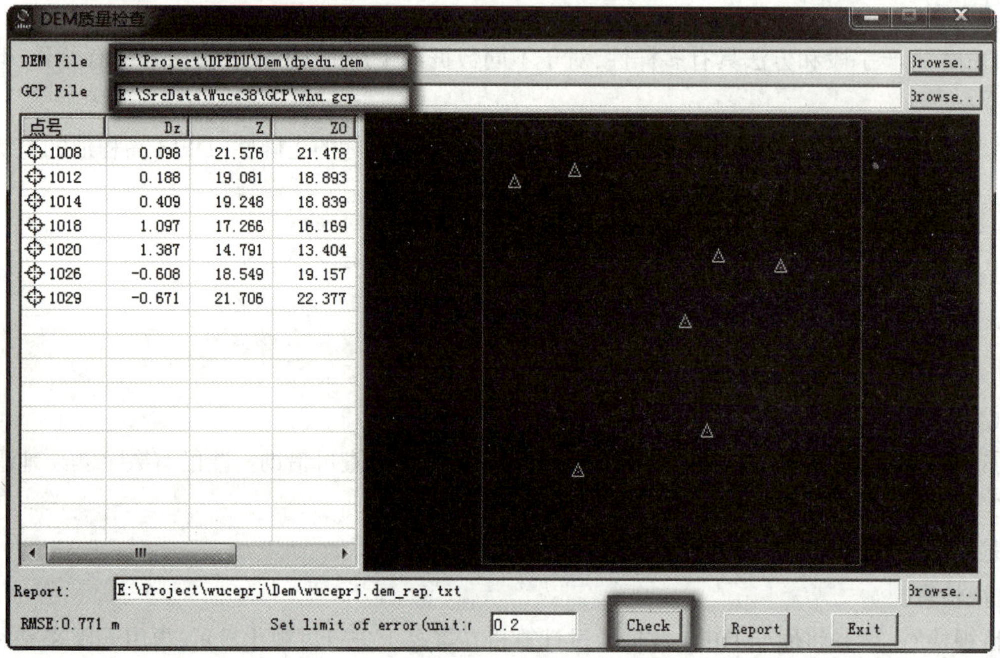

图 7-25　DEM 质量检查

DEM File 文本框:载入 DEM 文件。

GCP File 文本框:载入控制点文件。

Report 文本框:弹出文件对话框,选择检查结果报告的保存路径和文件名。

Set limit of error 文本框:设置限差,单位为 m,误差超过限差的点标示为[illegible],误差小于限差的点标示为⊕。

Check:更改限差后,重新进行精度检查。

Report:输出检查结果。

Exit:退出程序。

(2)点击“check”,进行检查保密点列表,从左至右共 6 列,依次标示保密点点号、保密点实际 X 坐标、保密点实际 Y 坐标、保密点实际高程、DEM 内插的保密点高程、保密点误差。

(3)点击“Report”,生成 DEM 质量检查报告,如图 7-26 所示。

```
文件(F)  编辑(E)  格式(O)  查看(V)  帮助(H)
DEM 质检记录
/* 每项记录包含以下信息:
 * (1)点名;
 * (2)点的X坐标;
 * (3)点的Y坐标;
 * (4)点的Z坐标;
 * (5)从DEM内插得到的Z坐标;
 * (6)Z的误差值;
 */

质检类型:DEM保密点检查
点数=7

        ID              X0                 Y0                Z0               Z                Z
-----------------------------------------------------------------------------------------------------
         1020##     245985.556     3380666.111       13.404          14.791            1.387
         1018##     246082.633     3380685.342       16.169          17.266            1.097
         1029##     246302.409     3380267.976       22.377          21.706           -0.671
         1026##     246088.864     3380204.877       19.157          18.549           -0.608
         1014##     246320.821     3380547.907       18.839          19.248            0.409
         1012       246264.796     3380444.454       18.893          19.081            0.188
         1008       246422.958     3380533.587       21.478          21.576            0.098

RMS: 0.771 米
```

图 7-26　DEM 质量检查报告

任务三 TDOM 生产

【任务导入】

数字真正射影像图（TDOM）使用绝对定向后的倾斜摄影三维模型，利用正投影方法将其投影到二维水平面上，就可以得到完全消除因地形起伏和地物高差产生的投影差的数字真正射影像图。本任务主要介绍 TDOM 的影像生成、处理、镶嵌与裁切、接边与整饰的技术要求。通过学习，要求掌握 TDOM 的影像生产及图幅裁切。

【任务准备】

如图 7-27 所示，基于倾斜摄影测量的 TDOM 生产流程是在倾斜摄影三维模型的基础上，经过三维场景检查、影像纹理优化编辑后，直接生成正射影像，然后根据指定的输出范围及影像分辨率，按照标准分幅拼接和裁切，得到数字真正射影像图。

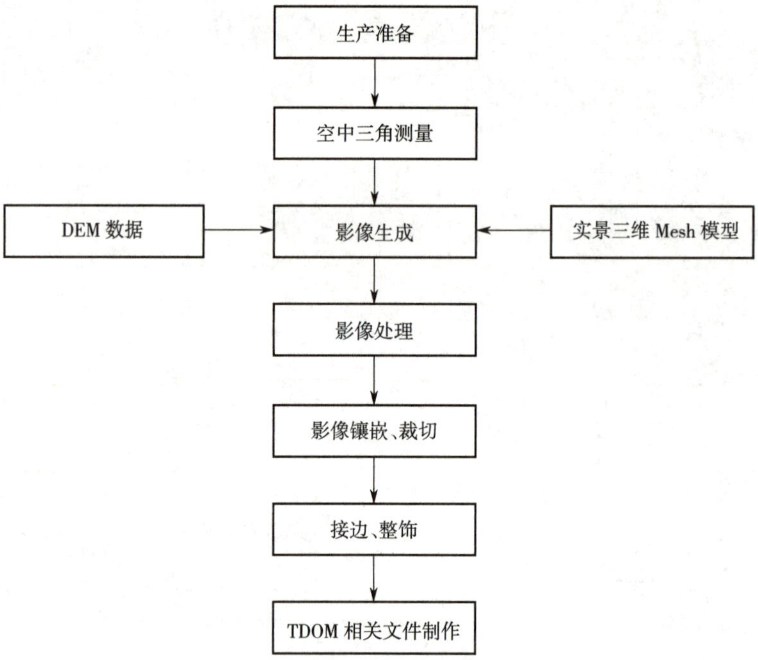

图 7-27 TDOM 生产流程

【任务实施】

1. TDOM 生成

TDOM 生成要求如下。

(1)基于倾斜摄影测量技术进行实景三维 Mesh 模型构建,对实景三维 Mesh 模型建筑物边界扭曲、植被变形、细小地物缺失等问题进行处理,按规定的图幅分辨率,生成真正射影像数据。

(2)基于倾斜下视影像,利用定向参数、DEM(或 TIN)数据,采用微分纠正方法对影像进行正射纠正,得到正射影像数据。DEM(或 TIN)数据可收集获得或由立体模型自动生成,收集获得的数据精度应至少与成图精度相同。

(3)根据需要,正射纠正前可对 DEM 中高于地面的道路、堤坝、沟渠和架空桥梁、立交桥等特殊地物进行格网点高程编辑。

(4)DEM 的格网间距应根据地形类别和纠正精度要求确定,规则格网间距一般不大于正射影像地面分辨率的 10 倍,平坦地区可适当放宽,山地、高山地区域应适当加密。

(5)纠正后应检查数字真正射影像的影像质量,对影像模糊、错位、扭曲、变形、漏洞等问题及现象应查找和分析原因,对纠正造成的高架桥、立交桥、大坝影像拉伸或扭曲应进行处理,不能处理的应予以记录。

(6)基于倾斜影像,采用逐像素密集匹配技术,得到每个三维点的坐标及纹理信息,保留每个点的 X、Y 坐标和纹理信息,得到真正射影像数据。对阴影遮蔽区应进行检测,通过多视角影像密集匹配,进行像素补偿处理,保证真正射影像数据质量。

在空中三角测量成果基础上,进行影像生成,操作流程参照本项目中任务一 DSM 生成的步骤。

2. TDOM 处理

TDOM 处理时需满足以下要求:

(1)影像镶嵌前可根据需要对影像进行色彩、亮度和对比度的调整处理;

(2)调整处理一般采用匀光匀色方式,处理后影像应色彩自然、色调均匀、反差适中、层次分明,保持地物色彩不失真,不应有匀色处理的痕迹;

(3)对影像脏点、模糊、错位、扭曲、变形、拉花、划痕、漏洞等问题及现象,应查找和分析原因,并进行处理。

TDOM 的处理在 DEM 编辑时,可同步更新。

3. TDOM 镶嵌与裁切

1)技术要求

TDOM 镶嵌与裁切的要求如下:

(1)对相邻的 DOM 应检查镶嵌的接边误差不应大于 2 个像素,误差超限时应返工处理;

(2)镶嵌的接边差符合要求后,选择镶嵌线进行镶嵌处理;

(3)镶嵌线应避开大型建筑物和影像差异较大的地方,尽量选择线状地物,如河、路、沟、渠、田埂等的边沿;

(4)镶嵌后的影像应确保无明显拼接痕迹,且过渡自然、纹理清晰;

(5)以图幅为单元裁切 DOM 时,需根据图幅形状要求进行图幅外扩,若按正方形或矩形分幅,图幅向四边扩展(图上约 10 mm)提供数据,若按梯形分幅,以图幅内图线最小外接矩形,向四边扩展(图上约 10 mm),以矩形覆盖范围为单位提供数据。

2)操作步骤

（1）在 DPGrid 软件中，点击菜单栏中的“DOM 生产”，选择“正射拼接”，弹出 DPMzx 界面，如图 7-28 所示。

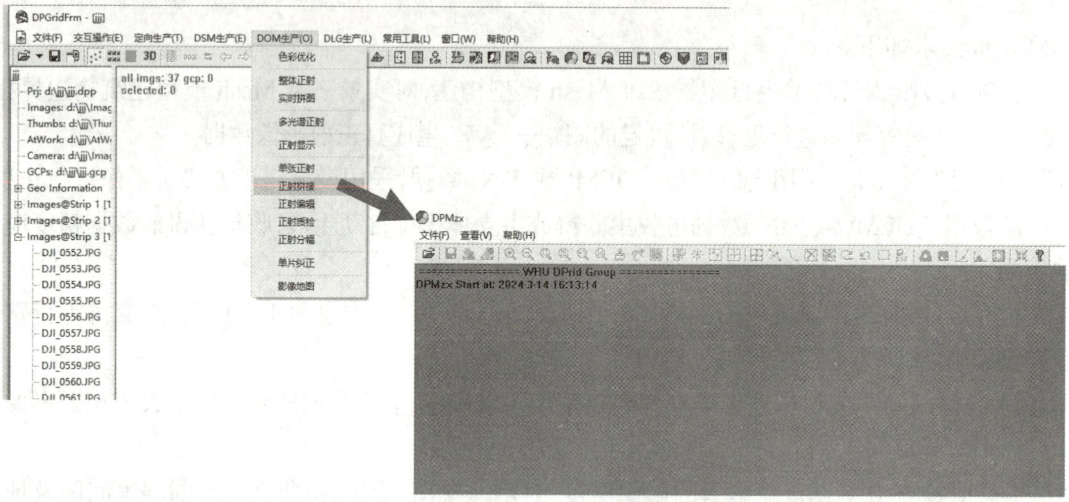

图 7-28　新建拼接工程

（2）新建正射拼接工程将文件保存到工程的根目录 DOM 下，命名为 PJYX，并打开该工程，如图 7-29。

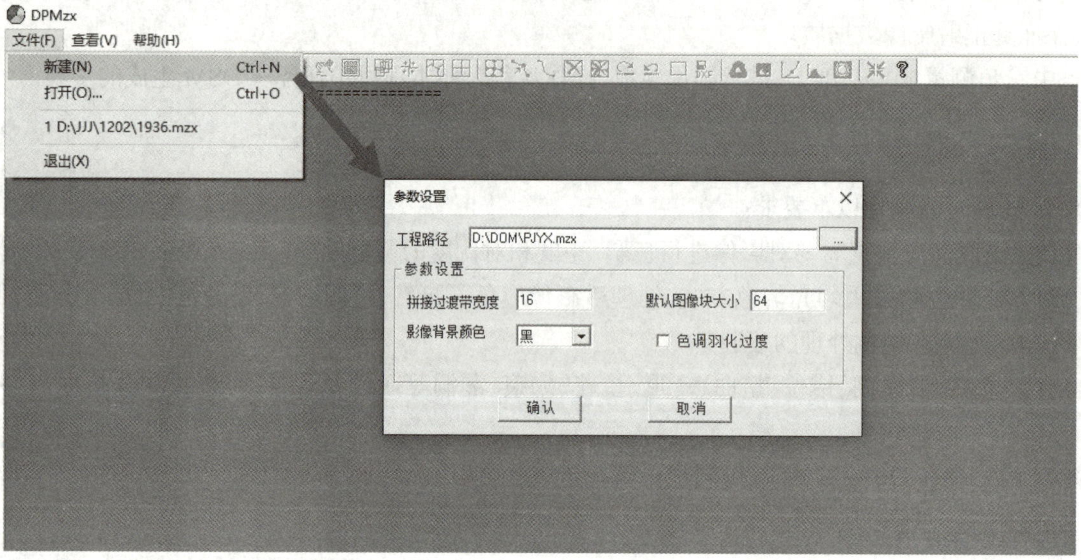

图 7-29　新建“拼接工程”

（3）点击菜单栏中的“文件”，选择“添加影像”，或点击工具栏中的“添加影像”图标，弹出 Select Images 界面，如图 7-30 所示。

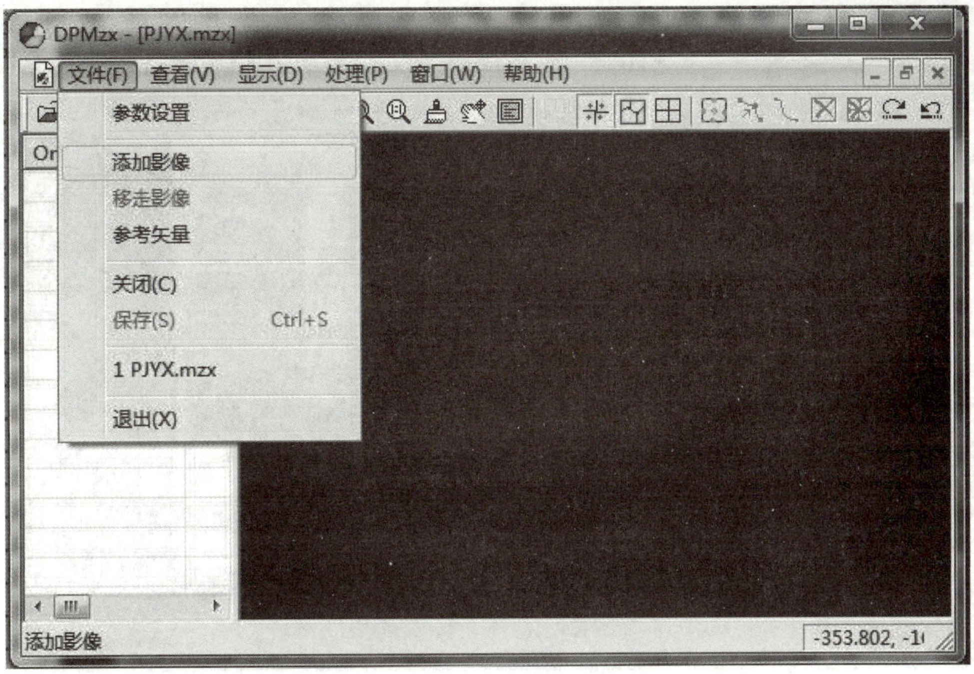

图 7-30　添加影像

(4)选择 DOM 文件夹下的所有单片正射影像,点击"打开",如图 7-31 所示。

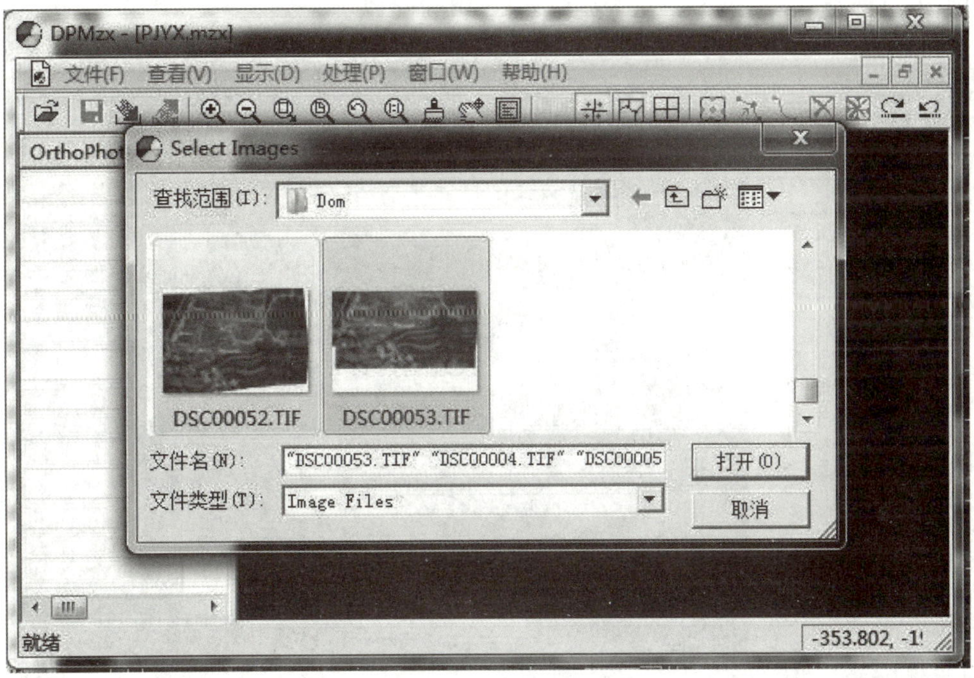

图 7-31　单片选择

(5)点击菜单栏中的"处理",选择"生成拼接线",或点击工具栏中的"生成拼接线"图标,生成拼接线,如图 7-32 所示。

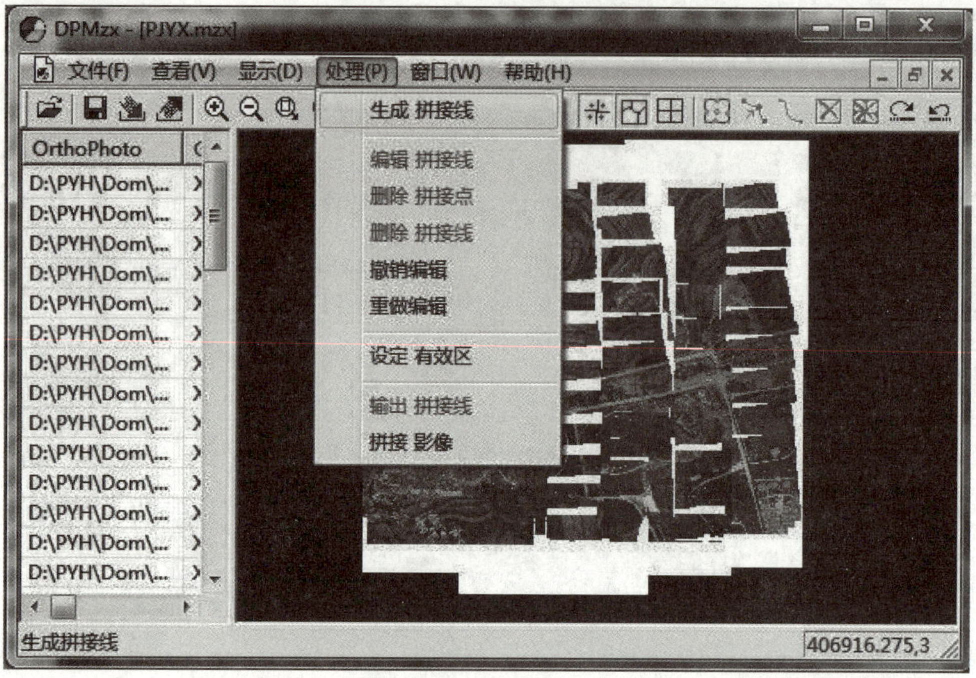

图 7-32　生成拼接线

（6）点击菜单栏中的“处理”，选择“编辑拼接线”，或点击工具栏中的“编辑拼接线”图标，直至任务区编辑完成，如图 7-33 所示。

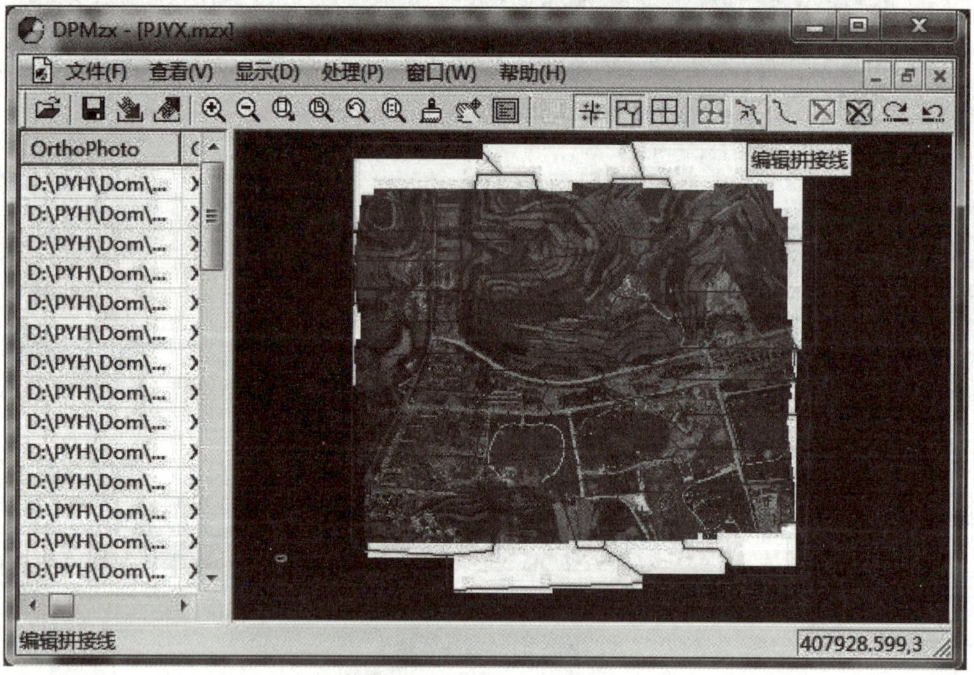

图 7-33　编辑拼接线

（7）点击菜单栏中的“处理”，选择“输出拼接线”，或点击工具栏中的“输出拼接线”图标，作为成果进行保存，命名为 PJX，如图 7-34 所示。

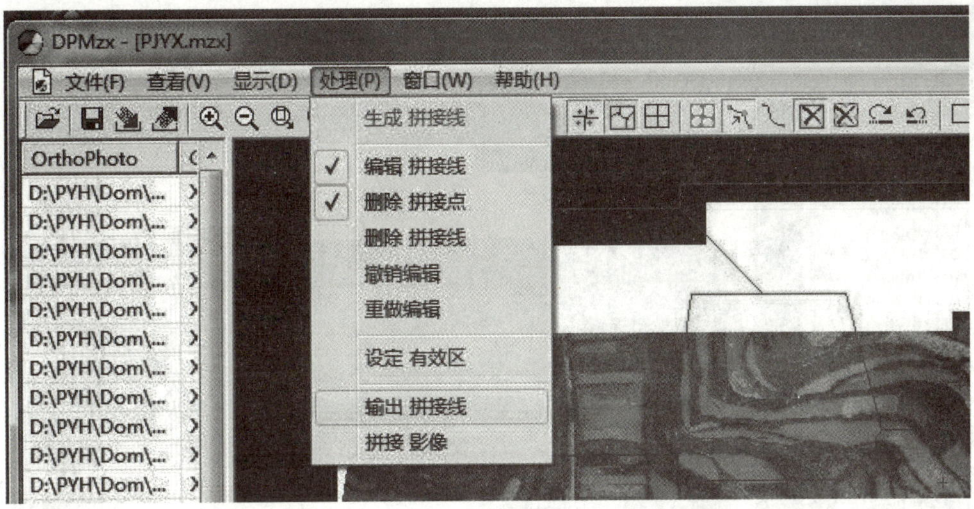

图 7-34　输出拼接线

（8）点击菜单栏中的“处理”，选择“拼接影像”或点击工具栏中的“拼接影像”图标，如图 7-35 所示。

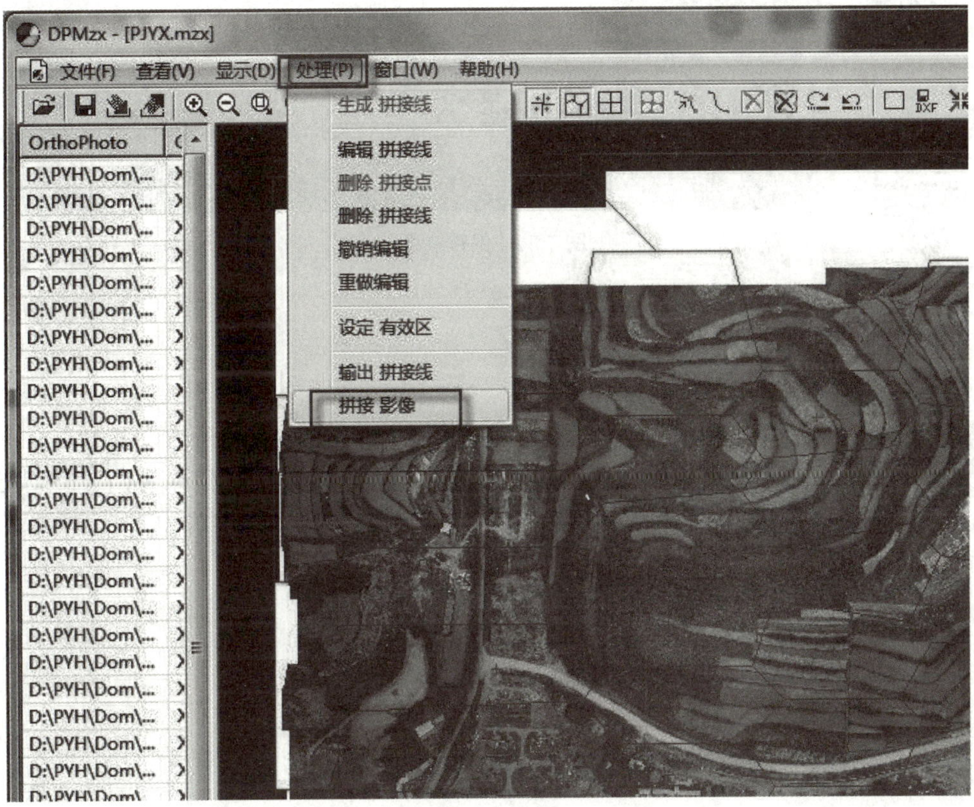

图 7-35　拼接影像

（9）点击菜单栏中的“文件”，选择“另存为”，弹出另存为界面，命名为 OrthoMzx，文件的格式设置为 tif，如图 7-36 所示。

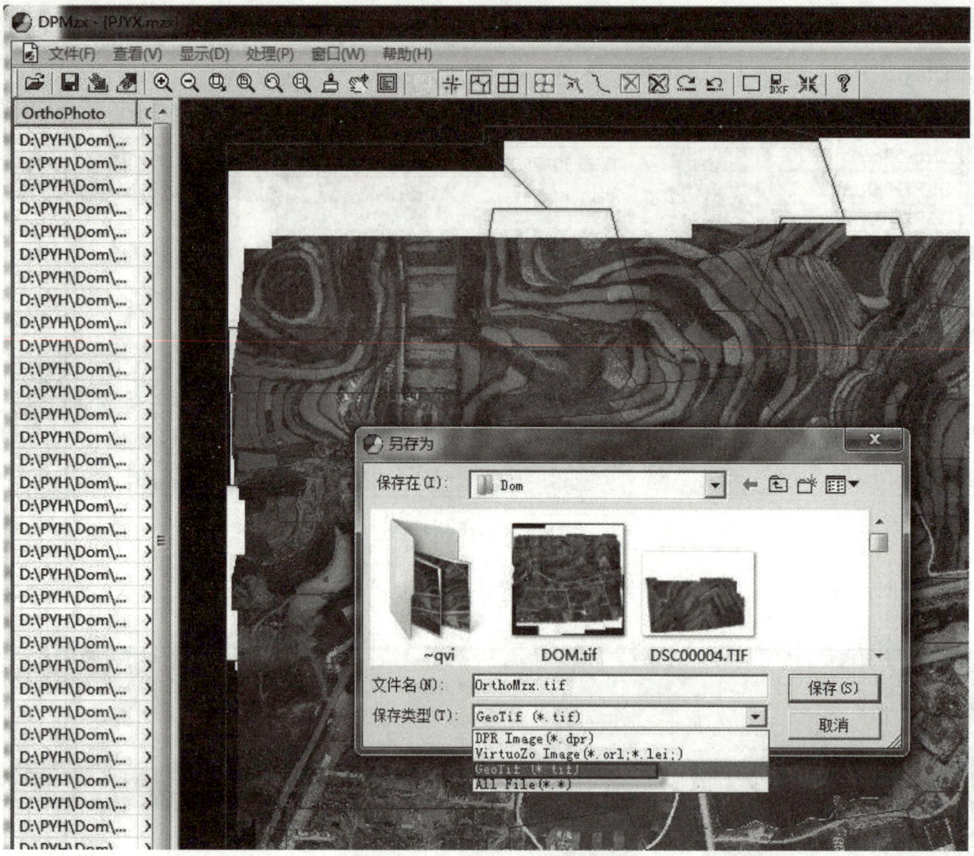

图 7-36　保存成果

4. TDOM 接边与整饰

TDOM 接边与整饰的要求如下：

（1）对相邻和换带图幅、相邻测区以及已有成果影像接边时，接边误差不应大于 2 个像素，接边后成果数据应确保无明显拼接痕迹，且过渡自然、纹理清晰，相邻图幅之间色彩、亮度和对比度应基本一致；

（2）DOM 可根据需要进行图廓整饰，如按设计书增加必要的要素、符号及注记等，TDOM 的图廓整饰及注记部分可以矢量或栅格文件或两者组合的形式存储或分层存放。

任务四　DLG 生产

【任务导入】

利用空中摄影获取的立体像对,通过相对定向-绝对定向或空间后方交会-空间前方交会方法,可重建地面按比例尺缩小的立体模型。在模型上进行量测,可直接测绘出符合规定比例尺的地形图,获取地理基础信息。其产品可以是图形,也可以是数字化产品。这种测绘方式将野外测绘工作搬到室内进行,减少了天气、地形对测图的不利影响,提高了工作效率,并使测绘工作逐步向自动化、数字化方向发展。因此,航测数字化立体成图方式已成为测绘地形图的主要方法。

本任务主要介绍 DLG 的立体采集与要素判读、调绘、野外补测、数据编辑与图幅接边、数据输出五个环节的技术要求,并以 EPS 软件为例介绍 DLG 立体采集的具体操作流程。通过学习,熟练掌握 DLG 的绘制与要素表达。

【任务准备】

1. DLG 生产流程

测制 DLG 数据宜采用先内后外的作业模式,即先在立体模型或实景三维 Mesh 模型上采集、判读地形要素,再经外业核查、补充调绘获取内业无法获得的要素属性信息和内业无法获取的被遮挡地物要素信息,内业根据补充外业调绘成果修测,经数据编辑形成 DLG 数据,其生产流程如图 7-37 所示。

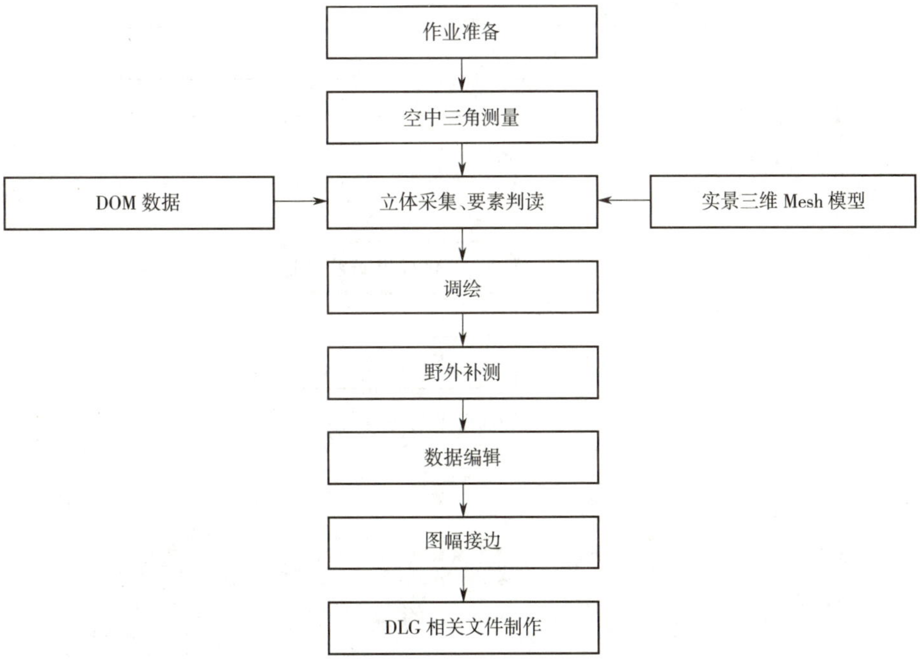

图 7-37　DLG 生产流程

2. DLG 立体采集流程

基于倾斜摄影三维模型和 TDOM，使用三维智能测图软件，采用自动提取和人工测图的方式，按照图式规范的要求，可以智能地采集房屋轮廓线、道路边线、水涯线、地块边线等地物和地貌要素的特征点、线、面、体，再赋予相应的属性信息和符号化表示，就可得到地物要素的矢量数据。同时，基于 DEM，经过自动提取或人工引导添加部分地形特征点（山顶最高点、鞍部点、最低点）和特征线（分水线、合水线、陡崖线、水涯线）等地形特征数据，对其进行滤波、拟合、平滑等处理后，使用等高线生成软件，就可以得到等高线的矢量数据，再将地物要素的矢量数据和等高线矢量数据进行融合编辑，就可以得到 DLG 产品。DLG 立体采集流程如图 7-38 所示。

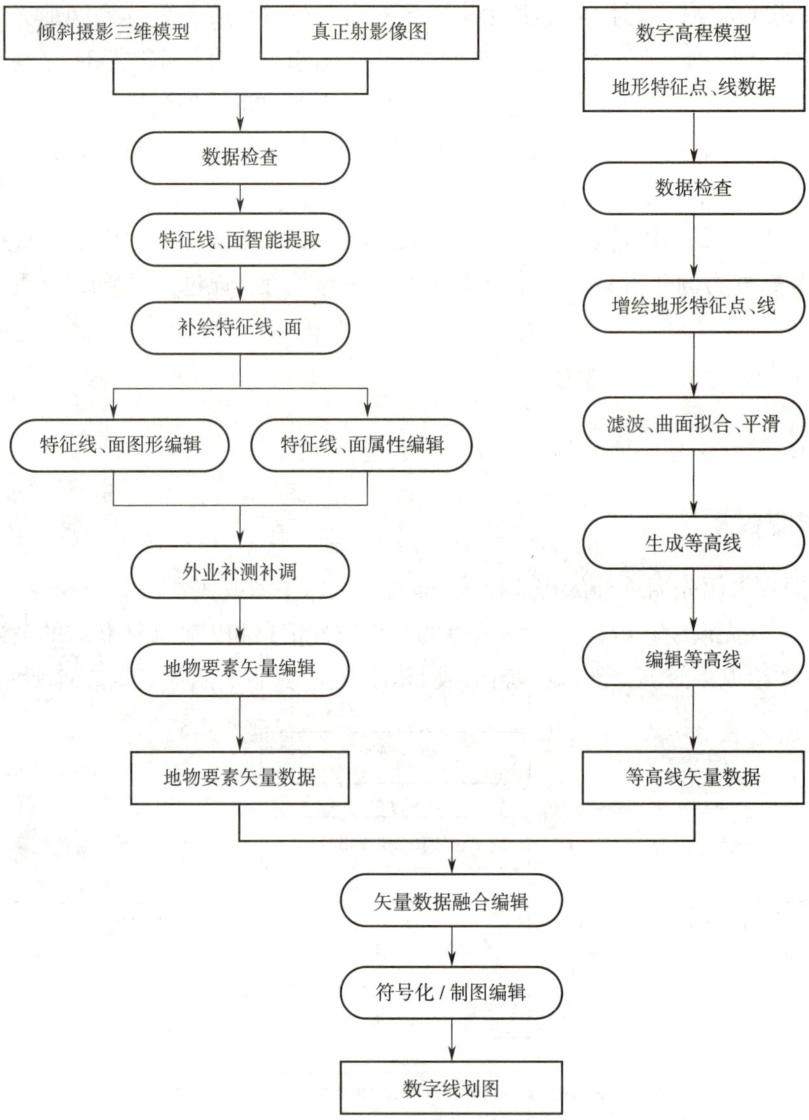

图 7-38　DLG 立体采集流程

【任务实施】

1. 立体采集与要素判读

1）技术要求

Ⅰ. 立体采集

当先内后外作业时，先基于实景三维 Mesh 模型及可量测影像进行立体采集，然后结合立体采集成果进行外业调绘，最后进行数据编辑，必要时在数据编辑后进行补调。先内后外作业的要素采集内容和要求如下。

（1）要素采集时，应采用实景三维 Mesh 模型及可量测影像相结合的作业方法；当采用立体观测模式作业时，立体模型的测图范围距离像片边缘不少于影像宽度的 1/20，自由图边的图上应测出图廓外 1 cm。

（2）基于倾斜摄影逐像素密集匹配成果进行要素采集时，密集匹配应得到每个三维点的坐标及纹理信息，对阴影遮蔽区应进行检测，通过多视角影像密集匹配，进行像素补偿处理，保留三维空间点云的 X、Y、Z 坐标和纹理信息，得到带 Z 值的 TDOM 数据。

（3）要素采集时，对能够准确判读的地物、地貌要素，应全部采集；对不能准确判读的要素（包括影像缺失、模型蜡熔、隐蔽区域、阴影部分、小的独立地物和植被遮挡区域）尽量采集，并标记，且由外业调绘确定。

（4）影像不清晰、要素不确定而无法采集时，用特殊符号标记，以便进行实地补测或补调。

（5）要素采集宜先采集水系、道路、居民地，再采集其他要素，基础控制点宜按坐标准确导入。

（6）要素采集的平面位置精度和高程精度应符合表 7-2 和表 7-3 的规定，要素的几何类型和空间拓扑关系应正确。点状要素采集要素定位点；线状要素采集定位线，且应保持连通性，相交处应形成节点，不应自重叠、自相交；面状要素采集外围轮廓线，并闭合。有向点和有向线的方向应正确，公共边宜以主要要素为准采集一次，次要要素的公共边可拷贝生成。特别困难地区（大面积的森林、沙漠、戈壁、沼泽等）高程中误差按表 7-3 相应地形类别放宽 50%，高山地不宜再放宽。

表 7-2　平面位置中误差　（单位：m）

比例尺	地形类别	
	平地、丘陵地（坡度<6°）	山地、高山地（坡度≥6°）
1∶500	0.3	0.4
1∶1 000	0.6	0.8
1∶2 000	1.2	1.6

表 7-3　高程中误差　（单位：m）

要素		地形类别			
		平地（坡度<2°）	丘陵地（2°≤坡度<6°）	山地（6°≤坡度<25°）	高山地（坡度≥25°）
1∶500	高程注记点	0.2	0.4（0.2）	0.5	0.7
	等高线	0.25	0.5（0.25）	0.7	1.0（地形变换点）
1∶1 000	高程注记点	0.2（0.4）	0.5	0.7	1.5
	等高线	0.25（0.5）	0.7	1.0	2.0（地形变换点）

续表

要素		地形类别			
		平地(坡度<2°)	丘陵地(2°≤坡度<6°)	山地(6°≤坡度<25°)	高山地(坡度≥25°)
1∶2 000	高程注记点	0.4(0.2)	0.5	1.2	1.5
	等高线	0.5(0.25)	0.7	1.5(地形变换点)	2.0(地形变换点)
注:最大允许误差为2倍中误差。					

(7)要素采集应不移位、无错漏。

(8)河流、溪流、湖泊、水库等水涯线,宜按摄影时的水位采集,图上宽度小于0.5 mm的河流、沟渠宜采集为单线。

(9)采集房屋和街区轮廓时,可基于实景三维Mesh模型采用五点法、面面相交等方式,切准房角或轮廓拐角后打点连线,准确采集外围轮廓,反映建筑结构特征。

(10)道路数据采集时,应正确处理道路的相交关系及其他要素的关系,道路相交处应形成节点,道路应走向明确、衔接合理,还应同时采集道路范围内达到上图指标的绿地或隔离带,公路与其他双线道路应按实际宽度依比例尺采集。

(11)地貌采集时,应正确反映地貌的形态、类别和分布特征。高程注记点应测注在明显地物点和地形特征点上,高程点密度为图上100 cm^2内5~20个,高程点以m为单位,一般取位至0.1 m,1∶500、1∶1 000测图可根据需要取位至0.01 m。

(12)等高线采集时,应将测标切准模型描绘,在等倾斜地段(坡度、坡向相同地段),当曲线间距小于图上5 mm时,可只测计曲线,并插绘首曲线。有植被覆盖的地表,宜切准地面描绘,当只能沿植被表面描绘时,应加植被高度改正。在树林密集隐蔽地区,应按调绘时量注的平均树高进行改正。

(13)地物、地貌的比高或深度大于2 m时应量注比高,比高宜量注至0.1 m,立体测注困难时,由外业量注。

(14)按立体模型测图范围采集的数据,应先相互拼接,再按标准图幅范围进行数据裁切,接边应符合数据编辑要求。

(15)立体采集数据应先经检查再提供调绘使用。

(16)提供给调绘使用的成果或数据中,要素的符号、颜色和注记设置应以方便调绘人员准确判读为原则。

Ⅱ.要素的表示与取舍

在立体采集、数据编辑时,均涉及要素的表示与取舍。要素的表示与取舍应以满足用图需要为前提,以要素重要程度、图面负载量以及保持实地特征、兼顾地域特点为原则。要素的表示与取舍除应包含水系、居民地及设施、交通、管线、境界、地貌、植被与土质等外,编辑上述要素时还应遵守下列规定。

(1)河流、湖泊、水库、水渠及附属构筑物(如涵、闸、堤、坝、渡槽等)应按实际形状准确表示。河流应测记水流方向;渠道系统应表示完整;堤、坝应量测顶部及坡脚高程;泉应测出水口高程;井应测出井口高程,并根据需求测出井口至水面的深度。

(2)各类建筑物、构筑物及主要附属设施应按实地轮廓逐个表示,临时建筑物可舍去,建筑物、构筑物轮廓凹凸在图上小于0.5 mm时可综合表示。

(3)道路应准确表示类别、附属设施的结构和各级道路之间的通过关系。道路系统应表示完整,路面种类变换分界处应表示清楚,丘陵、山地以及偏僻地区的小路应详尽表示,水运和海运航行标志、河流的通航情况应正确表示。

（4）地上管线应准确反映类别、实地点位和走向特征；管线直线部分的支架线杆和附属设施密集时，可适当取舍。

（5）地貌表示应准确反映各种地貌特征、地性线和变换点的真实形态。地貌一般以等高线表示，当特征明显的地貌不能用等高线表示时，应以符号表示。山顶、鞍部、凹地、山脊、谷底及倾斜变换处，应测记高程点。

（6）陡坎、斜坡的比高小于 1/2 等高距或在图上长度小于 5 mm 时，可舍去，如果坡、坎较密，亦可适当取舍。

2）操作流程

下面以 EPS 三维测图系统为例，介绍立体采集与要素判读的操作过程。EPS 三维测图系统界面如图 7-39 所示，三维测图倾斜摄影生产流程如图 7-40 所示。

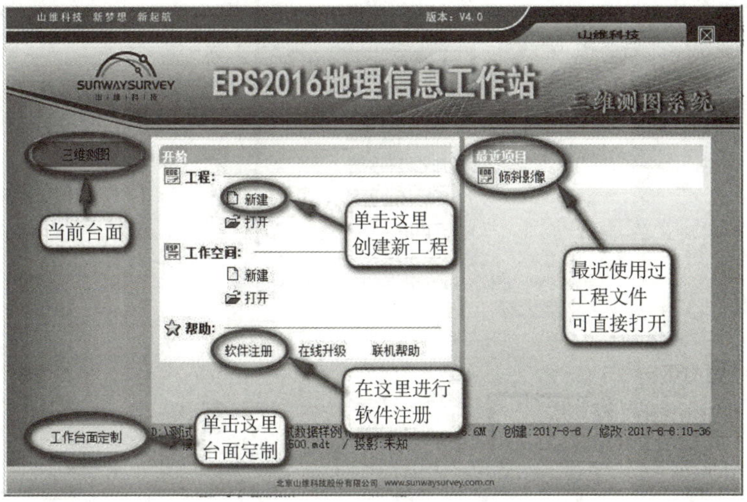

图 7-39　EPS 三维测图系统界面

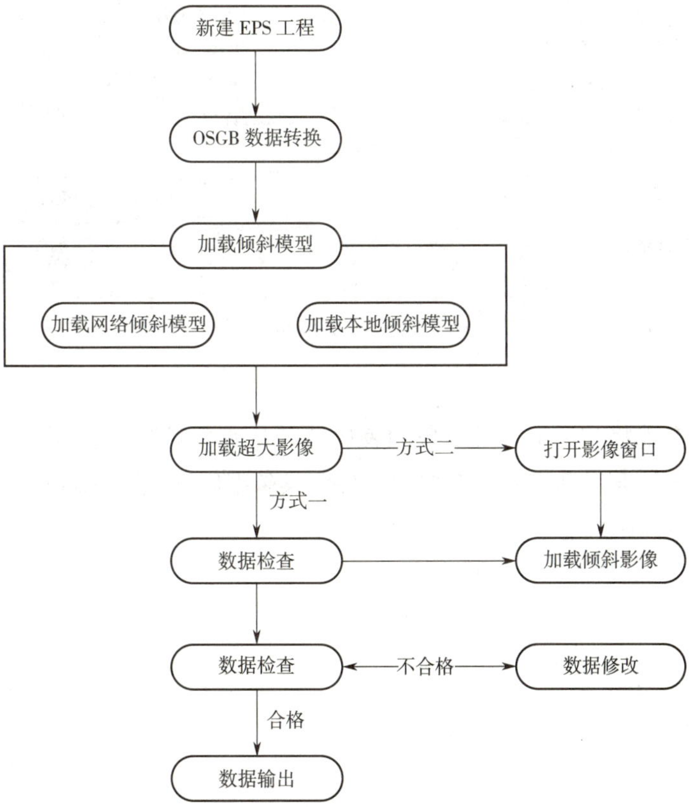

图 7-40　三维测图倾斜摄影生产流程

由 Smart3D 处理得到的 Mesh 模型可以无须进行 OSGB 数据转换而直接加载,第一次加载需要建立一个索引文件。

Ⅰ. 加载本地倾斜数据

点击菜单栏中的“三维测图”,选择“加载本地倾斜模型”,如图 7-41 所示。在三维窗口加载 DSM 实景表面模型,选择 Data 目录下生成的 DSM 文件,如图 7-42 所示。

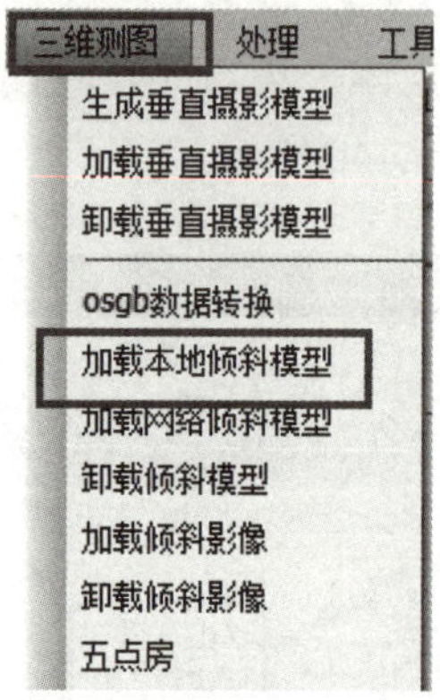

图 7-41 加载本地倾斜模型

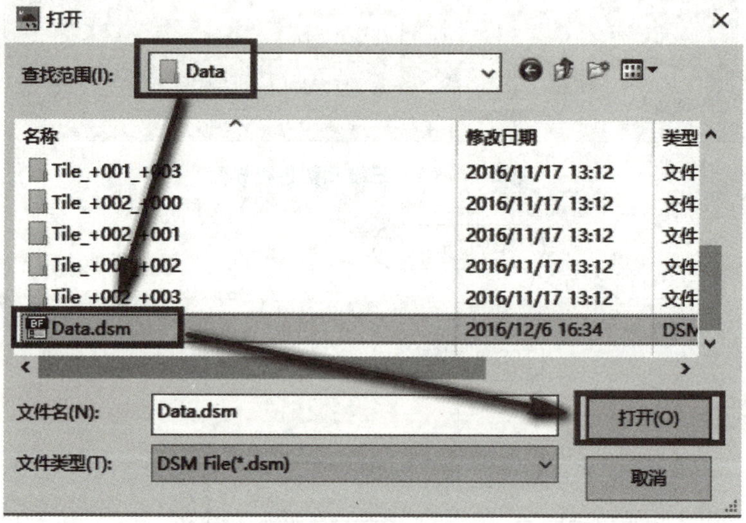

图 7-42 打开倾斜模型

Ⅱ. 要素编码

EPS 软件绘制的所有地物和注记以及对象的表达都以要素类型为基础,采用不同的要素编码表达,绘制地物需选择相应的编码。其启动方式是在对象属性工具条编码处,输入编码、汉字(模糊查询)或选择列表中的相应编码,如图 7-43 所示。

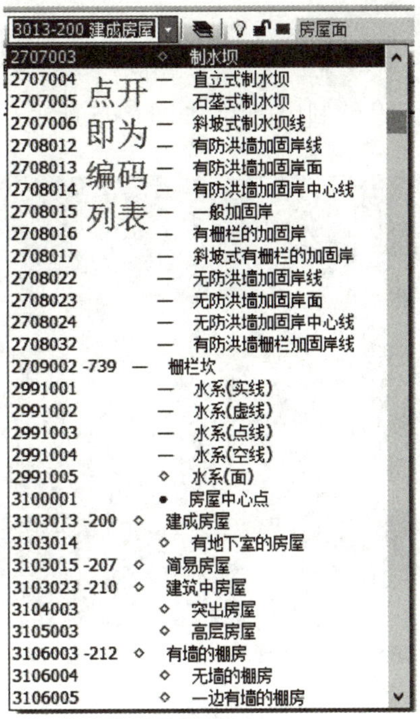

图 7-43 输入编码或选择相应编码

Ⅲ. 典型地物的编绘

Ⅰ)房屋的绘制

采集得到的图形只保留了房子的角点、扩展属性、图形特征(房子高度),每个点都有空间 X、Y、Z 坐标,内部的注记等制图表现都是根据扩展属性动态符号化实现的,数据符合制图与信息化要求,也具有三维白模的空间高度信息。EPS 软件中提供了 6 种房屋的采集方法,如五点房、采房角、基于墙面采集、房屋切片、自动提取、新绘制方法。下面以常规的普通四点房为例,介绍五点房采集方法,主要采集过程为只需要在墙面点击 5 个点,程序即可生成房屋,生成的房屋可以修改扩展属性,降到地面并获取高度。

(1)点击菜单栏中的“三维测图”,选择“五点房”,弹出绘制五点房窗口,如图 7-44 所示。

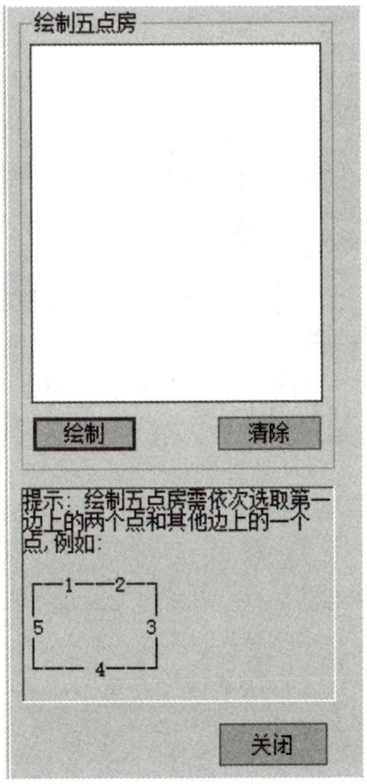

图 7-44 五点房绘制提示

（2）选择房屋编码“3103013 建成房屋”。

（3）在房屋的第一条边点击 2 个点，其余 3 条边各点击一个点。

（4）点击功能菜单上的“绘制”按钮，绘制出房屋，如图 7-45 所示。

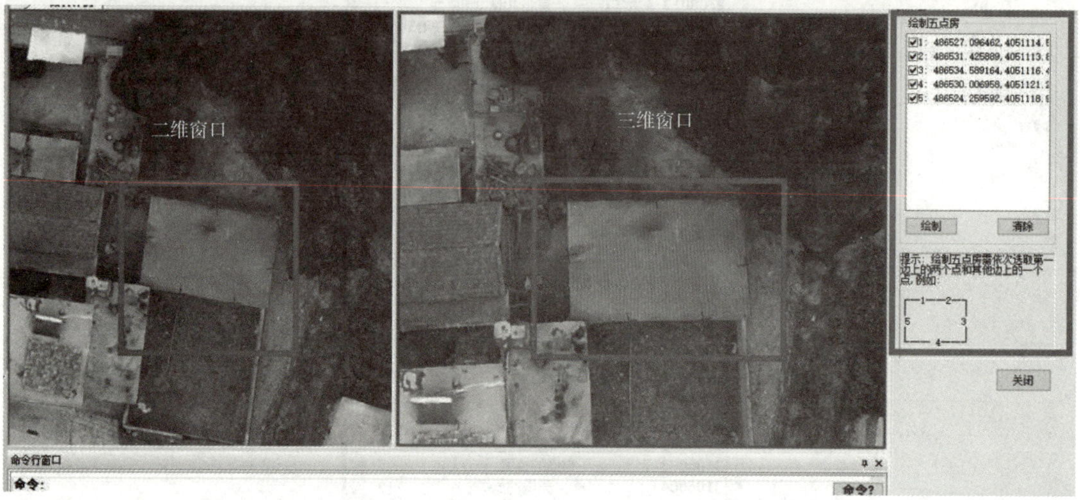

图 7-45　绘制五点房

Ⅱ）道路的绘制

测量道路时，先沿着道路一边采集，采集结束后，在光标位置自动生成平行线。

（1）选择道路编码“4305034 支路边线”。

（2）绘制道路，绘制结束后，勾选“结束生成平行线”，如图 7-46 所示。

（3）在道路另一条边线上右键，自动在单击位置生成道路平行线，如图 7-47 所示。

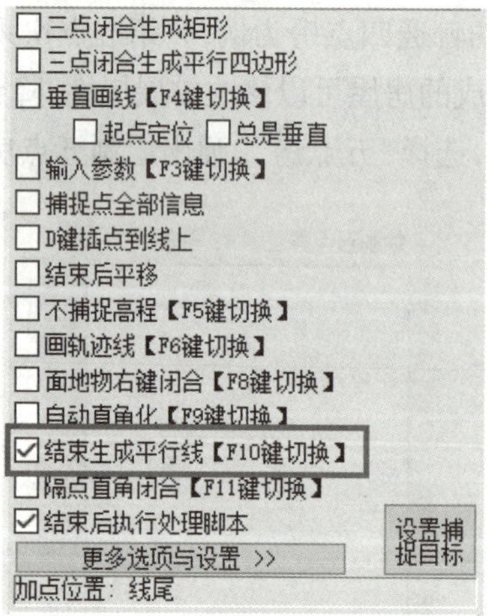

图 7-46　道路绘制设置

图 7-47　结束生成道路平行线

Ⅲ)高程点的采集

自动提取倾斜模型高程点。

点击菜单栏中的“三维测图”,依次选择“等高线高程点”→“提取高程点”,弹出如图 7-48 所示窗口。

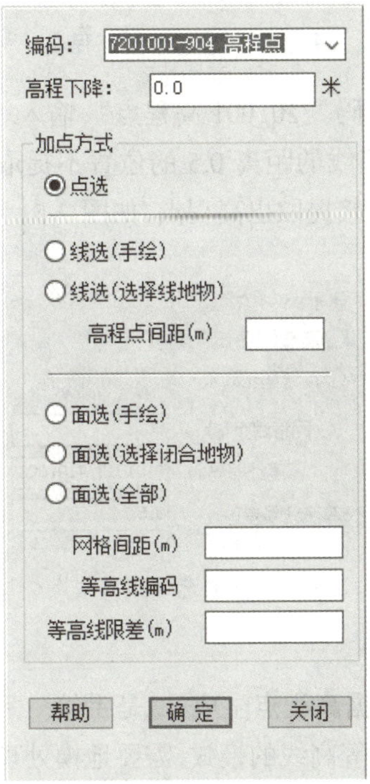

图 7-48　提取高程点

(1)点选方式:以单击处为圆心,在圆心处增加高程点。

(2)线选方式:在等高线间距有效时,沿所划线方向每相隔输入间距值增加高程点,右键结束。

(3)面选方式:按给定网格间距在所选范围内生成的网格中心位置增加高程点,右键结束。

（4）等高线编码：此项不为空，并且等高线限差（m）有效，高程点距等高线小于该限差时不生成。

高程点采集的操作方法如下。

（1）点选：启动功能，输入高程点编码“7201001-904 高程点”，点击需要高程点的位置，自动提取出高程点，并标出高程标注，如图 7-49 所示。

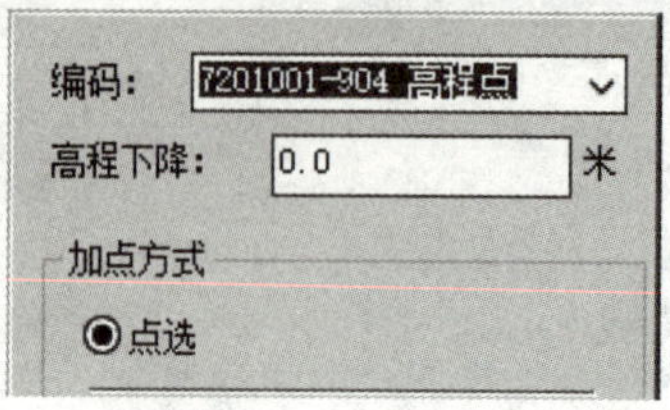

图 7-49　点选采集高程点

（2）线选：启动功能，输入高程点编码“7201001-904 高程点”，一般道路绘制中心线，设置高程点的间距，右键单击根据设置的间距自动生成高程点，如图 7-50 所示。

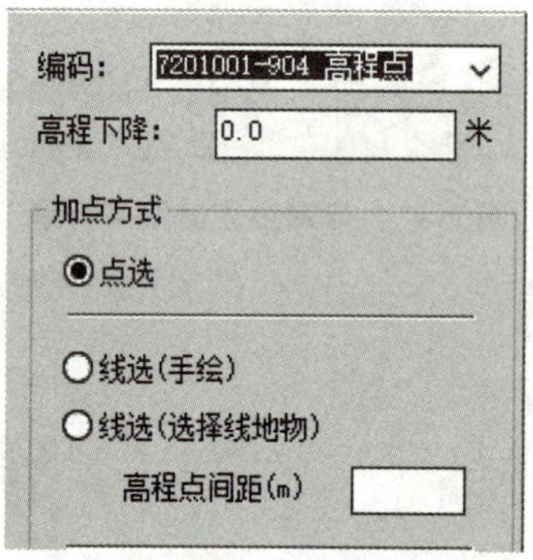

图 7-50　线选采集高程点

（3）面选：启动功能，输入高程点编码“7201001 高程点”，输入等高线编码“7101012 首曲线”“7101012 计曲线”“等高线限差 0.5（限差：与等高线的距离 0.5 的位置不提取高程点，避免电线矛盾）”，手动绘制范围，提取高程点或选择闭合的面地物，直接提取出高程点，如图 7-51 所示。

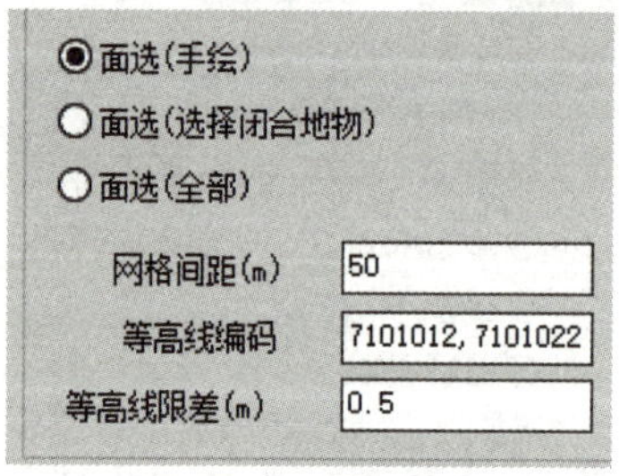

图 7-51　面选采集高程点

Ⅳ）等高线的采集

等高线的采集方法有两种：一是根据高程点生成；二是手绘。下面介绍根据高程点生成等高线的具体操作流程。通过高程点构建三角网生成等高线的模式，需要地模处理模块。

（1）依次选择“地模处理”→“生成三角网”，根据已有的高程点生成三角网，如图 7-52 所示。

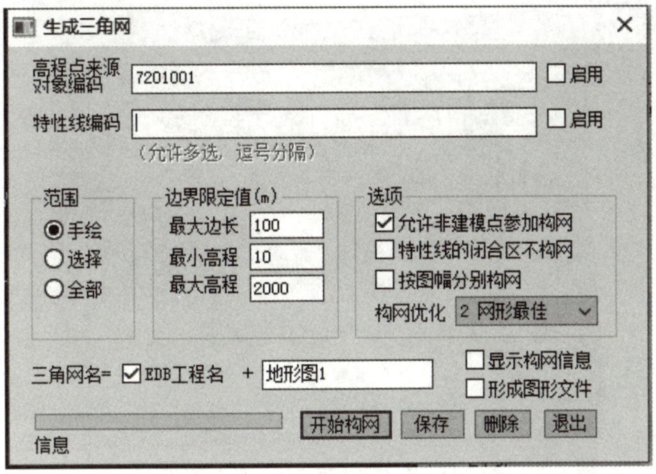

图 7-52　生成三角网

（2）参数设置。

①高程点来源对象编码：生成三角网时高程点来源，编码是多个时，要用英文逗号隔开，如不勾选“启用”，系统默认高程点来源于图面高程点。

②特性线编码：为了使数字地面模型更真实地表示实际地形，在建模时还必须考虑地形的特性线。特性线一般为地性线（山脊线或山谷线）、断裂线（陡坎、房屋等）等任何线状地物。特性线控制了三角网和等高线的生成形状，从而使作图者得到一种更加符合客观实际的地表模型（三角网）。最后效果如图 7-53 和图 7-54 所示。

注意：若填写了特性线编码，必须勾选“启用”。

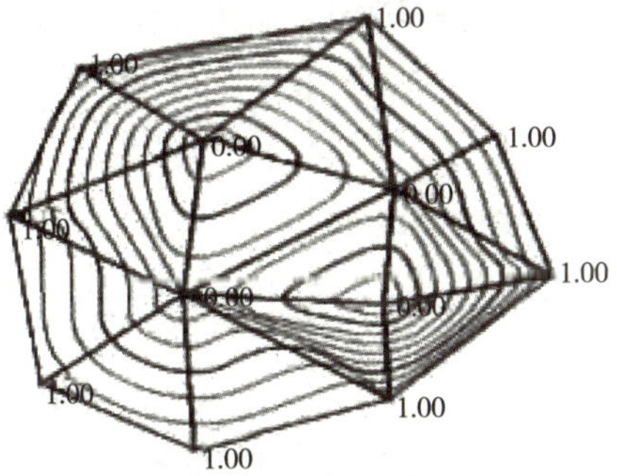

图 7-53　使用特性线前

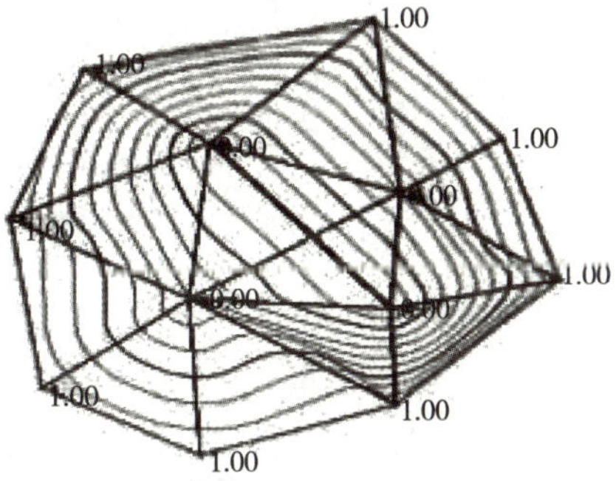

图 7-54　使用特性线后

③构网范围：如果选择“绘制范围线”，用鼠标在目标区域内画一个多边形范围线（右键单击闭合）；如果选择“已有范围线”，用鼠标在目标区域内选择一个闭合地物（线或面对象）；如果选择“全部数据”，则当前内存中所有建模点都将参加构网。

④最大边长：生成三角网时所允许的大三角形边长，通过设置大边长，可以有效控制狭长三角形的生成。

⑤最大/小高程：小于最小值或大于最大值的高程点，在生成三角网时将被忽略，可使一些错误的高程点不参加构网。

⑥特性线的闭合区不构网：闭合特性线的闭合区域内不生成三角网。

（3）生成三角网：点击“开始构网”，系统将收集指定区域内的全部可参加建模的高程点，按照角度最大化原则自动构网，如图 7-55 所示。

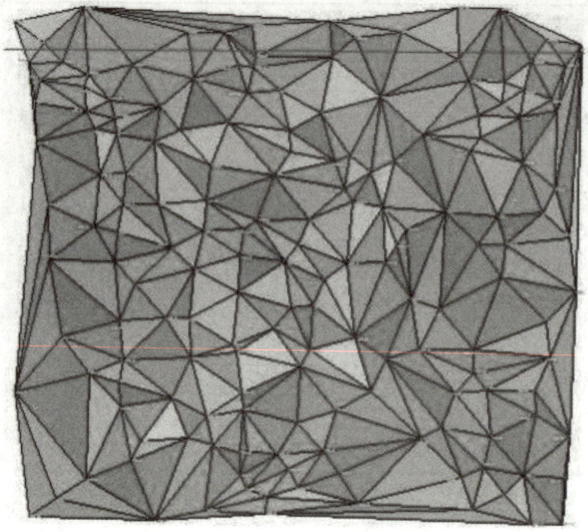

图 7-55　生成三角网

Ⅴ)植被(旱地)绘制

植被边界采集完成后,进行植被构面,系统自动生成二/三维植被符号,使植被数据与实景模型相吻合。

(1)在闭合区域使用快捷键“Shift+G”,在弹出的窗口中设置填充面编码“8103023 旱地”,如图 7-56 所示。

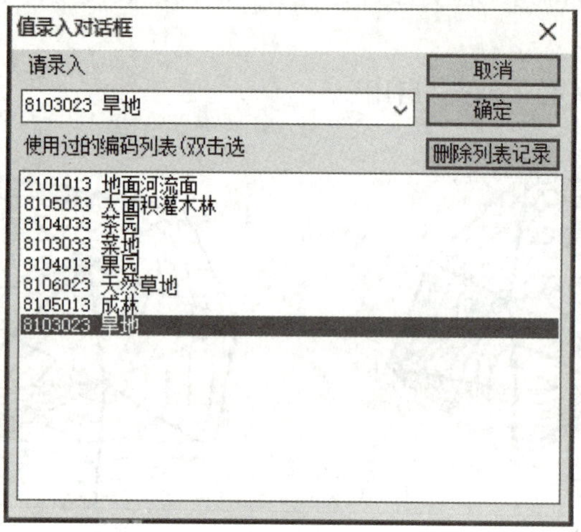

图 7-56　选择旱地属性码

(2)光标依次放置到闭合区域,使用快捷键“G”,用填充面编码“8103023 旱地”绘制旱地,如图 7-57 所示。

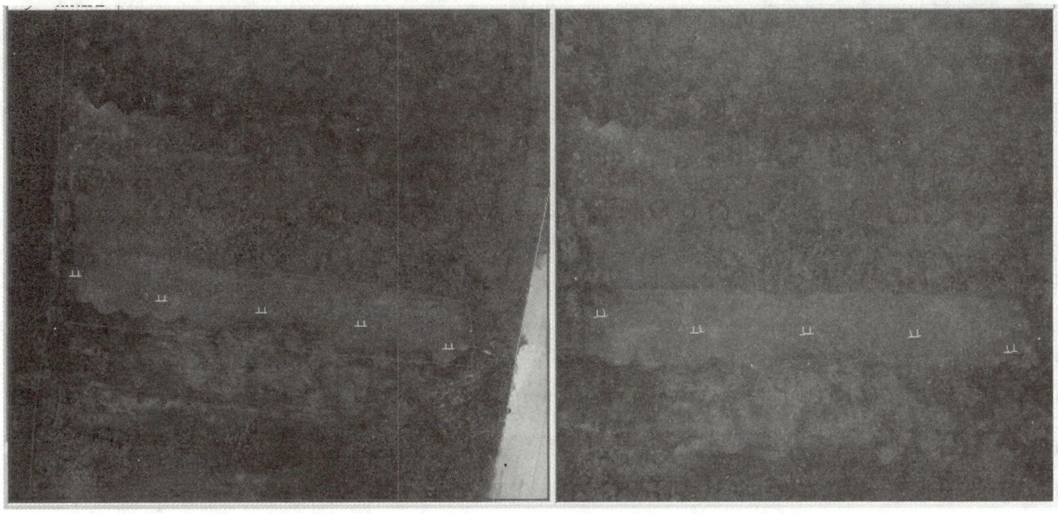

图 7-57　绘制旱地

Ⅵ)斜坡的绘制

斜坡采集时，先采集坡顶，再采集坡底，系统自动生成二/三维斜坡符号，使斜坡数据与实景模型相吻合。

(1)选择斜坡编码“7601013 未加固斜坡范围”面。

(2)点击绘制坡顶线，坡顶结束的位置使用快捷键“J”。

(3)继续绘制坡的宽度，再绘制坡底线，使用快捷键“C”闭合。

(4)斜坡符号绘制完成后，也可再使用快捷键“J”。

(5)调整斜坡美观，保证坡上线和坡下线都有节点，在节点位置可以使用快捷键“K”，如图 7-58 所示。

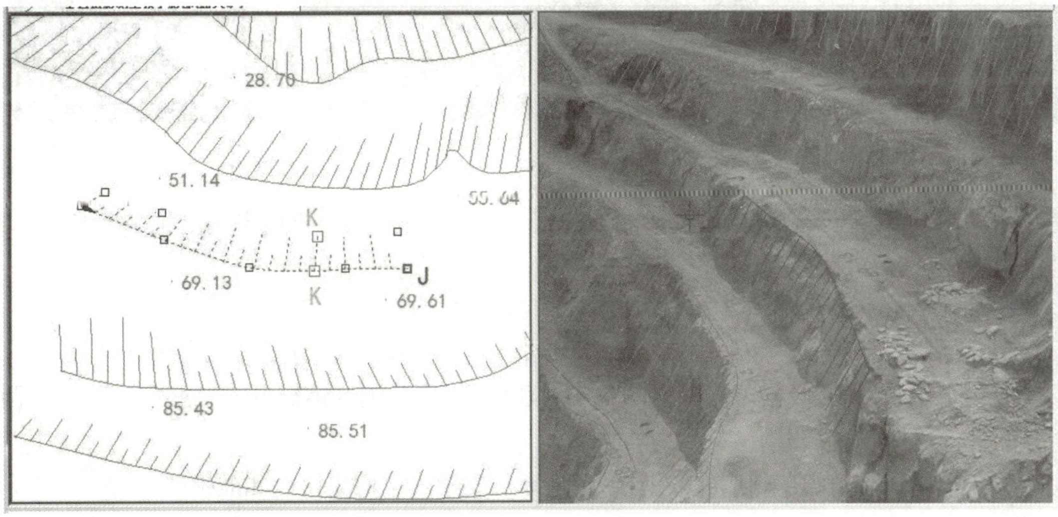

图 7-58　绘制斜坡

Ⅶ)注记的绘制

(1)选择工具条中的“加注记”，启动注记功能，如图 7-59 所示。

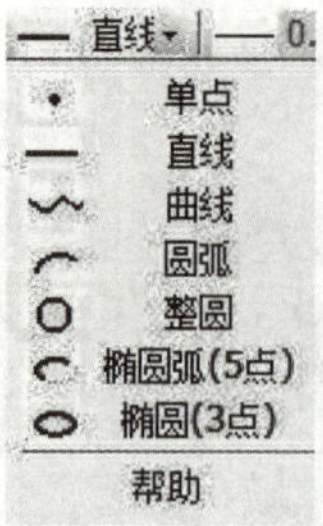

图 7-59　加注记

(2)选择道路分类号“4990004 支道、内部路名称注记”。

(3)选择注记线型、曲线线型注记,依次点击注记的各点。

(4)点击屏幕,录入注记内容,进行线型注记,继续点击。

(5)右键单击确定,如图 7-60 所示。

图 7-60　线型注记

若是单点注记,屏幕上即立刻出现增加的注记;若是线类注记,则需要点击确定每个节点的位置,绘制好后右键单击确定。

2. 调绘

调绘前应制定调绘计划,收集现势性强的各类专业资料,熟悉测区情况,研究测区特征,选择调绘路线以及人力分配。

(1)调绘与立体采集、数据编辑应有效衔接,保证地形要素表达的完整性和准确性。

(2)调绘前应对立体采集的数据进行检查,主要检查所采集数据是否有遗漏,采集、表示和取舍是否合理。

(3)调绘应走到、看到、量到、问清、绘准,做到判读准确、描绘清楚、符号运用恰当、各种注记准确无误。

(4)各类要素调绘的具体要求与编辑时一致,需要补充时,应在技术设计书中明确。

调绘可以采用以下形式。

(1)底图调绘:使用 DOM 或者 DOM 套合矢量数据作为调绘底图,也可将 DOM 或者 DOM 套合矢量数据按成图比例尺输出为纸质调绘底图,DOM 输出调绘底图时,像元尺寸不大于相应比例尺图上 0.1 mm。

(2)像片调绘:使用像片制作调绘像片,调绘像片比例尺视地物复杂程度确定,以保证判读和方便使用为原则,一般应不小于成图比例尺的 1.5 倍,地物复杂地区应适当放大。

底图调绘宜以标准图幅范围为调绘范围，以不产生漏洞或重叠为原则。像片调绘的调绘范围线要求如下。

（1）当调绘影像之间有20%以上的重叠度，调绘范围线宜绘在相邻调像片重叠的中心线位置，距原始像片边缘应大于 1 cm；全野外布点时，调绘范围线以图廓线为准，以像控点连线绘出，若有偏离应不大于 1 cm。

（2）平坦地区调绘范围线可采用直线或折线；丘陵地、山地调绘范围线在调绘像片东、南边采用直线或折线，西、北边根据相邻调绘像片立体转绘成曲线。

（3）调绘范围线应避免与线状地物重合或切割居民地，相邻调绘像片的范围线之间不应出现漏洞或重叠。

调绘时应对已有数据进行实地核查，对错、漏等进行修改和补充；补调地物、地貌要素的属性和注记以及内业无法获取的地理名称；补测三维测图无法或不能准确采集的要素，如阴影区地物、隐蔽和地形复杂部位地物以及需要补测的新增地物等；最终形成调绘成果。

要素定位应基于要素影像位置，定位偏差最大不大于调绘像片上 0.3 mm 或 DOM 的 3 个像元。

摄影后新增的一般地物可不补调，但新增的大型工程设施和变化较大的居民区、开发区等应进行补调或补测；航摄后拆除的地物，应在影像上标记。

测区周边调绘应保证满幅，自由图边应调出图外 4 mm（图上距离），相邻调绘范围之间应接边。

调绘内容按《基础地理信息要素分类与代码》（GB/T 13923—2006）规定的要素类执行。要素属性调绘内容按编辑时 7 大类要素的规定执行，需要调整时应在技术设计中明确规定。调绘时，属性值应标注在调绘像片或调绘底图上，也可记录在要素的属性表中，并在图面予以注记。

房屋调绘时以墙基为准，当屋檐、阳台宽度大于图上 0.2 mm 时，应在影像相应处注明实测宽度（量注取位至 0.01 m），供内业进行屋檐宽度改正和阳台制作处理。

调绘成果使用的符号、文字及调绘成果的整饰宜符合国家对应的矩形分幅和经纬度分幅的图廓整饰样式的规定，以方便内业人员使用为原则，应统一、清楚、易读、实用，具体要求在技术设计书中规定，必要时采用图例说明。

图幅名称确定的要求如下：

（1）应选择图幅内最大居民地的名称，图幅内没有居民地时，可选注其他地理名称：

（2）同一测区内，不应有相同的图名；

（3）如果图幅内确实无地名，以图幅内最高高地的高程作为图名，如“556.8 高地”，有困难时可只注图幅编号；

（4）如该图幅已有出版图，则图幅名称一般应与其一致。

3. 野外补测

当立体采集无法达到高程注记点的高程精度要求时，应野外实测足够的高程注记点，再立体采集等高线。当由于云影、阴影等影响而无法进行三维测图或处理，航空摄影出现绝对漏洞且不补摄，新增大型工程设施、大面积开发区或居民地变化较大等情况时，应进行野外补测。三维测图无法准确采集的城市建筑物密集区，亦可进行野外补测。可将阴影、漏洞等向外扩大图上 4 mm，确定补测范围。补测的地物、地貌要素，相对于附近明显地物点的平面位置误差不大于图上 0.75 mm，困难地区不大于图上 1 mm。补测的方法有判读法、比较法、截距法、距离交会法和坐标法，具体应用由技术设计书规定。

4. 数据编辑与图幅接边

数据编辑主要是依据立体采集成果、调绘成果进行要素数据的图形编辑、属性录入，图幅接边形成非符号化数据,非符号化数据通过检查后配置符号、注记,从而进行符号化处理及图廓整饰形成符号化数据。

依据调绘成果、野外补测成果,对立体采集漏测的地物在立体模型下进行补测,对新增的地物进行采集,对被遮挡的地物进行编辑。按照要素选取原则对数据进行编辑,做到不失真、主次有别、层次分明。依据调绘成果对内业采集的房屋进行房檐改正和阳台制作处理。全面检查和修改各类定位错误、遗漏、拓扑错误、图层错误、属性错误、要素关系错误、几何图形问题等错、漏现象。

1)非符号化数据编辑

非符号化数据编辑要求如下。

(1)各要素应保持位置准确和空间关系正确合理。

(2)实地连续的线状要素、面状要素应保持连续;构成几何网状的线状要素应保持节点的相交性、连通性;面状要素应合理闭合,不应有悬挂点;在一个面状要素内应有标识点,标识点代码应正确;相邻面状要素的边线应重合。

(3)要素数据层与属性表应正确。

(4)要素的几何类型和拓扑关系应正确。

(5)依据调绘成果和相关资料录入要素属性值,属性值应正确合理。

(6)相邻图幅应进行接边,接边的处理原则如下:

①接边处相互位置偏差在限差范围内时,应优先考虑要素的几何形状,接边点可在限差范围内移动;

②接边处相互位置偏差大于限差时,应分析原因,排除粗差后再做处理;

③对于相邻投影带之间的图幅跨带接边时,需将邻带图幅进行换带投影变换,统一到同一带内进行接边,接边完成后再将邻带图幅变换回原投影带;

④对于成图时间不同的图幅接边,接边偏差在限差范围内时修改新数据,接边偏差大于限差时分析原因,在确认新数据无误的情况下,修改旧数据,并在元数据中说明;

⑤在同一测区内,一般规定由本幅图负责与西、北图幅之间的接边。

(7)相邻图幅之间要素接边要求如下:

①同一要素几何图形应在图廓线处无缝接边;

②同一要素接边后应保持要素合理的几何形状,如输电线路、道路、等高线、水岸线等不应在接边处出现转折;

③同一要素图形接边后应保证属性的正确性。

(8)非标准字应注明其汉语拼音,统一编码,并记录在元数据中。

(9)图廓整饰要求可参照《国家基本比例尺地图图式 第1部分:1∶500 1∶1 000 1∶2 000地形图图式》(GB/T 20257.1—2017)的规定。

2)符号化数据编辑

符号化数据编辑要求如下。

(1)在图上加注名称及注记,名称及注记应符合《国家基本比例尺地图图式 第1部分:1∶500 1∶1 000 1∶2 000地形图图式》(GB/T 20257.1—2017)的规定。

(2)对非符号化数据符号化后不符合图式要求的部分应进行编辑、调整和处理,使用符号表示的各种地物定位点或定位线位置应准确,各类要素的制图表达、符号和注记应符合《国家基本比例尺地图图式 第1部分:1∶500 1∶1 000 1∶2 000地形图图式》(GB/T 20257.1—2017)的规定,图面应清晰易读,符号、注记密度应配置合理。

(3)符号冲突时,应突出表示主要要素符号,可根据具体情况采取移动次要要素符号、共线表示、只表示主要要素符号、间断次要要素符号等方法处理次要要素。符号冲突处理应以不影响判读,且保持符号之间的相互位置关系为原则。当主次要素符号颜色差异较大,能够清晰判读时,可以用主要要素符号压盖次要要素符号，不做处理。

（4）注记不应出现压盖现象，当注记密度较大，且适当移动后也无法清楚表达时，可以择要取舍。

（5）注记与符号冲突时，应移动注记，尽量减少注记对符号压盖的影响程度。

（6）注记与符号在图幅接边处应进行接边处理，保持符号细节的连贯性。

（7）图廓整饰应符合《国家基本比例尺地图图式 第 1 部分：1∶500 1∶1 000 1∶2 000 地形图图式》（GB/T 20257.1—2017）的规定。

5. 数据输出

EPS 软件提供了 DLG 产品的 4 种数据输出格式，分别是 CASS、DWG、MDB、Shp。下面以 CASS 格式为例，介绍数据输出过程。

（1）依次点击菜单栏中的“数据转换”→“CASS9 数据输出”，如图 7-61 所示。

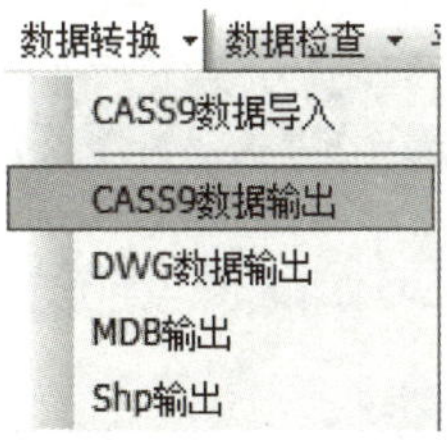

图 7-61 启动 CASS 数据输出

（2）在弹出的对话框中选择数据输出范围“全部输出”，点击“确定”，如图 7-62 所示。

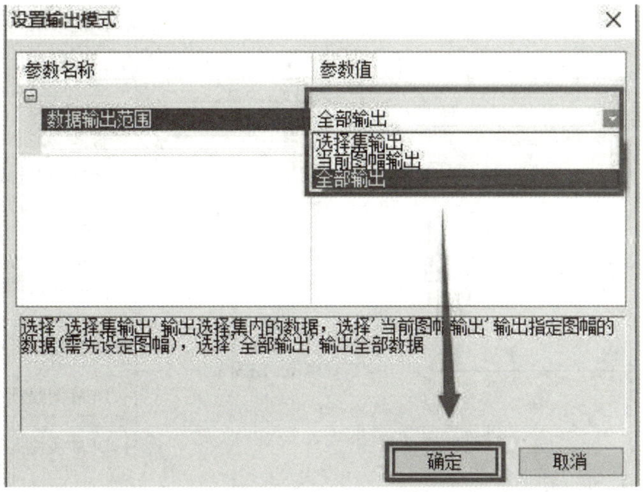

图 7-62 设置输出模式

（3）选择存放路径、保存类型和成果的名称，点击“保存”，如图 7-63 所示。

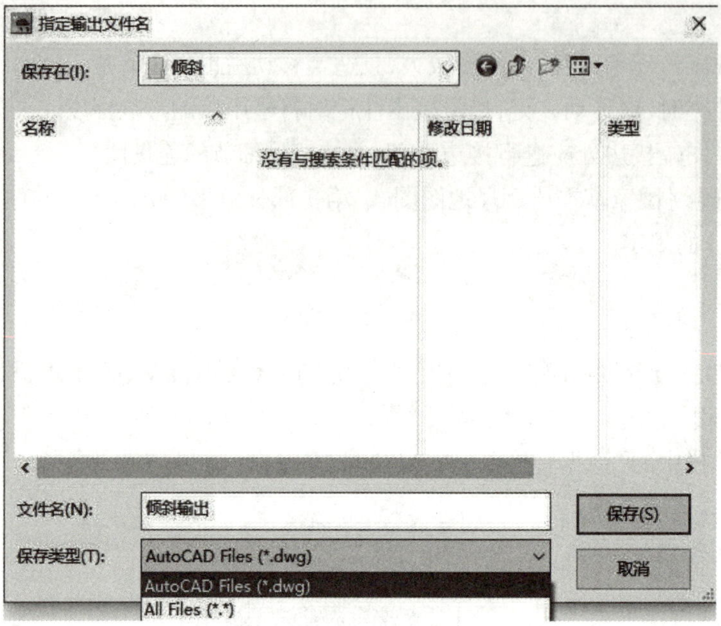

图 7-63 指定输出路径和名称

(4)弹出对话框,输出完成。

【项目小结】

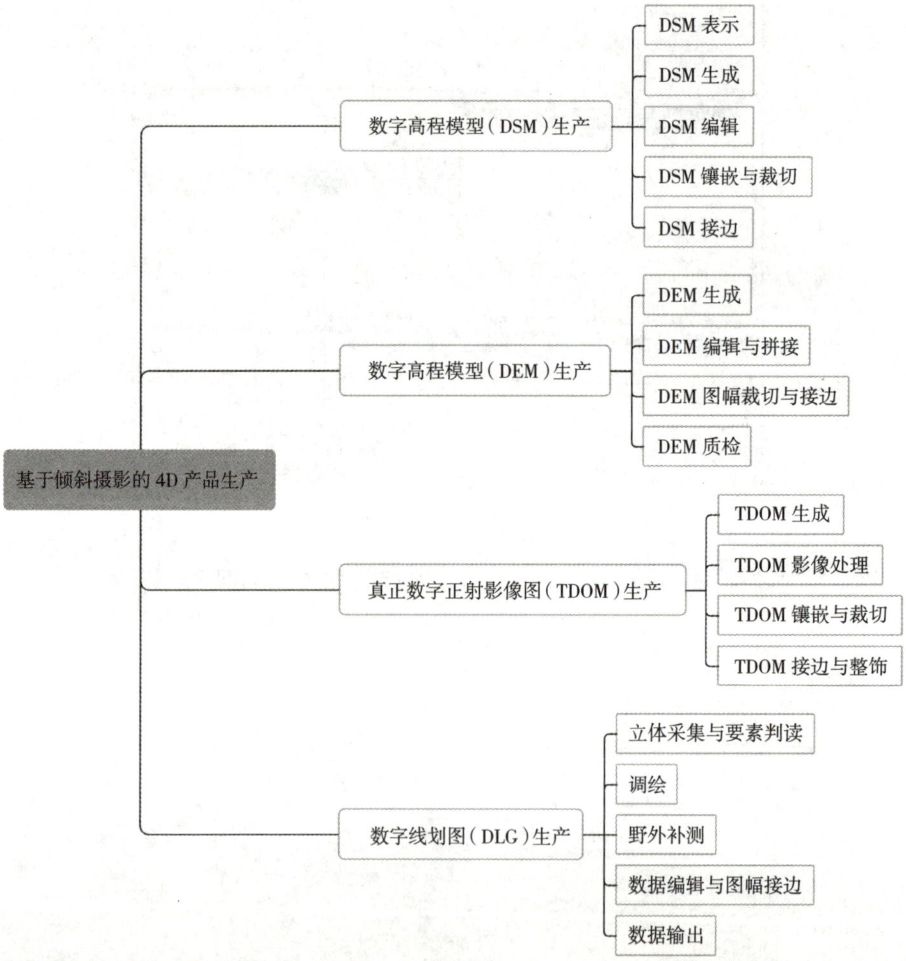

【思考与练习】

1. 简述基于无人机倾斜摄影测量的 DEM 生产流程。
2. 简述基于无人机倾斜摄影测量的 TDOM 生产流程。
3. 简述基于无人机倾斜摄影测量的 DLG 生产流程。

【思政故事】

刘先林院士——测绘“大国工匠”的代表

2017 年，一张照片走红网络，照片中一头银发、光脚穿着旧皮鞋的老人坐在动车二等座上埋头修改报告。这位老人就是中国工程院院士、中国测绘科学研究院名誉院长刘先林。

刘先林院士满头银发、一身简朴，一生潜心科研。他是甘为人梯、淡泊名利的大国工匠，一张旧书桌一坐就是 45 年。他更是扛鼎测绘装备国产化的国家脊梁，以“不达目的，誓不罢休”的决心和勇气，让国产测绘装备开始走向世界。

“祖国需要什么，一线需要什么，我们就要研究什么！”1962 年，刘先林从武汉测绘学院毕业，被分配到原国家测绘总局测绘科学研究所，老所长语重心长的这番话语成为他一生的追求。

1988 年，刘先林主持研制出 JX-3 解析测图仪，结束了我国解析测图仪全部依靠进口的历史。1998 年，JX-4 数字摄影测量工作站的成功推出，成为我国模拟测图向数字化测图转变的里程碑。此后，国产航测系统占据 90%以上的国内市场，并成功出口海外。2007 年，刘先林带领团队又研制出 SWDC 数字航空摄影仪，成为助力我国实景三维测绘的主力仪器。如今，SWDC 系列数字航摄仪已经占领国内一半以上的市场份额，在我国如火如荼的实景三维建设中发挥着重要作用。

刘先林院士对科研创新不懈追求的精神与他对生活的淡泊态度形成了鲜明的对照，他平易近人、博学严谨的人格像一盏明亮的航灯，为年轻一代的测绘工作者照亮着前进的方向，也让我们真正感受到爱国、创新、求实、奉献、协同、育人的中国科学家精神。

“我们中国人并不比外国人笨，一定要有勇气赶超世界先进水平。”

——中国工程院院士、著名摄影测量与遥感专家刘先林

资料来源：i 自然全媒体公众号。

项目八

无人机倾斜数字摄影测量项目实施

项目描述

无人机倾斜数字摄影测量技术作为空间信息技术体系的重要组成部分，是空间数据获取的重要手段之一；基于其运行成本低，执行任务灵活性、安全性高，测量精度高等方面的突出优势，该技术已在世界各国各行业得到了广泛应用。无人机倾斜数字摄影测量技术可实现数字高程模型（DEM）、数字表面模型（DSM）、数字正射影像图（DOM）、数字真正射影像图（TDOM）、数字线划图（DLG）及实景三维模型等空间地理信息数据的生产制作。本项目主要学习无人机倾斜数字摄影测量项目实施方案制定、专业技术设计书编制、项目成果质量控制、专业技术总结编写等方面的内容。

项目目标

- （1）了解测绘地理信息相关项目实施方案内容，掌握无人机倾斜数字摄影测量项目实施方案的编制方法。
- （2）了解专业技术设计书的内容、技术设计应遵照的基本原则，能依据无人机倾斜数字摄影测量项目要求，完成专业技术设计书编制工作。
- （3）基于前述项目知识及实训任务内容，理解无人机倾斜数字摄影测量项目实施主要流程并付诸实施。
- （4）熟悉无人机倾斜数字摄影测量项目各类成果质量控制内容及方法。
- （5）了解专业技术总结编写的依据、主要内容及注意事项，能结合无人机倾斜数字摄影测量项目实施情况完成专业技术总结编写及成果资料汇总上交工作。

任务一　项目实施方案制定

【任务导入】

项目实施方案是指对某项工作,从目标要求、工作内容、方式方法及工作步骤等方面做出全面、具体而又明确安排的计划类文书。项目实施方案也称项目执行方案,指正式开始为完成某项目而进行的活动或努力工作过程的方案制定,它是企事业单位项目能否顺利和成功实施的重要保障和依据。项目实施方案的成败在一定程度上决定了项目实施的成败。项目立项后,项目负责人要综合项目的各个相关要素来制定一份翔实的项目实施方案。本任务主要介绍如何编制无人机倾斜数字摄影测量项目实施方案。

【任务准备】

项目是指一系列独特的、复杂的并相互关联的活动,这些活动有一个明确的目标或目的,必须在特定的时间、预算、资源限定内,依据规范完成。项目参数包括项目范围、质量、成本、时间、资源。项目实施方案将项目所要实现的目标效果、项目前中后期的流程和各项参数做成系统而具体的方案,来指导项目的顺利进行。

1. 项目实施方案的主要内容

项目实施方案的主要内容包括以下几部分:

(1)简要阐述实施某项工作的重要性和必要性;

(2)阐明实施某项工作的指导思想、目标要求及指导原则;

(3)实施某项工作的安排、步骤、方式方法等;

(4)关于对工作的组织领导及资金保障等。

项目实施方案的主要内容要求具体明确,具有很强的可操作性。如实施某项工作分为哪几个步骤、每个步骤安排在什么时间,时间安排多长,以及每个步骤由哪些部门、哪些人员负责落实等,都要做好具体明确的安排和分工。同时,上述四部分内容可以根据不同的部门单位、不同的工作内容而有所删减。

2. 项目实施方案的特点

项目实施方案具备广泛性、具体性和规定性等特点。

1)广泛性

项目实施方案的应用很广泛,且适用范围广。从适用的主体来看,既可以是各级党政机关,也可以是企事业单位和各种社会团体;从实施方案的内容来看,涉及经济、文化及生产、生活等各方面的内容。

2)具体性

项目实施方案要把某项工作的工作内容、目标要求、实施方法步骤以及组织领导保障、督促检查等各个环节都做出具体明确的安排,要落实到工作分几个阶段、什么时间开展、什么人来负责、组织领导及监督如何保障等细节。

3)规定性

项目实施方案的制定有很强的规定性。项目实施方案的规定性表现在两个方面:一方面,实施方案要根据上级的有关文件及精神来制定,要根据所要实施的工作的目的、要求、内容及单位的实际情况来制定,而不是随意制定的;另一方面,实施方案一旦制定出来,制定机关及相关部门单位就要按照实施方案认真组织实施,具有强制性。

3. 项目实施方案编制程式

项目实施方案的编制有一定的程式,一般来说包括以下几部分。

(1)项目目标:说明本项目的指导思想、任务目标和年度阶段目标。

(2)项目详细工作内容:说明项目的工作范围、具体内容和技术要求等,在项目实施方案编制过程中,这一部分内容能量化的指标尽可能量化。

(3)项目实施所采取的方法手段。

(4)预期效果:说明项目完成时所达到的有形或无形的效果。

(5)项目工作进度安排:详细说明各阶段工作安排的时间和项目工作内容完成的时间,这需要项目实施方案的负责人对项目有全方位的掌控和评估能力,尽量让项目实施的时间进度与方案所计划的时间吻合。

(6)实施组织形式:详细说明承担单位、协作单位和各自分工的主要内容。

(7)项目实施预算表:这是项目实施方案中很重要的一项,能够评估项目的价值和项目所能为企业带来的利润。

具体到每一个项目,则要根据项目的特点来编制适合的项目实施方案。

【任务实施】

根据测绘地理信息类项目的具体特点,一般规定测绘地理信息类项目实施方案包含但不限于项目概述、测区地理概况、工作内容、现有资料分析、作业依据、成果规格及主要技术指标、项目实施技术路线及主要技术要求、项目组织管理、项目实施进度安排质量控制管理措施及要求、成果和资料保密管理、项目建设效果评估及项目实施预算等内容。下面以无人机倾斜数字摄影测量项目为例,详细说明项目实施方案编制过程。

1. 项目概述

项目概述主要说明无人机倾斜数字摄影测量相关任务的来源、目的、任务量、作业范围和作业内容、行政隶属以及完成期限等基本情况。

2. 测区地理概况

根据无人机倾斜数字摄影测量相关任务的具体内容和特点,结合实际需要说明与无人机倾斜数字航空摄影、影像控制测量、实景三维 Mesh 模型生产、实景三维单体模型生产、DSM 生产、DEM 生产、DOM(TDOM)生产及 DLG 生产等测绘作业有关的测区自然地理概况,内容包括:测区的地形概况、地貌特征,如居民地、道路、水系、植被等要素的分布与主要特征,地形类别(平地、丘陵地、山地、高山地)、困难类别、海拔高度、相对高差等;测区的气候情况,如气候特征、风雨季节等;测区需要说明的其他情况,如测区有关工程地质与水文地质的情况,以及测区经济发达状况等。

3. 工作内容

根据无人机倾斜数字摄影测量相关任务要求，简要描述具体工作内容及工作量。通常，无人机倾斜数字摄影测量项目的主要成果包括倾斜数字航空摄影影像、影像控制点、实景三维 Mesh 模型、实景三维单体模型、DSM、DEM、DOM(TDOM)及 DLG 等。

4. 现有资料分析

广泛收集可用于项目生产的测绘地理信息类资料，如基础控制点、测区范围线、覆盖测区的小比例尺地形图及正射影像图等。详细说明已有资料的类型、数量、形式、主要质量情况(包括已有资料的主要技术指标和规格等);结合无人机倾斜数字摄影测量相关任务要求，说明已有资料利用的可能性和利用方案等，如测区内基础控制点分布、数量及等级情况是否可作为基础资料用于影像控制测量。

5. 作业依据

详细说明无人机倾斜数字摄影测量相关任务生产过程中可参考使用的作业依据，主要包括法律法规、国家标准、行业标准、地方标准、项目合同(项目需求书)及其他技术文件等。

6. 成果规格及主要技术指标

结合无人机倾斜数字摄影测量项目数据生产关键技术环节，详细说明倾斜数字航空摄影影像、影像控制点、实景三维 Mesh 模型、实景三维单体模型、DSM、DEM、DOM(TDOM)及 DLG 等具体成果(或产品)的主要技术指标和规格。一般可包括成果(或产品)类型及形式、坐标系统、高程基准、重力基准、时间系统，比例尺、分带、投影方法，分幅编号及其空间单元，数据基本内容、数据格式、数据精度以及其他技术指标等。

7. 项目实施技术路线及主要技术要求

无人机倾斜数字摄影测量项目实施技术路线如图 8-1 所示。无人机倾斜数字摄影测量项目主要成果包括倾斜数字航空摄影影像、影像控制点、实景三维 Mesh 模型、实景三维单体模型、DSM、DEM、DOM(TDOM)及 DLG 等。其主要技术要求包括数学基础，倾斜数字航空摄影影像的地面分辨率，成图比例尺，影像控制点精度，实景三维 Mesh 模型的完整性、位置精度和表现精度，DSM 及 DEM 格网尺寸、高程精度，DOM(TDOM)地面分辨率、影像质量及平面位置精度，DLG 平面及高程精度、图面表达要求、外业调绘及补测要求等。

8. 项目组织管理

由于无人机倾斜数字摄影测量项目成果(或产品)类型丰富，所涉及生产环节多且复杂，为了确保在项目工期内保质保量完成生产任务，高效的项目组织管理是不可缺少的。通常采用以下方式实施项目组织管理。

(1)成立项目领导小组并明确其职责。领导小组负责项目总体工作的领导和组织推动，协调项目外部关系，组织成立项目组织机构。建立各项管理制度，对项目方案的可行性负责。

(2)成立项目组并明确其职责。项目组在项目领导小组的领导下，负责项目日常事务管理、工作协调、进度安排、技术保障和质量监督等工作。

(3)成立作业小组并明确其职责。根据无人机倾斜数字摄影测量项目关键生产环节及作业分工成立作业小组，如航摄小组负责实施无人机倾斜数字航空摄影，外业小组负责实施影像控制测量，内业小组负责实施区域网空中三角测量、实景三维 Mesh 模型生产、实景三维单体模型生产、DSM 生产、DEM 生产、DOM (TDOM)生产及 DLG 生产等工作，质检小组负责全过程质量控制工作。

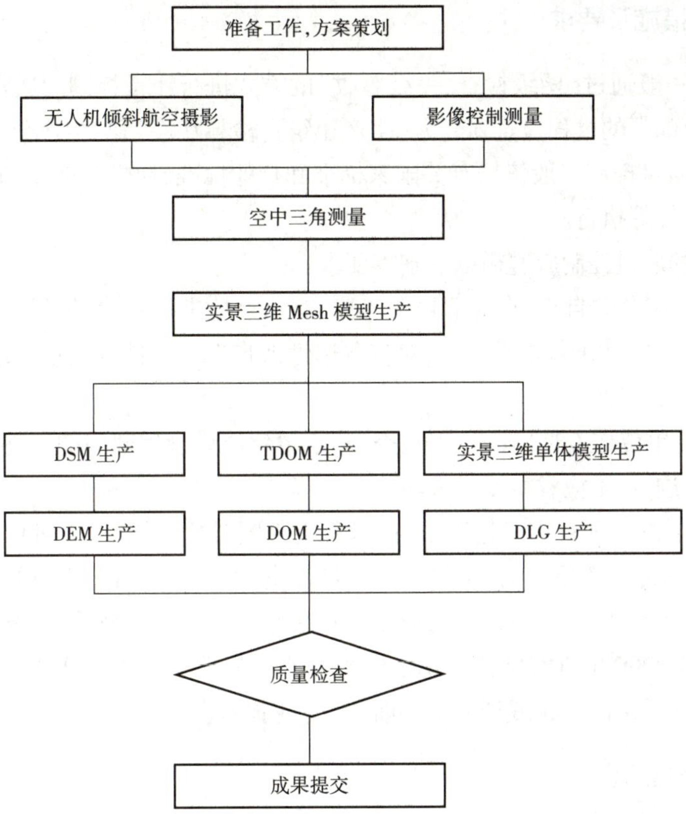

图 8-1　无人机倾斜数字摄影测量项目实施技术路线

9. 项目实施进度安排

为了合理配置人员、仪器装备等资源,确保在项目工期内保质保量完成生产任务,需要在项目实施初期制定项目实施进度计划,一般采用项目实施进度计划表(表 8-1)对项目实施进度做出安排。

表 8-1　无人机倾斜数字摄影测量项目实施进度计划表

序号	工作内容	时间安排	备注
1	技术文件编制		
2	无人机倾斜数字航空摄影		
3	影像控制测量		
4	区域网空中三角测量		
5	实景三维 Mesh 模型生产		
6	实景三维单体模型生产		
7	DSM 生产		
8	DEM 生产		
9	DOM(TDOM)生产		
10	DLG 生产		
11	质量检查		

10. 质量控制管理措施及要求

测绘地理信息成果一般通过“两级检查、一级验收”的方式进行质量控制。通常，为了强化过程质量控制，可以将测绘单位作业部门的过程检查划分为“生产小组自检与互检”和“生产部门质量质检”两个阶段。

测绘地理信息成果质量控制一般依据有关国家标准和行业标准、地方标准、专业技术设计书、测绘任务书、合同书和委托验收文件等执行。

测绘地理信息成果的质量控制应遵循以下基本要求：

（1）每完成一道工序应及时自查，自查后可分工序、有重点地进行互检，加强对生产作业过程中每个环节的质量控制，对重要质量特性进行重点检查，对有普遍性或带有倾向性的质量问题应进行全面检查，杜绝质量问题遗留到下一环节；

（2）成果应通过测绘单位作业部门的过程检查、测绘单位质量管理部门的最终检查和生产委托方的验收，各级检查工作应独立进行，不应省略或代替。

无人机倾斜数字摄影测量项目生产过程中，技术负责人应对技术标准、质量标准的贯彻执行情况进行严格的监督和审查，对成果（或产品）的技术设计和质量负责；航摄小组对无人机倾斜数字航空摄影成果质量负责；外业小组对影像控制测量质量负责；内业小组对区域网空中三角测量、实景三维 Mesh 模型、实景三维单体模型、DSM、DEM、DOM（TDOM）及 DLG 生产质量负责；质检小组对无人机倾斜数字摄影测量项目生产全过程质量负责，确保所有成果（或产品）质量满足专业技术设计书要求。

11. 成果和资料保密管理

成果和资料保密管理的主要目的是对测绘地理信息数据生产过程中可能存在的各类影响信息安全的因素进行预先分析处理，积极采取有关措施来防止测绘地理信息数据泄密事故的发生。测绘地理信息数据成果和资料的安全保密是无人机倾斜数字摄影测量项目实施过程中的重中之重。

通常，测绘地理信息类企业在长期的测绘地理信息数据生产过程中均会形成一套严密而有实效的安全控制措施，切实保护测绘地理信息数据的绝对安全，确保涉密测绘地理信息数据安全管理目标“零事故”。如对企业员工实施保密教育，经常性进行工作检查，并做好记录；加强保密文件、资料、硬盘等存储设备的管理，不准私自携带涉密文件、资料、数据、硬盘等存储设备出入公共场合；不需要保留的技术资料应及时上缴或销毁；在任何情况下，应做到不该问的不问、不该听的不听、不该看的不看、不该说的不说。

12. 项目建设效果评估

结合无人机倾斜数字摄影测量项目的任务来源、建设背景、任务目的等实施项目建设效果评估，重点描述项目建设完成的工作量，项目建设成果应用给自然资源管理、城市规划、社会治理等方面带来的积极影响等内容。

13. 项目实施预算

测绘地理信息类项目实施预算可参考《测绘类项目支出标准（2023 年）》（自然资源部 2023 年 7 月发布）、《工程勘察服务成本要素信息（2022 版）》（中国勘察设计协会 2022 年 6 月发布）相关工作内容进行编制。

无人机倾斜数字摄影测量项目实施预算主要参考《测绘类项目支出标准（2023 年）》执行。如无人机倾斜数字航空摄影可参考第二章遥感数据获取第三节低空（无人机）数据获取的二倾斜摄影影像编制；空中三角测量可参考第三章摄影测量与遥感的第二节空中三角测量的四倾斜摄影空中三角测量编制；实景三维 Mesh 模型可参考第三章摄影测量与遥感的第五节航空/低空（无人机）摄影测量内业的五实景三维 Mesh 模型编制。

任务二　专业技术设计书编制

【任务导入】

测绘技术设计的目的是制定切实可行的技术方案，保证测绘成果（或产品）符合技术标准和满足顾客要求，并获得最佳的社会效益和经济效益。每个测绘项目作业前应进行技术设计，形成技术设计文件。技术设计文件是测绘生产的主要技术依据，也是影响测绘成果（或产品）能否满足顾客要求和技术标准的关键因素。为了确保技术设计文件满足规定要求的适宜性、充分性和有效性，测绘技术设计活动必须按照规定的程序进行。本任务主要介绍如何编制无人机倾斜数字摄影测量项目专业技术设计书。

【任务准备】

测绘技术设计分为项目设计和专业技术设计。项目设计是对测绘项目进行的综合性整体设计。专业技术设计是对测绘专业活动的技术要求进行设计，它是在项目设计基础上，按照测绘活动内容进行的具体设计，是指导测绘生产的主要技术依据。专业技术设计由具体承担相应测绘专业任务的法人单位负责。

1. 专业技术设计书的内容

专业技术设计书的内容通常包括概述、测区自然地理概况与已有资料情况、引用文件、成果（或产品）主要技术指标和规格、技术设计方案等。

1）概述

概述部分主要说明任务的来源、目的、任务量、作业范围和作业内容、行政隶属以及完成期限等任务基本情况。

2）测区自然地理概况与已有资料情况

Ⅰ. 测区自然地理概况

应根据不同专业测绘任务的具体内容和特点，根据需要说明与测绘作业有关的测区自然地理概况，包括以下内容。

（1）测区的地形概况、地貌特征：居民地、道路、水系、植被等要素的分布与主要特征，地形类别（平地、丘陵地、山地、高山地）、困难类别、海拔高度、相对高差等。

（2）测区的气候情况：气候特征、风雨季节等。

（3）测区需要说明的其他情况，如测区有关工程地质与水文地质的情况，以及测区经济发达状况等。

Ⅱ. 已有资料情况

主要说明已有资料的数量、形式、主要质量情况（包括已有资料的主要技术指标和规格等）和评价；说明已有资料利用的可能性和利用方案等。

3）引用文件

说明专业技术设计书编写过程中所引用的标准、规范或其他技术文件。文件一经引用，便构成专业技术设计书设计内容的一部分。

4)成果(或产品)主要技术指标和规格

根据具体成果(或产品),规定其主要技术指标和规格,一般可包括成果(或产品)类型及形式、坐标系统、高程基准、重力基准、时间系统,比例尺、分带、投影方法,分幅编号及其空间单元,数据基本内容、数据格式、数据精度以及其他技术指标等。

5)技术设计方案

具体内容应根据各专业测绘活动的内容和特点确定。技术设计方案主要包括以下内容。

(1)软、硬件环境及其要求。

①规定作业所需的测量仪器的类型、数量、精度指标以及对仪器校准或检定的要求,规定对作业所需的数据处理、存储与传输等设备的要求。

②规定对专业应用软件的要求和其他软、硬件配置方面需特别规定的要求。

(2)作业的技术路线或流程。

(3)各工序的作业方法、技术指标和要求。

(4)生产过程中的质量控制环节和产品质量检查的主要要求。

(5)数据安全、备份或其他特殊的技术要求。

(6)上交和归档成果及其资料的内容和要求。

(7)有关附录,包括设计附图、附表和其他有关内容。

2. 技术设计应遵照的基本原则

(1)技术设计应依据设计输入内容,充分考虑顾客的要求,引用适用的国家、行业或地方的相关标准,重视社会效益和经济效益。

(2)技术设计方案应先考虑整体而后考虑局部,且顾及发展;要根据作业区实际情况,考虑作业单位的资源条件(如人员的技术能力和软、硬件配置情况等),挖掘潜力,选择最适用的方案。

(3)积极采用适用的新技术、新方法和新工艺。

(4)认真分析和充分利用已有的测绘成果(或产品)和资料,对于外业测量,必要时应进行实地勘察并编写踏勘报告。

技术设计的编写应做到:内容明确,文字简练;对标准或规范中已有明确规定的,一般可直接引用,并根据引用内容的具体情况,标明所引用标准或规范名称、日期以及引用的章、条编号,且应在其引用文件中列出;对于作业生产中容易混淆和忽视的问题,应重点描述;名词、术语、公式、符号、代号和计量单位等应与有关法规和标准一致;当用文字不能清楚、形象地表达其内容和要求时,应增加设计附图并在附录中列出。技术设计书的幅面、封面格式和字体、字号等均应符合相关要求。

技术设计实施前,承担设计任务的单位或部门的总工程师或技术负责人负责对测绘技术设计进行策划,并对整个设计过程进行控制。必要时,可指定相应的技术人员负责。设计策划应根据需要决定是否进行设计验证。当设计方案采用新技术、新方法和新工艺时,应对设计输出进行验证,验证宜采用试验、模拟或试用等方法,根据其结果验证技术设计文件是否符合规定要求。

设计策划的内容包括:设计的主要阶段;设计评审;验证(必要时)和审批活动的安排;设计过程中职责和权限的规定;各设计小组之间的接口。

【任务实施】

1. 概述

结合自然资源调查监测、实景三维中国建设、新型基础测绘技术应用等行业发展背景，详细说明无人机倾斜数字摄影测量项目的来源和目的，工作内容及工作量，测区四至范围、面积及行政隶属，任务完成期限等基本情况。

2. 测区自然地理概况与已有资料情况

通过实地踏勘、查阅资料等方式充分了解测区自然地理概况。结合无人机倾斜数字摄影测量项目所涉及的不同专业测绘任务具体内容和特点，详细说明测区的地形概况、地貌特征，测区内居民地、道路、水系、植被等要素的分布与主要特征，测区地形类别，按照《测绘生产困难类别细则(2009 版)》确定各专业测绘任务的困难类别，测区平均海拔高度及测区内相对高差等。同时，由于测区气候情况显著影响无人机倾斜航空摄影、影像控制测量、外业调绘与修补测工作的实施进度，专业技术设计书编制过程中需详细描述测区气候特征、风雨季节、晴天数等。此外，也可根据实际需求说明测区经济情况等内容。

3. 引用文件

说明无人机倾斜数字摄影测量项目专业技术设计书编写过程中所引用的标准、规范或其他技术文件。常用标准、规范及其他技术文件如下：

GB/T 39610—2020《倾斜数字航空摄影技术规程》；

GH/T 3026—2023《实景三维数据倾斜摄影测量技术规程》；

GH/T 3025—2023《倾斜数字摄影测量技术规程》；

GB/T 27920.1—2011《数字航空摄影规范 第 1 部分：框幅式数字航空摄影》；

GB/T 7931—2008《1∶500、1∶1 000、1∶2 000 地形图航空摄影测量外业规范》；

GB/T 7930—2008《1∶500、1∶1 000、1∶2 000 地形图航空摄影测量内业规范》；

GB/T 18314—2009《全球定位系统(GPS)测量规范》；

GB/T 23236—2009《数字航空摄影测量 空中三角测量规范》；

GB/T 13923—2022《基础地理信息要素分类与代码》；

GB/T 13989—2012《国家基本比例尺地形图分幅和编号》；

GB/T 18316—2008《数字测绘成果质量检查与验收》；

GB/T 24356—2023《测绘成果质量检查与验收》；

GB/T 27919—2011《IMU/GPS 辅助航空摄影技术规范》；

GB/T 19294—2003《航空摄影技术设计规范》；

CH/Z 3001—2010《无人机航摄安全作业基本要求》；

CH/Z 3003—2010《低空数字航空摄影测量内业规范》；

CH/Z 3005—2010《低空数字航空摄影规范》；

CH/T 1001—2005《测绘技术总结编写规定》；

CH/T 1004—2005《测绘技术设计规定》；

CH/T 1007—2001《基础地理信息数字产品元数据》；

CH/T 1027—2012《数字正射影像图质量检验技术规程》；

CH/T 2009—2010《全球定位系统实时动态测量(RTK)技术规范》；

CH/T 3006—2011《数字航空摄影测量 控制测量规范》;

CH/T 9008.1—2010《基础地理信息数字成果 1∶500 1∶1 000 1∶2 000 数字线划图》;

CH/T 9008.2—2010《基础地理信息数字成果 1∶500 1∶1 000 1∶2 000 数字高程模型》;

CH/T 9008.3—2010《基础地理信息数字成果 1∶500 1∶1 000 1∶2 000 数字正射影像图》;

CH/T 9022—2014《基础地理信息数字成果 1∶500 1∶1 000 1∶2 000 1∶5 000 1∶10 000 数字表面模型》;

CH 1016—2008《测绘作业人员安全规范》;

《倾斜数字航空摄影成果质量检验技术规程》;

《数字表面模型质量检验技术规程》。

4. 成果(或产品)主要技术指标和规格

无人机倾斜数字摄影测量项目所涉及的主要成果包括倾斜数字航空摄影影像、影像控制点、实景三维Mesh模型、实景三维单体模型、DSM、DEM、DOM(TDOM)及DLG等。通常,在编制专业技术设计书时,将坐标系统、高程基准、分带及投影方法统一归为数学基础。

1)数学基础

平面坐标系统:采用2000国家大地坐标系(CGCS2000),高斯-克吕格投影,3°分带,中央子午线根据测区实际情况设定,坐标纵轴向西平移500 km,平面坐标单位为m。确有必要时,可采用依法批准的其他坐标系。

高程基准:采用1985国家高程基准,单位为m。确有必要时,可采用依法批准的其他高程基准。

2)数据精度

测绘地理信息类项目成果的比例尺与数据精度密切相关,无人机倾斜数字摄影测量项目也不例外。下面主要说明成图比例尺为1∶500、1∶1 000、1∶2 000的数据精度要求。

(1)倾斜数字航空摄影影像成果,倾斜影像地面分辨率应满足成图精度的要求,按照成图比例尺的不同,下视影像地面分辨率应优于表8-2规定的指标。

表8-2 下视影像地面分辨率

成图比例尺	1∶500	1∶1 000	1∶2 000
下视影像地面分辨率/m	0.03	0.05	0.10

(2)影像控制测量成果,依据《数字航空摄影测量 控制测量规范》(CH/T 3006—2011)确定影像控制点精度指标,见表8-3。

表8-2-2 影像控制点精度指标

成图比例尺	中误差类型	地形类别			
		平地	丘陵地	山地	高山地
1∶500	平面位置中误差/m	0.06	0.06	0.08	0.08
	高程中误差/m	0.05	0.1(0.05)	0.1	0.1
1∶1 000	平面位置中误差/m	0.12	0.12	0.16	0.16
	高程中误差/m	0.05(0.1)	0.1	0.1	0.2
1∶2 000	平面位置中误差/m	0.24	0.24	0.32	0.32
	高程中误差/m	0.1(0.05)	0.1	0.2(0.25)	0.2(0.25)

(3)区域网空中三角测量,依据《数字航空摄影测量 空中三角测量规范》(GB/T 23236—2009),区域网平差计算结束后,基本定向点残差、检查点误差、区域网间公共点较差最大限值不大于表 8-4 的规定。

表 8-4 区域网空中三角测量精度指标

成图比例尺	点别	平面位置中误差/m				高程中误差/m			
		平地	丘陵地	山地	高山地	平地	丘陵地	山地	高山地
1:500	定向点	0.13	0.13	0.2	0.2	0.11	0.2(0.11)	0.26	0.4
	检查点	0.175	0.175	0.35	0.35	0.15	0.28 (0.15)	0.4	0.6
	公共点	0.35	0.35	0.55	0.55	0.3	0.56(0.3)	0.7	1.0
1:1 000	定向点	0.3	0.3	0.4	0.4	0.2(0.11)	0.26	0.4	0.75
	检查点	0.5	0.5	0.7	0.7	0.28 (0.15)	0.4	0.6	1.2
	公共点	0.8	0.8	1.1	1.1	0.56(0.3)	0.7	1.0	2.0
1:2 000	定向点	0.6	0.6	0.8	0.8	0.2(0.11)	0.26	0.6	0.9
	检查点	1.0	1.0	1.4	1.4	0.28 (0.15)	0.4	1.0	1.5
	公共点	1.6	1.6	2.2	2.2	0.56(0.3)	0.7	1.6	2.4

(4)实景三维 Mesh 模型成果,其数据精度参考《基础地理信息数字成果 1∶500 1∶1 000 1∶2000 数字线划图》(CH/T 9008.1—2010)所规定的 DLG 精度指标执行。(见表 8-8)

(5)实景三维单体模型成果,其数据精度参考《基础地理信息数字成果 1∶500 1∶1 000 1∶2 000 数字线划图》(CH/T 9008.1—2010)所规定的 DLG 精度指标执行。(见表 8-8)

(6)DSM 成果,依据《基础地理信息数字成果 1∶500 1∶1 000 1∶2 000 1∶5 000 1∶10 000 数字表面模型》(CH/T 9022—2014)确定 DSM 精度指标,见表 8-5。

表 8-5 DSM 精度指标

比例尺	地形类别	高程中误差/m			格网尺寸/m
		一级	二级	三级	
1∶500	平地	0.15	0.20	0.25	0.5×0.5
	丘陵地	0.25	0.40	0.50	
	山地	0.35	0.50	0.70	
	高山地	0.50	0.70	1.00	
1∶1 000	平地	0.15	0.20	0.25	1.0×1.0
	丘陵地	0.35	0.50	0.70	
	山地	0.50	0.70	1.00	
	高山地	1.00	1.50	2.00	
1∶2 000	平地	0.25	0.40	0.50	2.0×2.0
	丘陵地	0.35	0.50	0.70	
	山地	0.85	1.20	1.50	
	高山地	1.00	1.50	2.00	

（7）DEM成果，依据《基础地理信息数字成果 1：500 1：1 000 1：2000 数字高程模型》（CH/T 9008.2—2010）确定DEM精度指标，见表8-6。

表8-6 DEM精度指标

比例尺	地形类别	高程中误差/m			格网尺寸/m
		一级	二级	三级	
1：500	平地	0.20	0.25	0.37	0.5×0.5
	丘陵地	0.40	0.50	0.75	
	山地	0.50	0.70	1.05	
	高山地	0.70	1.00	1.50	
1：1 000	平地	0.20	0.25	0.37	1.0×1.0
	丘陵地	0.50	0.70	1.05	
	山地	0.70	1.00	1.50	
	高山地	1.50	2.00	3.00	
1：2 000	平地	0.40	0.50	0.75	2.0×2.0
	丘陵地	0.50	0.70	1.05	
	山地	1.20	1.50	2.25	
	高山地	1.50	2.00	3.00	

（8）DOM（TDOM）成果，依据《基础地理信息数字成果 1：500 1：1 000 1：2 000 数字正射影像图》（CH/T 9008.3—2010），确定DOM（TDOM）精度指标，见表8-7。

表8-7 DOM（TDOM）精度指标

比例尺	地形类别	平面位置中误差/m	影像分辨率/m
1：500	平地	0.3	0.05×0.05
	丘陵地	0.3	
	山地	0.4	
	高山地	0.4	
1：1 000	平地	0.6	0.10×0.10
	丘陵地	0.6	
	山地	0.8	
	高山地	0.8	
1：2 000	平地	1.2	0.20×0.20
	丘陵地	1.2	
	山地	1.6	
	高山地	1.6	

（9）DLG成果，依据《基础地理信息数字成果 1：500 1：1 000 1：2 000 数字线划图》（CH/T 9008.1—2010）确定DLG精度指标，见表8-8。

表 8-8　DLG 精度指标

比例尺	地形类别	基本等高距/m	平面位置中误差/m	高程中误差/m	
				高程注记点	等高线
1∶500	平地	0.5	0.3	0.2	0.25
	丘陵地	1.0(0.5)	0.3	0.4(0.2)	0.5(0.25)
	山地	1.0	0.4	0.5	0.7
	高山地	1.0	0.4	0.7	1.0(地形变换点)
1∶1 000	平地	0.5(1.0)	0.6	0.2(0.4)	0.25(0.5)
	丘陵地	1.0	0.6	0.5	0.7
	山地	1.0	0.8	0.7	1.0
	高山地	2.0	0.8	1.5	2.0(地形变换点)
1∶2 000	平地	1.0(0.5)	1.2	0.4(0.2)	0.5(0.25)
	丘陵地	1.0	1.2	0.5	0.7
	山地	2.0(2.5)	1.6	1.2	1.5(地形变换点)
	高山地	2.0(2.5)	1.6	1.5	2.0(地形变换点)

3)数据内容及数据格式

(1)倾斜数字航空摄影影像成果主要由垂直影像和倾斜影像数据、航摄像片中心点坐标数据或 POS 数据组成。其中,影像数据文件采用 JPEG 格式(*.jpg)保存;航摄像片中心点坐标数据或 POS 数据采用文本文件格式(*.txt)保存。

(2)影像控制测量成果主要由像片控制点成果表和像片控制点点位信息表两部分组成。其中,像片控制点成果表采用文本文件格式(*.txt)保存;像片控制点点位信息表采用 Word 文件格式(*.docx)保存。

(3)实景三维 Mesh 模型成果通常由实景三维 Mesh 模型数据、记录地理坐标信息的坐标信息文件和元数据文件三部分组成。其中,实景三维 Mesh 模型数据采用 OSGB 格式(*.osgb)保存;坐标信息文件采用 XML 文件格式(*.xml)保存;元数据文件采用 XML 文件格式(*.xml)保存。

(4)实景三维单体模型成果通常由实景三维单体模型数据、记录地理坐标信息的坐标信息文件和元数据文件三部分组成。其中,实景三维单体模型数据采用 OSGB 格式(*.osgb)保存;坐标信息文件采用 XML 文件格式(*.xml)保存;元数据文件采用 XML 文件格式(*.xml)保存。

(5)DSM 成果通常由数字表面模型文件、记录地理坐标信息的坐标信息文件、记录投影信息的投影信息文件和元数据文件四部分组成。其中,数字表面模型数据文件采用非压缩的标准 TIFF 格式(*.tif)保存;坐标信息文件采用 ASCII 的文件格式(*.tfw)保存;投影信息文件采用 XML 文件格式(*.xml)保存;元数据文件采用 XML 文件格式(*.xml)保存。

(6)DEM 成果通常由数字高程模型文件、记录地理坐标信息的坐标信息文件、记录投影信息的投影信息文件和元数据文件四部分组成。其中,数字高程模型数据文件采用非压缩的标准 TIFF 格式(*.tif)保存;坐标信息文件采用 ASCII 的文件格式(*.tfw)保存;投影信息文件采用 XML 文件格式(*.xml)保存;元数据文件采用 XML 文件格式(*.xml)保存。

(7)DOM(TDOM)成果通常由数字正射影像文件、记录影像地理坐标信息的影像信息文件、记录影像投影信息的投影信息文件和元数据文件四部分组成。其中,影像数据文件采用非压缩的标准 TIFF 格式(*.tif)保存,彩色影像以 RGB 色彩模式存储,像素位采用 24 bit;影像坐标信息文件采用 ASCII 的文件格式(*.tfw)保存;投影信息文件采用 XML 文件格式(*.xml)保存;元数据文件采用 XML 文件格式(*.xml)

保存。

(8)DLG成果通常由数字线划图文件和元数据文件两部分组成。其中,数字线划图数据文件采用DWG格式(*.dwg)保存;元数据文件采用XML文件格式(*.xml)保存。

4)分幅编号及其空间单元

分幅与编号应按照GB/T 13 989《国家基本比例尺地形图分幅和编号》的规定执行,确有必要时可采用自由分幅和编号。

5. 设计方案

1)软、硬件环境及其要求

基于无人机倾斜数字摄影测量项目成果(或产品)情况,结合项目工期、质量等方面的要求,规定项目实施所需要的仪器装备类型及数量,对仪器装备精度指标、仪器检校等提出要求。如无人机倾斜数字航空摄影平台、倾斜数字航摄仪、GNSS接收机,以及实景三维影像数据处理软件、DEM编辑软件、DLG数据采编软件等专业应用软件;同时,对专业应用软件运行的环境、硬件配置等予以说明。

2)作业的技术路线或流程

在无人机倾斜数字摄影测量项目实施技术路线(图8-1)的基础上,按照无人机倾斜数字摄影测量项目所涉及的成果(或产品)类型,确定无人机倾斜数字航空摄影、实景三维Mesh模型、实景三维单体模型生产、DSM生产、DEM生产、DOM(TDOM)生产及DLG生产等重要环节生产技术路线。

(1)无人机倾斜数字航空摄影生产技术流程可参考项目三任务三的相关内容。

(2)实景三维Mesh模型生产技术路线如图8-2所示。

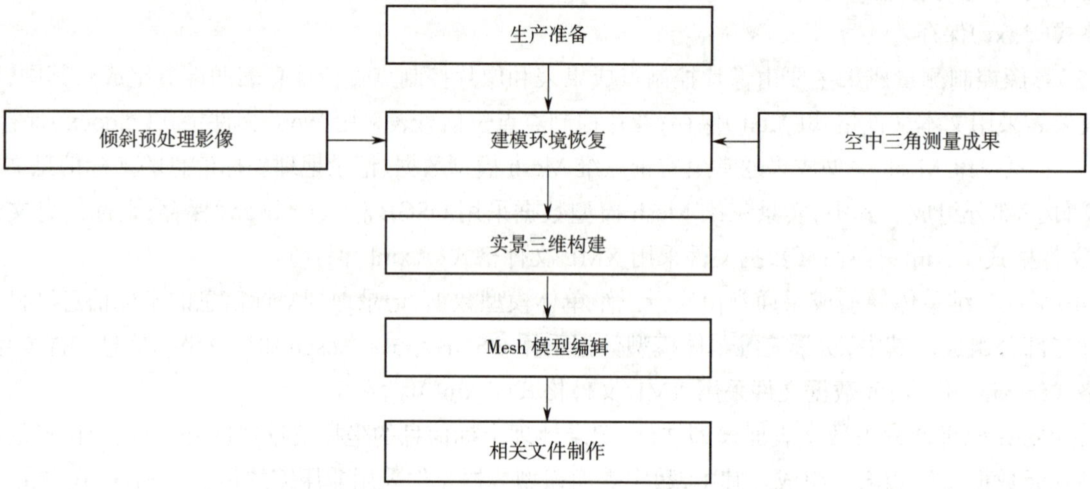

图8-2　实景三维Mesh模型生产技术路线

(3)实景三维单体模型生产技术路线如图8-3所示。

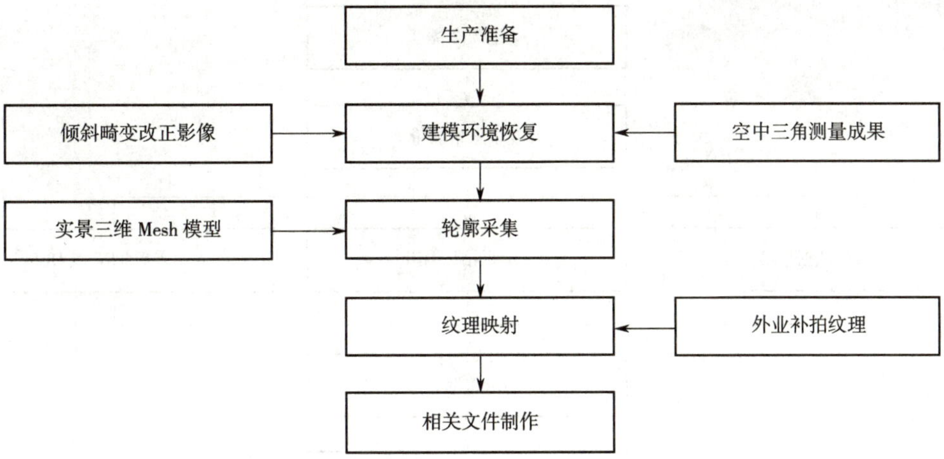

图 8-3　实景三维单体模型生产技术路线

（4）DSM 生产技术路线如图 8-4 所示。

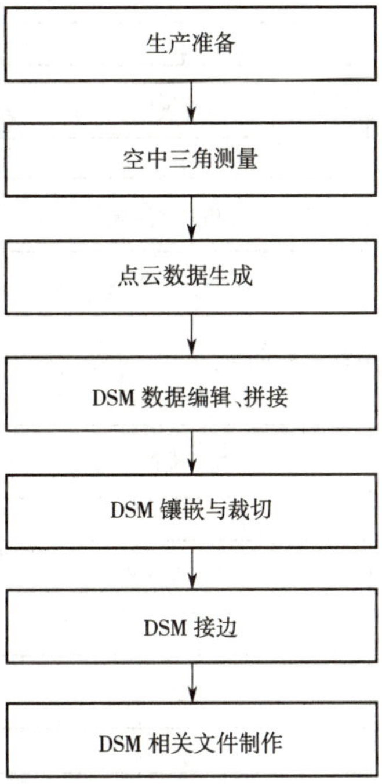

图 8-4　DSM 生产技术路线

（5）DEM 生产技术路线如图 8-5 所示。

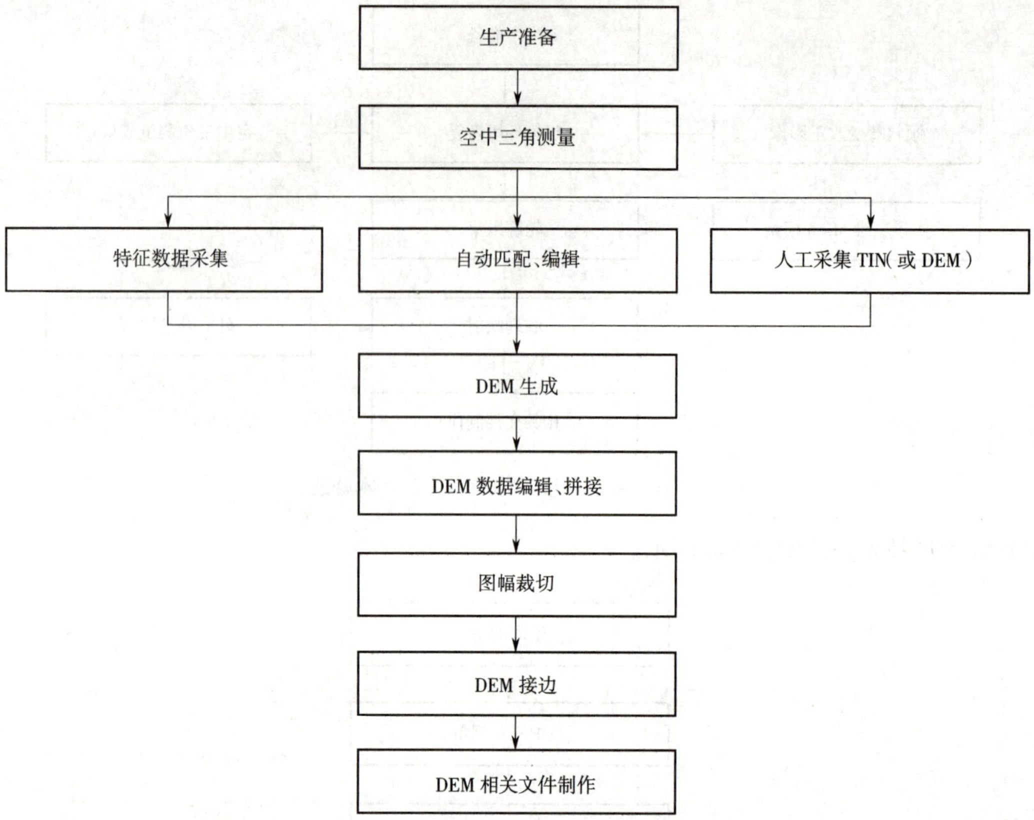

图 8-5　DEM 生产技术路线

(6)DOM(TDOM)生产技术路线如图 8-6 所示。

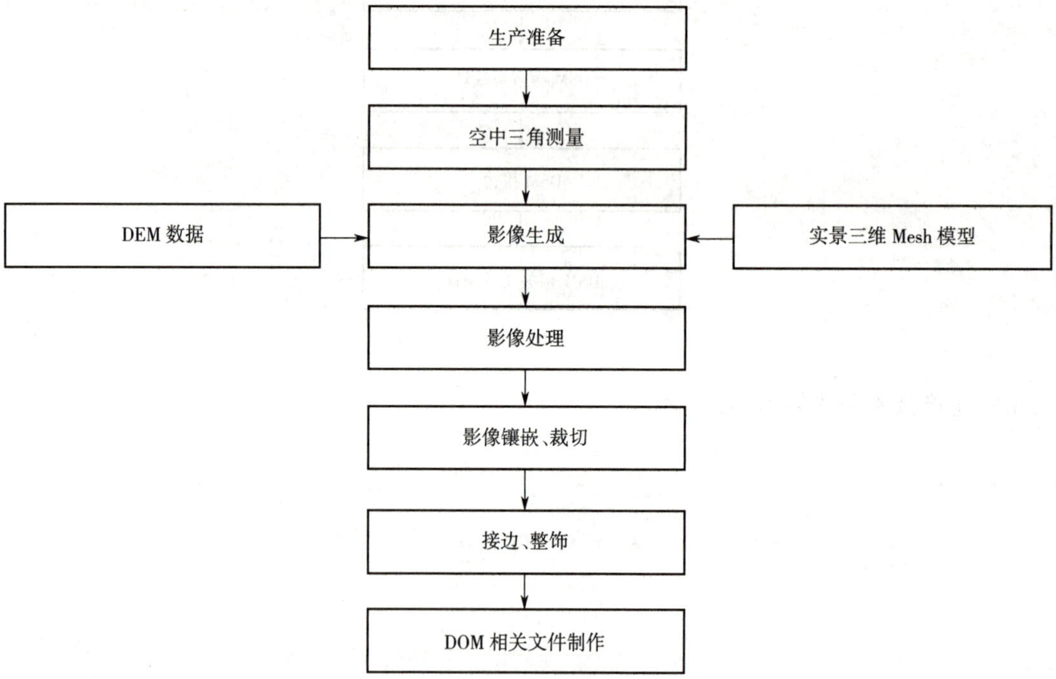

图 8-6　DOM(TDOM)生产技术路线

(7)DLG 生产技术路线如图 8-7 所示。

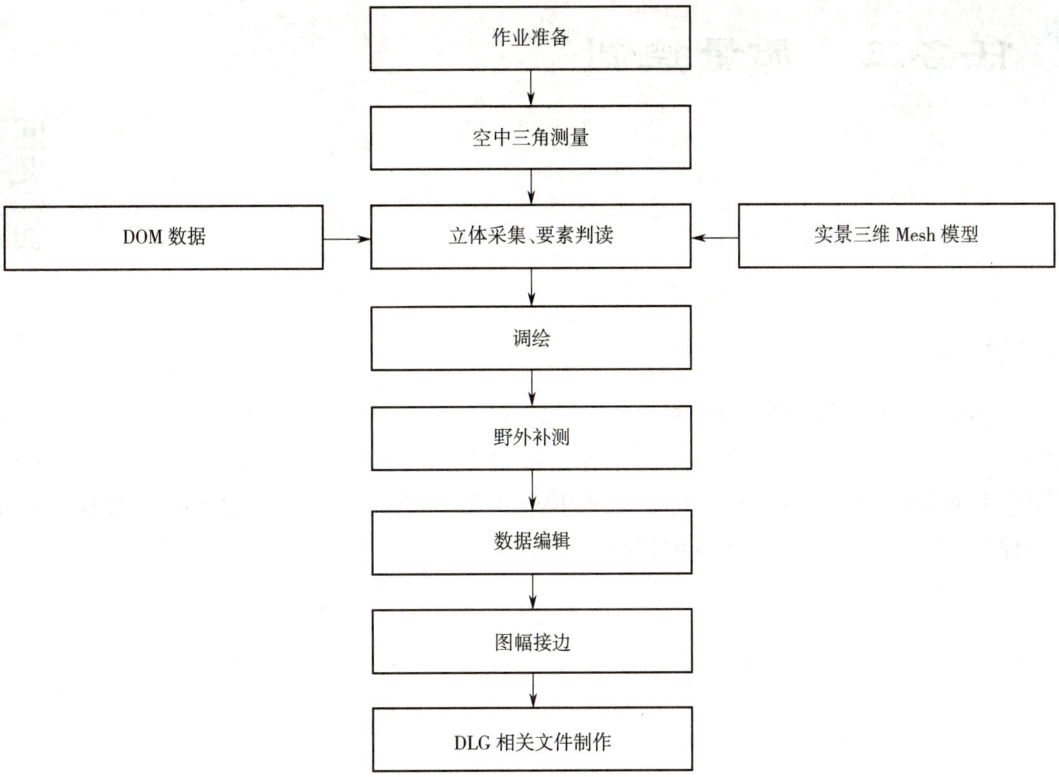

图 8-7　DLG 生产技术路线

3)各工序的作业方法、技术指标和要求

无人机倾斜数字摄影测量项目实施过程中,无人机倾斜数字航空摄影、实景三维 Mesh 模型、实景三维单体模型生产、DSM 生产、DEM 生产、DOM(TDOM)生产及 DLG 生产等重要环节的作业方法、技术指标及要求如下。

(1)无人机倾斜数字航空摄影,参考项目三任务三进行编制。

(2)实景三维 Mesh 模型生产,参考项目六任务三相关内容进行编制。

(3)实景三维单体模型生产,参考项目六任务四相关内容进行编制。

(4)DSM 生产,参考项目七任务一相关内容进行编制。

(5)DEM 生产,参考项目七任务二相关内容进行编制。

(6)DOM(TDOM)生产,参考项目七任务三相关内容进行编制。

(7)DLG 生产,参考项目七任务四相关内容进行编制。

4)生产过程中的质量控制环节和产品质量检查的主要要求

可参考本项目任务三相关内容确定无人机倾斜数字摄影测量项目生产过程中的质量控制环节和产品质量检查的主要要求。

5)数据安全、备份或其他特殊的技术要求

关于数据安全、备份或其他特殊的技术要求,无人机倾斜数字摄影测量项目实施过程中重点强调的是数据安全,可参考本项目任务一相关内容进行编写。

6)上交和归档成果及其资料的内容和要求

可参考本项目任务四相关内容进行编写。

任务三　质量控制

【任务导入】

从事测绘地理信息产品质量检查和管理的人员有这样一句口头禅：“好的产品是生产出来的，而不是检验出来的！”在实际工作中，测绘人也一直强调“下工序检查上工序”“本环节成果必须经检查合格后方能提供下工序使用”这样的质量要求。由此可见，质量控制工作在测绘地理信息工作中的重要性。本任务主要介绍无人机倾斜数字摄影测量项目质量控制内容及方法。

【任务准备】

1. 检查验收基本制度

测绘地理信息成果质量检验一般通过“两级检查、一级验收”的方式进行控制，即依次通过测绘单位作业部门的过程检查、测绘单位质量管理部门的最终检查和生产委托方的验收。部分规程或标准中常提出“检查工作按‘三级检查、一级验收’的方式进行，三级检查包括生产小组自检与互检、生产质量部门质检和公司质量管理部门最终检查，一级验收指生产委托方的验收”，其实质是为了强化过程质量控制，将测绘单位作业部门的过程检查划分为“生产小组自检与互检”和“生产质量部门质检”两个阶段。

在“两级检查”实施过程中，过程检查对批成果中的单位成果进行全数检查，不做单位成果质量评定；最终检查进行全数检查，并评定单位成果质量等级，涉及野外检查项的可采用抽样检查（样本数量确定按《数字测绘成果质量检查与验收》（GB/T 18316—2008）执行），样本以外的应实施内业全数检查。

在“一级验收”实施过程中，验收对批成果中的单位成果进行抽样检查并评定质量等级，同时以批成果合格判定条件判定批成果质量等级。检验分为详查和概查，对样本单位成果实施详查，根据需要对样本外单位成果的重要检查项以及详查中发现的普遍性、倾向性问题实施概查。

2. 质量控制依据

测绘地理信息成果质量控制一般依据有关国家标准和行业标准、地方标准、专业技术设计书、测绘任务书、合同书和委托验收文件等执行。

3. 质量控制基本要求

测绘地理信息成果质量控制的基本要求如下。

（1）每完成一道工序应及时自查，自查后可分工序、有重点地进行互检。加强对生产作业过程中每个环节的质量控制，对重要质量特性进行重点检查，对有普遍性或带有倾向性的质量问题应进行全面检查，杜绝质量问题遗留到下一环节。

（2）成果应通过测绘单位作业部门的过程检查、测绘单位质量管理部门的最终检查和生产委托方的验收，各级检查工作应独立进行，不应省略或代替。

【任务实施】

无人机倾斜数字摄影测量项目成果包括倾斜数字航空摄影成果，影像控制测量成果，实景三维 Mesh 模型、实景三维单体模型、DSM、DEM、DOM（TDOM）及 DLG 成果等内容。无人机倾斜数字摄影测量项目质量控制一般结合项目实施过程中的关键环节从以下几方面着手。

1. 准备工作

准备工作质量控制的主要内容包括：

（1）收集的资料是否齐全、准确、权威、具有现势性；

（2）资料分析和整合是否全面、准确、符合技术要求；

（3）专业技术设计是否科学、合理、适用。

2. 位置精度检查

无人机倾斜数字摄影测量项目成果的位置精度检查可采用以下两种方式进行：

（1）实景三维 Mesh 模型、实景三维单体模型、DSM、DEM、DOM（TDOM）及 DLG 的位置精度可利用空中三角测量成果中的检查点或已有高精度成果进行检测；

（2）根据需要以模型块或建模单元、图幅等为单位按比例抽取各类成果，野外施测检查点检查地物点位置精度。

3. 倾斜数字航空摄影

倾斜数字航空摄影成果质量控制的主要内容包括：

（1）飞行质量是否符合技术要求，如倾斜数字航空摄影设计、影像重叠度、影像覆盖完整性、影像倾角、影像旋角、航线弯曲度、航高保持、摄区分区覆盖完整性、飞行记录资料的填写等；

（2）影像质量是否符合技术要求，如影像清晰度、对比度、地面分辨率、影像缺陷（存在云、云影、烟、大面积反光、污点等）、像点位移等；

（3）数据质量是否符合技术要求，如影像编号、IMU/GNSS 数据坐标系统及转角系统；

（4）附件质量是否符合技术要求，如倾斜数字航摄仪检定报告、航线及像片结合图、摄区范围完成情况图、航摄资料移交书等。

4. 影像控制测量

影像控制测量成果质量控制的主要内容包括：

（1）坐标系统、投影参数是否符合要求；

（2）影像控制点点位选取、分布及数量是否符合技术要求；

（3）影像控制测量及刺点精度是否符合技术要求；

（4）数字影像像控点成果整理是否符合技术要求；

（5）相关文件资料内容的正确性和完整性检查。

5. 空中三角测量

空中三角测量质量控制的主要内容包括：

（1）空中三角测量精度是否符合技术要求；

（2）区域网影像丢失率是否小于 2%；

（3）区域网局部连续丢片是否小于15张；

（4）立体像对的精度是否符合技术要求；

（5）立体像对的核线影像范围是否合理，分辨率设置是否正确，重采样的方法是否正确；

（6）立体像对是否存在投影差。

6. 实景三维Mesh模型生产

实景三维Mesh模型生产质量控制的主要内容包括：

（1）坐标系统、投影参数是否符合要求；

（2）模型数据是否完整，是否存在错漏情况；

（3）模型制作是否准确、合理，位置精度及表现精度是否符合《三维地理信息模型数据产品规范》（CH/T 9015—2012）的规定；

（4）元数据及相关文件资料内容的正确性和完整性检查。

7. 实景三维单体模型生产

实景三维单体模型生产质量控制的主要内容包括：

（1）坐标系统、投影参数是否符合要求；

（2）模型数据是否完整，是否存在错漏情况；

（3）模型制作是否准确、合理，位置精度及表现精度是否符合《三维地理信息模型数据产品规范》（CH/T 9015—2012）的规定；

（4）模型纹理贴图是否准确、完整、协调，包括纹理的准确率、清晰度，以及纹理与几何模型的一致性检查等；

（5）元数据及相关文件资料内容的正确性和完整性检查。

8. DSM生产

DSM生产质量控制的主要内容包括：

（1）DSM是否贴近地物，是否超出限值；

（2）DSM接边和镶嵌是否符合要求；

（3）是否存在高程异常；

（4）各类参数（坐标系统、投影参数、格网尺寸、起止点坐标等）是否符合要求；

（5）高程中误差是否符合技术要求；

（6）格网高程值是否存在粗差，同名格网高程值是否符合技术要求；

（7）元数据及相关文件资料内容的正确性和完整性检查。

9. DEM生产

DEM生产质量控制的主要内容包括：

（1）特征点线、水域线面及推测区采集的完整性和合理性检查；

（2）DEM是否切准地面，是否超出限值；

（3）DEM接边和镶嵌是否符合要求；

（4）是否存在高程异常，可利用左、右正射影像进行零立体观测，或利用三维测图采集的等高线数据分别与DEM内插等高线、晕渲DEM进行套合检查；

（5）各类参数（坐标系统、投影参数、格网尺寸、起止点坐标等）是否符合要求；

(6)高程中误差是否符合技术要求；
(7)格网高程值是否存在粗差,同名格网高程值是否符合技术要求；
(8)元数据及相关文件资料内容的正确性和完整性检查。

10. DOM 生产

DOM 生产质量控制的主要内容包括：
(1)镶嵌是否合理,接边差是否符合技术要求；
(2)各类参数(坐标系统、投影参数、分辨率、起止点坐标等)是否符合要求；
(3)平面位置中误差是否符合技术要求；
(4)影像是否存在模糊、错位、扭曲、重影、变形、拉花、脏点、划痕等问题；
(5)测区内影像是否清晰,色调(色彩)是否均衡一致,是否无明显的像片拼接痕迹；
(6)保密处理是否符合技术要求；
(7)元数据及相关文件资料内容的正确性和完整性检查。

11. DLG 生产

DLG 生产质量控制的主要内容包括：
(1)三维测图成果是否符合要求；
(2)DLG、DOM 叠合检查；
(3)等高线、高程注记点与 DEM 成果高程的一致性检查；
(4)调绘成果、野外补测成果是否符合技术要求；
(5)非符号化数据和符号化数据的编辑处理是否符合技术要求；
(6)DLG 成果的平面位置中误差、高程中误差是否符合技术要求；
(7)保密处理是否符合技术要求；
(8)元数据及相关文件资料内容的正确性和完整性检查。

任务四　专业技术总结编写及资料上交

【任务导入】

测绘技术总结是在测绘任务完成后，对测绘技术设计文件和技术标准、规范等的执行情况，技术设计方案实施中出现的主要技术问题和处理方法，成果（或产品）质量、新技术的应用等进行分析研究、认真总结，并做出客观描述和评价。测绘技术总结为用户（或下道工序）对成果（或产品）的合理使用提供方便，为测绘单位持续改进质量提供依据，同时也为测绘技术设计、有关技术标准和规定的制定提供资料。测绘技术总结是与测绘成果（或产品）有直接关系的技术性文件，是长期保存的重要技术档案。本任务主要介绍如何编写无人机倾斜数字摄影测量项目专业技术总结。

【任务准备】

测绘技术总结可分为项目总结和专业技术总结。

专业技术总结是测绘项目中所包含的各测绘专业活动在其成果（或产品）检查合格后，分别总结撰写的技术文档。项目总结是一个测绘项目在其最终成果（或产品）检查合格后，在各专业技术总结的基础上，对整个项目所做的技术总结。对于工作量较小的项目，可根据需要将项目总结和专业技术总结合并为项目总结。

项目总结由承担项目的法人单位负责编写或组织编写，专业技术总结由具体承担相应测绘专业任务的法人单位负责编写，具体的编写工作通常由单位的技术人员承担。技术总结编写完成后，单位总工程师或技术负责人应对技术总结编写的客观性、完整性等进行审核并签字，并对技术总结编写的质量负责。技术总结经审核、签字后，随测绘成果（或产品）测绘技术设计文件和成果（或产品）检查报告一并上交和归档。

1. 专业技术总结编写依据

（1）测绘任务书或合同的有关要求，顾客书面要求或口头要求的记录，市场需求或期望。

（2）测绘技术设计文件以及相关法律、法规、技术标准和规范。

（3）测绘成果（或产品）的质量检查报告。

（4）适用时，以往测绘技术设计、测绘技术总结提供的信息以及现有生产过程和产品的质量记录及有关数据。

（5）其他有关文件和资料。

2. 专业技术总结编写注意事项

（1）内容真实、全面，重点突出。说明和评价技术要求的执行情况时，不应简单抄录设计书的有关技术要求：应重点说明作业过程中出现的主要技术问题和处理方法，以及特殊情况的外理及其达到的效果、经验、教训和遗留问题等。

（2）文字应简明扼要，公式、数据和图表应准确，名词、术语、符号和计量单位等均应与有关法规和标准一致。

3. 专业技术总结的主要内容

专业技术总结通常由概述、技术设计执行情况、测绘成果(或产品)质量情况、上交测绘成果(或产品)和资料清单等四部分组成。

1)概述

概要说明测绘项目的名称、专业测绘任务的来源;专业测绘任务的内容、任务量和目标,产品交付与接收情况等;计划与实际完成情况、作业率的统计;作业区概况和已有资料的利用情况。

2)技术设计执行情况

技术设计执行情况的主要内容包括:

(1)说明专业活动所依据的技术性文件,包括专业技术设计书及其有关的技术设计更改文件,必要时也包括本测绘项目的项目设计书及其设计更改文件,以及有关的技术标准和规范;

(2)说明和评价专业技术活动过程中,专业技术设计文件的执行情况,并重点说明专业测绘生产过程中,专业技术设计书的更改情况(包括专业技术设计更改内容、原因的说明等);

(3)描述专业测绘生产过程中出现的主要技术问题和处理方法、特殊情况的处理及其达到的效果等;

(4)当作业过程中采用新技术、新方法、新材料时,应详细描述和总结其应用情况;

(5)总结专业测绘生产中的经验、教训(包括重大的缺陷和失败)和遗留问题,并对今后生产提出改进意见和建议。

3)测绘成果(或产品)质量情况

说明和评价测绘成果(或产品)的质量情况(包括必要的精度统计)、产品达到的技术指标,并说明测绘成果(或产品)的质量检查报告的名称和编号。

4)上交测绘成果(或产品)和资料清单

说明上交测绘成果(或产品)和资料的主要内容和形式,主要包括:

(1)测绘成果(或产品),说明其名称、数量、类型等,当上交成果的数量或范围有变化时,需附上交成果分布图;

(2)文档资料,包括专业技术设计文件、专业技术总结、检查报告,必要的文档簿(图历簿)以及其他作业过程中形成的重要记录;

(3)其他必须上交和归档的资料。

【任务实施】

1. 专业技术总结的编写

无人机倾斜数字摄影测量工程项目生产完成后,应按照要求编写专业技术总结。无人机倾斜数字摄影测量专业技术总结不仅是每项无人机倾斜数字摄影测量工程项目一系列必要文档的重要组成部分,而且还能帮助技术人员完整和充分了解工程项目的各个细节,便于今后能够全面、充分地利用这些成果。同时,通过编写专业技术总结,测绘作业单位能及时总结经验、发现不足,为今后实施同类工程项目提供参考。

无人机倾斜数字摄影测量专业技术总结包括项目概述、无人机倾斜数字航空摄影情况、影像控制测量情况、空中三角测量情况、实景三维 Mesh 模型及实景三维单体模型数据生产情况、DSM 数据生产情况、DEM 数据生产情况、DOM(TDOM)数据生产情况、DLG 数据生产情况以及结论等。编写时应涵盖以下内容。

1)概述

(1)测区及其位置,自然地理条件,交通、通信及供电情况。

(2)任务来源,项目名称,测区已有测量成果情况,本次施测的目的及基本精度要求。

(3)施工单位、施测时间,投入作业人员的数量及技术技能状况等。

(4)技术依据,包括作业依据的测量规范、工程规范、行业标准等。

上述内容应在如实总结项目实施情况的基础上进行编制,测区及其位置、自然地理条件、任务来源、测区已有测量成果情况、施测目的及基本精度要求、技术依据等内容可参考专业技术设计书。

2)技术设计执行情况

详细说明无人机倾斜数字摄影测量项目所依据的技术性文件,若存在有关技术设计更改文件,应重点予以说明;重点介绍专业技术设计文件的执行情况,针对专业技术设计书更改情况,详细说明专业技术设计的更改内容和原因;描述生产过程中出现的主要技术问题和处理方法、以及达到的效果;详细描述和总结新技术、新方法、新材料应用情况;总结生产中的经验、教训和遗留问题,对今后生产提出改进意见和建议。

(1)无人机倾斜数字航空摄影,介绍无人机倾斜数字航空摄影所采用的飞行平台和数字倾斜航摄仪的类型、数量、精度、检验及使用状况,同时详细说明无人机倾斜数字航空摄影成果质量情况。

(2)影像控制测量,重点介绍影像控制点的分布、数量及精度情况,以及是否存在影像控制点点位选取不合理、外业采集困难等情况,如有详细说明处置方案。

(3)空中三角测量,重点介绍区域网划分、各区域网空中三角测量精度及接边情况,以及是否存在因影像控制点点位选取不合理、精度存在问题所导致的影像控制点弃用情况,若有详细说明处置方案。

(4)实景三维 Mesh 模型及实景三维单体模型数据生产,重点介绍实景三维 Mesh 模型及实景三维单体模型数据的位置精度、表现精度以及数据的错漏情况等。

(5)DSM 生产,重点介绍基于实景三维 Mesh 模型实施 DSM 数据生产的情况,说明 DSM 精度及接边情况。

(6)DEM 生产,重点介绍 DEM 编辑所采用的主要方法、DEM 精度及接边情况。

(7)DOM(TDOM)生产,重点介绍基于实景三维 Mesh 模型实施 DOM(TDOM)数据生产的情况,说明 DOM(TDOM)精度及接边情况。

(8)DLG 生产,重点介绍基于实景三维 Mesh 模型实施 DLG 数据采编情况,说明外业调绘重点内容,明确修补测范围,详细说明 DLG 精度及接边情况。

3)测绘成果(或产品)质量情况

对整个无人机倾斜数字摄影测量工程项目的成果及整体质量做出结论。

2. 成果验收及上交资料

1)成果验收

在测绘工程组织实施过程中,对于测绘成果(或产品)检查验收一般执行“两级检查、一级验收”制度。其中,测绘任务承担单位负责成果质量的“两级检查”(即过程检查和最终检查),测绘任务委托或下达部门负责组织成果质量验收。

无人机倾斜数字摄影测量工程项目生产完成后,应依据有关国家标准和行业标准、技术设计书、测绘任务书、合同书和委托验收文件等进行数据成果质量检验,具体可参考《测绘成果质量检查与验收》(GB/T 24356—2023)、《数字测绘成果质量检查与验收》(GB/T 18316—2008)及《倾斜数字航空摄影成果质量检验技术规程》等。

交送验收的无人机倾斜数字摄影测量项目成果包括倾斜数字航空摄影成果,影像控制测量成果,实景三维 Mesh 模型、实景三维单体模型、DSM、DEM、DOM(TDOM)及 DLG 成果,文档成果等;其内容与数量必须齐全、完整无缺,汇交组织符合要求。验收完成后,应出具成果验收报告,在验收报告中按相关规范的规定对成果质量做出评定。

无人机倾斜数字摄影测量项目验收重点包括以下内容。

(1)项目组织实施过程是否符合规范和技术设计要求;所使用的飞行平台、倾斜数字航摄仪、GNSS 接收机、数据处理软件等是否符合要求,处理的项目是否齐全,各项技术指标是否达到要求。

(2)倾斜数字航空摄影飞行质量、影像质量、数据质量及附件质量是否符合技术要求。

(3)影像控制测量成果精度、分布、数量及数字影像像控点成果质量是否符合技术要求。

(4)区域网空中三角测量精度是否符合技术要求;是否存在局部连续丢片情况,影像丢失率等是否符合技术要求。

(5)实景三维 Mesh 模型的坐标系统、投影参数是否符合要求;模型数据是否完整,是否存在错漏情况;模型数据位置精度及表现精度是否符合技术要求。

(6)实景三维单体模型的坐标系统、投影参数是否符合要求;模型数据是否完整,是否存在错漏情况;模型数据位置精度及表现精度是否符合技术要求;模型纹理贴图是否准确、完整、协调,包括纹理的准确率、清晰度,以及纹理与几何模型的一致性检查等。

(7)DSM 是否贴近地物,是否超出限值;DSM 接边和镶嵌是否符合要求;是否存在高程异常;各类参数(坐标系统、投影参数、格网尺寸、起止点坐标等)是否符合要求;高程中误差是否符合技术要求;格网高程值是否存在粗差,同名格网高程值是否符合技术要求。

(8)DEM 生产中特征点线、水域线面及推测区采集的完整性和合理性;DEM 是否切准地面,是否超出限值;DEM 接边和镶嵌是否符合要求;是否存在高程异常;各类参数(坐标系统、投影参数、格网尺寸、起止点坐标等)是否符合要求;高程中误差是否符合技术要求;格网高程值是否存在粗差,同名格网高程值是否符合技术要求。

(9)DOM 镶嵌是否合理,接边差是否符合技术要求;各类参数(坐标系统、投影参数、地面分辨率、起止点坐标等)是否符合要求;平面位置中误差是否符合技术要求;影像是否存在模糊、错位、扭曲、重影、变形、拉花、脏点、划痕等问题;测区内影像是否清晰,色调(色彩)是否均衡一致以及无明显的像片拼接痕迹。

(10)DLG 生产中三维测图成果是否符合要求;调绘成果、野外补测成果是否符合技术要求;非符号化数据和符号化数据的编辑处理是否符合技术要求;DLG 成果的平面位置中误差、高程中误差是否符合技术要求。

2)上交资料

无人机倾斜数字摄影测量项目成果以测区为单位按照以下内容整理并提交。

Ⅰ.无人机倾斜数字航空摄影成果

(1)倾斜数字航空摄影技术设计书。

(2)倾斜数字航摄仪检定报告。

(3)航摄批文。

(4)航摄飞行记录表。

(5)垂直影像和倾斜影像数据。

(6)垂直浏览影像。

(7)航摄像片中心点坐标数据。

(8)航线、像片结合图。

(9)摄区范围完成情况图。

(10)航摄资料移交书。

(11)航摄资料保密审查报告。

（12）IMU/GNSS、RTK、PPK 相关数据。

（13）其他有关资料。

Ⅱ. 像控点测量成果

（1）已知点（三角点、GNSS 点、水准点）成果表。

（2）像片控制点测量观测文件、平差文件。

（3）点之记。

（4）像片控制点成果表。

（5）仪器检定资料。

（6）其他相关资料。

Ⅲ. 空中三角测量成果

（1）相机参数文件或检校报告。

（2）原始影像。

（3）像片外方位元素。

（4）畸变纠正后影像。

（5）测图定向像片坐标和大地坐标。

（6）测区加密分区图。

（7）空三加密报告。

（8）空三加密成果文件（*.xml）。

（9）其他相关资料。

Ⅳ. 实景三维 Mesh 模型及实景三维单体模型数据成果

（1）实景三维 Mesh 模型数据、坐标信息文件。

（2）实景三维单体模型数据、坐标信息文件。

（3）元数据。

（4）成果接合表。

（5）其他相关资料。

Ⅴ. DSM 数据成果

（1）分幅接合图。

（2）DSM 成果。

（3）元数据文件。

（4）其他相关资料。

Ⅵ. DEM 数据成果

（1）分幅接合图。

（2）DEM 成果。

（3）元数据文件。

（4）其他相关资料。

Ⅶ. DOM 数据成果

（1）分幅接合图。

（2）DOM 成果。

（3）元数据文件。

（4）其他相关资料。

Ⅷ. DLG 数据成果

（1）分幅接合图。

（2）DLG 成果。

（3）元数据文件。

（4）其他相关资料。

Ⅸ. 文档数据成果

（1）项目实施方案。

（2）专业技术设计书。

（3）专业技术总结。

（4）检查报告。

（5）验收报告。

（6）工作总结。

【项目小结】

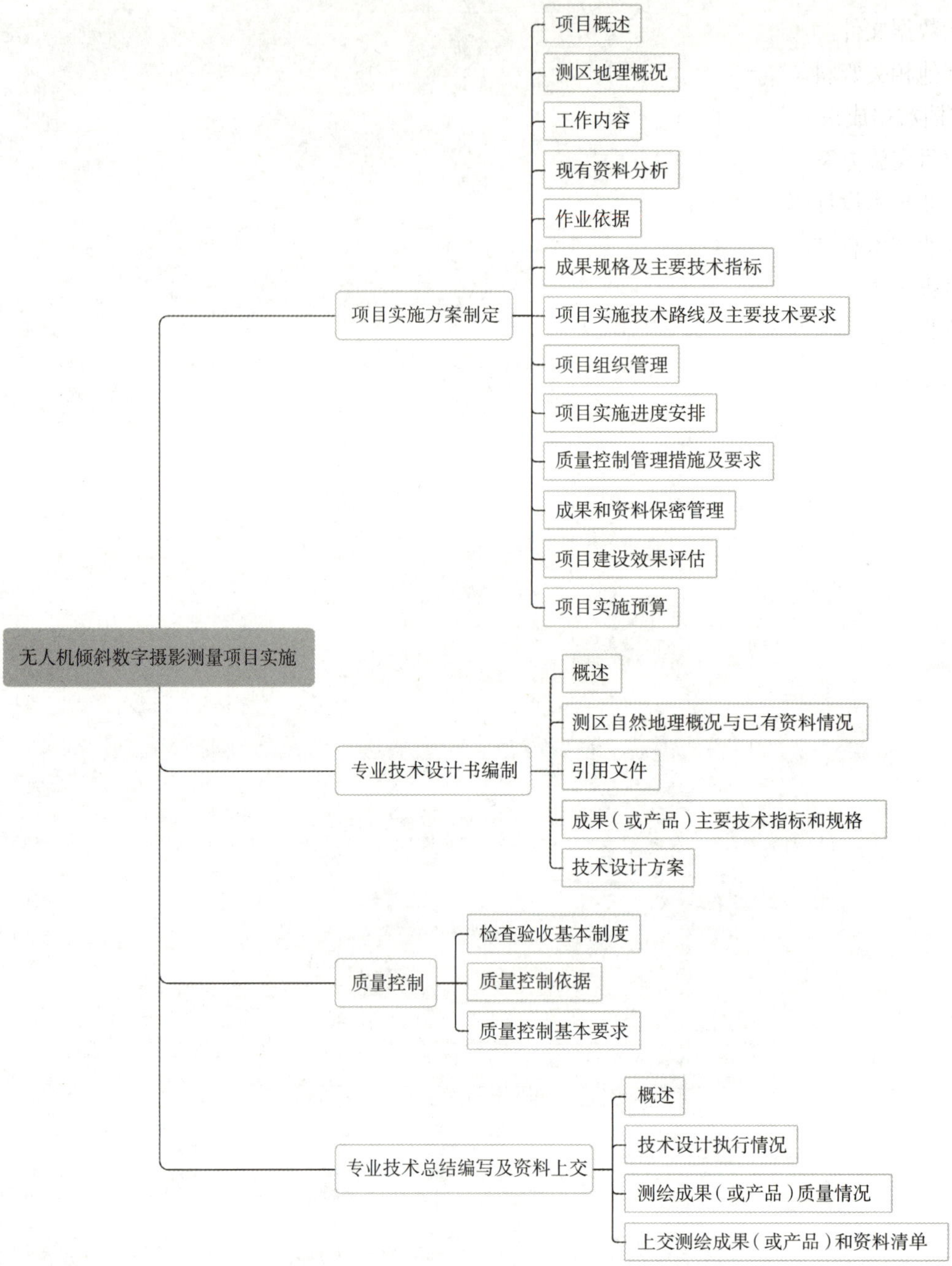

【思考与练习】

1. 简述无人机倾斜数字航空摄影测量项目的主要成果。
2. 简述测绘地理信息类项目实施方案的主要内容。
3. 简述测绘地理信息专业技术设计书的主要内容。
4. 简述测绘地理信息成果质量检查验收的基本制度及具体要求。
5. 简述测绘地理信息专业技术总结的主要内容。

【技能训练】

以学校无人机倾斜航空摄影项目组织实施为例，编制无人机倾斜航空摄影专业技术设计书。具体任务要求如下：

利用学校自有多旋翼无人机搭载倾斜数字航摄仪获取倾斜航摄影像；

测区范围覆盖校园全域；

倾斜航摄影像中垂直影像地面分辨率不低于 3 cm；

航向重叠度不低于 80%，旁向重叠度不低于 70%。

【思政故事】

新时代传承测绘精神典型案例：自然资源部第一大地测量队

2019 年是中华人民共和国成立 70 周年。70 年风雨兼程，70 年沧桑巨变。艰苦奋斗的 70 年里，中国大地上涌现出无数平凡而又伟大的“追梦人”，他们奉献着青春汗水甚至是生命，谱写着“追梦人生”，见证着祖国的发展变化。测绘工作者是国家各项建设的先行军。从珠穆朗玛峰到港珠澳大桥，从内蒙古戈壁到青藏无人区，960 万平方千米的中国大地上，每一寸土地都有测绘人的足迹。2019 年是新中国成立 70 周年，也是自然资源部第一大地测量队（以下简称“国测一大队”）成立 65 周年。

2020 年，国测一大队荣获“感动中国 2020 年度人物”称号。颁奖辞如下：“六十多年了，吃苦一直是传家宝，奉献还是家常饭。人们都在向着幸福奔跑，你们偏向艰苦挑战。为国家苦行，为科学先行，穿山跨海，经天纬地，你们的身影，是插在大地上的猎猎风旗。”

一、回望历史，使命和信念指引出发

新中国成立之初，百业待兴，经济和国防建设急需测绘依据。1954 年，国测一大队在西安成立。这支队伍的主要职责就是承担国家测绘基准的建立工作，包括高程基准、重力基准、天文基准、大地坐标系的建立等，这些都是国家经济建设和国防建设不可或缺的基础资料。

国测一大队成立之初，在技术人员、测绘设备、工作装备等方面都很匮乏，但是老一代队员克服种种困难，在艰苦的条件下，测绘出精确的成果，满足了国家建设的需要，其中就包括在 1978 年完成的国家大地原点的建设，建起了我国第一个相对独立、高精度的国家大地坐标系统。在此之前，受历史条件的制约，我国先前使用的国家大地坐标系是在苏联大地坐标系的基础上建立的，误差极大，且给国家安全带来了潜在的威胁和挑战。国家大地原点的建成是国家独立自主与科学技术进步的象征，在国民经济建设和国防建设中发挥着巨大的作用。

65年斗转星移，见证了国测一大队几代测绘人的无私奉献与执着坚守。1959年在新疆阿勒泰作业的宋泽盛因抢救队友和测绘仪器不幸坠崖牺牲；1960年在新疆南湖戈壁作业的吴昭璞遭遇断水，不幸牺牲，16年后他的儿子吴永安成为国测一大队的新成员，继续着父辈的事业；1963年在甘南腊子口地区作业的钟亮其被土匪残害；1975年珠峰测量时，老党员邵世坤等8名同志在生命的禁区奋战80多天，最终将测量觇标牢牢地矗立于珠峰之巅；1984年南极科考时，老队员刘永诺航行4万千米，第一次把测绘点布设到2万千米之外的南极，制作了中国第一张南极地形图，填补了中国极地测绘空白……

二、65年发展，测绘人与新中国一起成长

随着国家的发展、实力的增强，国测一大队也在和新中国一起成长，测绘人在工作中也深刻地感受到国家70年的沧桑巨变。20世纪80年代，我们所使用的测绘仪器大多是国外生产的，进入2000年后，国产的测绘装备研发生产能力大大增强。现在，我国已经发射了多颗专门用于测绘的遥感卫星，无人机测绘、卫星导航等装备也快速提升。

在技术方面，在2005年珠峰高程测量中，国测一大队运用多种手段精确测得迄今为止国内乃至国际上历次珠峰高程测量中最为详尽、精确的数据；2012—2015年测绘工作者用3年的时间建立了我国新一代大地控制网和现代测绘基准体系，已经处于世界领先水平。

2018年10月，世界最长的跨海大桥港珠澳大桥正式开通，在大桥建设之初，国测一大队前后历时6个多月，依托技术优势，精准施测，完成了港珠澳大桥首级测量控制网建立工作，测绘成果达到国际先进水平，为大桥的后期施工建设提供了精准的测量数据。

2020年珠峰高程测量是我国最先进测绘科技的集中展示。半个多世纪以来，我国测绘技术经历了从传统大地测量到综合现代大地测量的转变。2020年珠峰高程测量实现了国产仪器测量珠峰高程的重大突破，也是我国现代化建设成就的一个缩影。2020年珠峰高程测量，国测一大队历尽千难万险，终于成功登顶。他们顾不上休息，争分夺秒地立起觇标，操作测绘仪器。峰顶天气说变就变，多待一分钟就多一分风险。为了获取更多、更可靠的数据，队员们连续工作了150分钟，创下了中国人在珠峰峰顶停留时间最长纪录。2020年珠峰高程测量时，我国使用国产重力仪完成了人类首次在峰顶的重力测量，并首次在珠峰区域开展了航空重力和遥感综合调查。航空重力测量和峰顶重力测量让珠峰及其周边地区重力水准面精度比2005年提升了1倍，似大地水准面模型精度提升了2倍。

多年来，国测一大队测绘出的精准的测绘成果已广泛应用到水利、国土、规划、交通、防灾减灾、自然资源管理和开发利用等多个领域，为三峡工程、青藏铁路、西气东输、南水北调等多个重大工程提供了强有力的测绘支撑，为国家经济建设和社会发展提供了精准的测绘服务保障。

三、测绘精神在新时代赓续传承

野外测绘工作是艰辛而危险的。从1954年成立到1989年，国测一大队就先后有46名队员在野外测绘一线殉职。2006年国家实施的西部1：50 000地形图空白区测图工程，工程作业区域主要在南疆沙漠、青藏高原和横断山脉等地区，许多高寒地区被视作“生命禁区”，国测一大队始终奋战在测绘第一线。建队以来，国测一大队始终保持着优良的工作作风、坚强的战斗力，在诸多的急难险重任务中挺身而出、走在前列。如果说有什么力量支撑着国测一大队全体队员数十年如一日献青春、洒热血，那就是“热爱祖国、忠诚事业、艰苦奋斗、无私奉献”的测绘精神。

青春最美是担当，唯有奉献才无悔。在老一辈测绘队员崇高精神的指引下，奋勇当先，无论面对什么样的挑战，这些平凡的测绘人都投以最大的热情和干劲，踏踏实实，兢兢业业，默默奉献。他们的青春和汗水，沐浴在改革开放的春风里，闪耀在70年的时光里，薪火相传，生生不息。

参考文献

[1] 张军,周健,刘岩. 摄影测量与遥感[M]. 成都:西南交通大学出版社,2022.

[2] 刘仁钊,马啸. 无人机倾斜摄影测绘技术[M]. 武汉:武汉大学出版社,2021.

[3] 速云中,凌培田. 无人机测绘技术[M]. 武汉:武汉大学出版社,2022.

[4] 段延松. 无人机测绘生产[M]. 武汉:武汉大学出版社,2019.

[5] 李京伟,周金国. 无人机倾斜摄影三维建模[M]. 北京:电子工业出版社,2022.

[6] 周金宝. 无人机摄影测量[M]. 北京:测绘出版社,2022.

[7] 吴正鹏,李艳双,王素霞. GNSS 定位测量技术[M]. 天津:天津大学出版社, 2023.

[8] 国家市场监督管理总局,国家标准化管理委员会. 倾斜数字航空摄影技术规程:GB/T 9610—2020[S]. 北京:中国标准出版社,2020.

[9] 中华人民共和国自然资源部. 倾斜数字摄影测量技术规程: CH/T 3025—2023[S]. 北京:中国标准出版社,2023.

[10] 中华人民共和国自然资源部. 实景三维数据倾斜摄影测量技术规程: CH/T 3026—2023[S]. 北京:中国标准出版社,2023.

[11] 中华人民共和国国家质量监督检验检疫总局,中国国家标准化管理委会员. 数字航空摄影规范 第一部分:框幅式航空摄影:GB/T 27920.1—2011[S]. 北京:中国标准出版社,2011.

[12] 中华人民共和国国家质量监督检验检疫总局,中国国家标准化管理委会员. 1∶500、1∶10000、1∶2000 地形图航空摄影测量外业规范:GB/T 7931—2008[S]. 北京:中国标准出版社,2008.

[13] 中华人民共和国国家质量监督检验检疫总局,中国国家标准化管理委会员. 1∶500、1∶10000、1∶2000 地形图航空摄影测量内业规范:GB/T 7930—2008[S]. 北京:中国标准出版社,2008.

[14] 中华人民共和国国家质量监督检验检疫总局,中国国家标准化管理委会员. 数字航空摄影测量 空中三角测量规范:GB/T 23236—2009[S]. 北京:中国标准出版社,2009.

[15] 中华人民共和国国家质量监督检验检疫总局,中国国家标准化管理委会员. 测绘成果质量检查与验收:GB/T 24356—2009[S]. 北京:中国标准出版社,2009.

[16] 中华人民共和国自然资源部. 测绘成果汇交规范:CH/T 1061—2023[S]. 北京:中国标准出版社,2023.

[17] 国家测绘局. 测绘技术总结编写规定:CH/T 1001—2005[S]. 北京:中国标准出版社,2006.

[18] 国家测绘局. 测绘技术设计规定:CH/T 1004—2005[S]. 北京:中国标准出版社,2006.

[19] 国家测绘局. 低空数字航空摄影规范:CH/Z 3005—2010[S]. 北京:中国标准出版社,2010.